国 家 出 版 基 金 资 助 项 目
"十三五"国家重点图书出版规划项目
湖北省学术著作出版专项资金资助项目
智能制造与机器人理论及技术研究丛书

总主编　丁　汉　孙容磊

磁悬浮智能支承

胡业发　王晓光　宋春生◎著

CIXUANFU ZHINENG ZHICHENG

华中科技大学出版社
http://www.hustp.com
中国·武汉

内 容 简 介

本书尝试将磁悬浮旋转支承与磁悬浮直线支承结合起来,以磁悬浮支承技术为研究对象,阐述磁悬浮智能支承的共同特征。本书主要阐述了磁悬浮支承的发展历史与现状、磁悬浮智能支承的概念与内涵、磁悬浮支承结构的冗余与重构、磁悬浮支承的智能控制算法等磁悬浮智能支承的基础理论,说明了常导磁悬浮列车、超导磁悬浮列车、真空管道磁悬浮列车的工作原理及发展现状与趋势,介绍了磁悬浮电梯、磁悬浮导轨的应用,以及磁悬浮支承的减振隔振原理、方法与装置。本书可供从事磁悬浮研究的科研工作人员和高等学校相关专业的教师、研究生等阅读参考,也可以作为研究生的教材使用。

图书在版编目(CIP)数据

磁悬浮智能支承/胡业发,王晓光,宋春生著.—武汉:华中科技大学出版社,2021.5
(智能制造与机器人理论及技术研究丛书)
ISBN 978-7-5680-6704-1

Ⅰ.①磁⋯　Ⅱ.①胡⋯　②王⋯　③宋⋯　Ⅲ.①磁悬浮轴承-设计　Ⅳ.①TH133.3

中国版本图书馆 CIP 数据核字(2021)第 080816 号

磁悬浮智能支承
Cixuanfu Zhineng Zhicheng

胡业发　　王晓光　宋春生　著

策划编辑:俞道凯
责任编辑:罗　雪
封面设计:原色设计
责任监印:周治超
出版发行:华中科技大学出版社(中国·武汉)　　电话:(027)81321913
　　　　　武汉市东湖新技术开发区华工科技园　　邮编:430223
录　　排:武汉市洪山区佳年华文印部
印　　刷:湖北新华印务有限公司
开　　本:710mm×1000mm　1/16
印　　张:17.5
字　　数:309 千字
版　　次:2021 年 5 月第 1 版第 1 次印刷
定　　价:128.00 元

智能制造与机器人理论及技术研究丛书

专家委员会

主任委员 熊有伦（华中科技大学）

委　员（按姓氏笔画排序）

卢秉恒（西安交通大学）　　　朱　荻（南京航空航天大学）　　阮雪榆（上海交通大学）

杨华勇（浙江大学）　　　　　张建伟（德国汉堡大学）　　　　邵新宇（华中科技大学）

林忠钦（上海交通大学）　　　蒋庄德（西安交通大学）　　　　谭建荣（浙江大学）

顾问委员会

主任委员 李国民（佐治亚理工学院）

委　员（按姓氏笔画排序）

于海斌（中国科学院沈阳自动化研究所）　　　　　王飞跃（中国科学院自动化研究所）

王田苗（北京航空航天大学）　　　　　　　　　　尹周平（华中科技大学）

甘中学（宁波市智能制造产业研究院）　　　　　　史铁林（华中科技大学）

朱向阳（上海交通大学）　　　　　　　　　　　　刘　宏（哈尔滨工业大学）

孙立宁（苏州大学）　　　　　　　　　　　　　　李　斌（华中科技大学）

杨桂林（中国科学院宁波材料技术与工程研究所）　张　丹（北京交通大学）

孟　光（上海航天技术研究院）　　　　　　　　　姜钟平（美国纽约大学）

黄　田（天津大学）　　　　　　　　　　　　　　黄明辉（中南大学）

编写委员会

主任委员 丁　汉（华中科技大学）　孙容磊（华中科技大学）

委　员（按姓氏笔画排序）

王成恩（上海交通大学）　　　方勇纯（南开大学）　　　　　史玉升（华中科技大学）

乔　红（中国科学院自动化研究所）　孙树栋（西北工业大学）　　杜志江（哈尔滨工业大学）

张定华（西北工业大学）　　　张宪民（华南理工大学）　　　范大鹏（国防科技大学）

顾新建（浙江大学）　　　　　陶　波（华中科技大学）　　　韩建达（南开大学）

蔺永诚（中南大学）　　　　　熊　刚（中国科学院自动化研究所）　熊振华（上海交通大学）

作者简介

▶ **胡业发**　工学博士,武汉理工大学二级教授、博士生导师,机械工程专业责任教授,美国密歇根大学访问学者。国际磁悬浮轴承学术委员会委员、全国磁悬浮技术专业委员会副主任委员、中国人工智能学会智能制造专业委员会常务委员、湖北省电工技术学会副理事长。主要研究领域:磁悬浮技术、复合材料设计、数字制造。主持国家重点研发计划项目、国家自然科学基金项目、中俄国际合作项目、湖北省自然科学基金重点类项目、湖北省科技创新项目重大专项和企业横向项目等30余项。长期从事磁悬浮技术方面的研究。获得湖北省科学技术奖(技术发明奖二等奖)1项;获得国家发明专利授权16项;出版学术专著2部,教材1部;发表论文100多篇,其中80篇被SCI/EI/ISTP收录。

▶ **王晓光**　工学博士,武汉理工大学教授。1982年毕业于华中工学院(今华中科技大学)机械系机械制造及其自动化专业;1982年至1989年在铁道部大桥工程局桥梁机械厂工作,工程师;1989年至今在武汉理工大学机电工程学院从事教学与科研工作。主要研究领域:机械制造、机电一体化设备、磁悬浮技术及其应用、工业工程。在国内外学术期刊和会议上发表学术论文60多篇;获得国家发明专利授权20多项。参与"磁悬浮转子的关键技术"项目,获2005年度湖北省科学技术奖(技术发明奖二等奖)。参与了《磁力轴承的基础理论与应用》一书的编写工作。

作者简介

▶ **宋春生** 工学博士，武汉理工大学机电工程学院教授、博士生导师。湖北省磁悬浮工程技术研究中心副主任，入选武汉市"黄鹤英才计划"。主要研究领域：磁悬浮主动隔振技术、状态监测与故障诊断等。在国内外重要学术期刊及会议上发表高水平学术论文40余篇，其中SCI收录30余篇；参编专著1部；获批软件版权4项；申请国家专利30项，授权14项；主持国家自然科学基金项目3项，主持和承担其他国家级、省部级项目及军工与企业项目20余项。兼任中国电子学会电子机械工程分会委员、中国机械行业卓越工程师教育联盟智能制造专业委员会委员、全国材料新技术发展研究会第一届理事会理事、湖北省电机工程学会理事、中国机械工程学会高级会员、中国电子学会高级会员。

# 总序

近年来，"智能制造＋共融机器人"特别引人瞩目，呈现出"万物感知、万物互联、万物智能"的时代特征。智能制造与共融机器人产业将成为优先发展的战略性新兴产业，也是"中国制造2049"创新驱动发展的巨大引擎。值得注意的是，智能汽车与无人机、水下机器人等一起所形成的规模宏大的共融机器人产业，将是今后30年各国争夺的战略高地，并将对世界经济发展、社会进步、战争形态产生重大影响。与之相关的制造科学和机器人学属于综合性学科，是联系和涵盖物质科学、信息科学、生命科学的大科学。与其他工程科学、技术科学一样，制造科学、机器人学也是将认识世界和改造世界融合为一体的大科学。20世纪中叶，*Cybernetics* 与 *Engineering Cybernetics* 等专著的发表开创了工程科学的新纪元。21世纪以来，制造科学、机器人学和人工智能等领域异常活跃，影响深远，是"智能制造＋共融机器人"原始创新的源泉。

华中科技大学出版社紧跟时代潮流，瞄准智能制造和机器人的科技前沿，组织策划了本套"智能制造与机器人理论及技术研究丛书"。丛书涉及的内容十分广泛。热烈欢迎各位专家从不同的视野、不同的角度、不同的领域著书立说。选题要点包括但不限于：智能制造的各个环节，如研究、开发、设计、加工、成形和装配等；智能制造的各个学科领域，如智能控制、智能感知、智能装备、智能系统、智能物流和智能自动化等；各类机器人，如工业机器人、服务机器人、极端机器人、海陆空机器人、仿生/类生/拟人机器人、软体机器人和微纳机器人等的发展和应用；与机器人学有关的机构学与力学、机动性与操作性、运动规划与运动控制、智能驾驶与智能网联、人机交互与人机共融等；人工智能、认知科学、大数据、云制造、物联网和互联网等。

本套丛书将成为有关领域专家、学者学术交流与合作的平台，青年科学家茁壮成长的园地，科学家展示研究成果的国际舞台。华中科技大学出版社将与

施普林格(Springer)出版集团等国际学术出版机构一起,针对本套丛书进行全球联合出版发行,同时该社也与有关国际学术会议、国际学术期刊建立了密切联系,为提升本套丛书的学术水平和实用价值,扩大丛书的国际影响营造了良好的学术生态环境。

近年来,高校师生、各领域专家和科技工作者等各界人士对智能制造和机器人的热情与日俱增。这套丛书将成为有关领域专家学者、高校师生与工程技术人员之间的纽带,增强作者与读者之间的联系,加快发现知识、传授知识、增长知识和更新知识的进程,为经济建设、社会进步、科技发展做出贡献。

最后,衷心感谢为本套丛书做出贡献的作者和读者,感谢他们为创新驱动发展增添正能量、聚集正能量、发挥正能量。感谢华中科技大学出版社相关人员在组织、策划过程中的辛勤劳动。

华中科技大学教授

中国科学院院士

熊有伦

2017 年 9 月

 **前言**

　　随着磁悬浮技术的成熟,磁悬浮技术在旋转支承和直线支承两大应用领域得到了飞速发展。本书尝试将磁悬浮旋转支承(其典型应用为磁悬浮轴承)和磁悬浮直线支承(其典型应用为磁悬浮列车、磁悬浮导轨等)作为一个整体研究对象展开论述。工业 4.0 的到来,使智能制造的概念、理论、技术与方法迅猛发展,智能装备日新月异。轴承作为装备的核心部件,是高端装备及智能装备必须使用的核心部件。智能轴承技术是智能装备的关键技术之一。近年来,智能轴承技术得到快速发展。然而,直到目前为止,轴承的智能化主要停留在智能监测层面,更进一步的智能化需要在支承原理、支承方式等方面做较大的创新。磁悬浮支承的出现,特别是主动磁悬浮支承的出现,为智能支承的实现提供了一个绝佳的机会。这是因为主动磁悬浮支承从原理上为实现支承的全面智能化提供了支撑。对于很多现有的主动磁悬浮轴承,只需要对控制系统装载智能化算法,增加适当硬件或进行硬件改造,就能够实现磁悬浮轴承的智能化改装。

　　本书以磁悬浮轴承的智能化为出发点,从磁悬浮轴承的结构、冗余、故障诊断与重构、智能控制算法等磁悬浮智能轴承的基础理论与方法方面展开论述,再以磁悬浮列车与磁悬浮电梯的应用、磁悬浮振动的主动控制、磁悬浮微重力隔振平台等典型应用为例介绍磁悬浮直线支承。由于作者没有在磁悬浮直线支承的智能化方面进行专门研究,所以本书在磁悬浮列车与磁悬浮电梯的应用方面仅限于介绍国内外的研究成果,在磁悬浮振动的主动控制和磁悬浮微重力隔振平台方面仅介绍我们自己的研究成果,没有在智能化方面展开论述。将磁悬浮直线支承纳入本书的范围,旨在抛砖引玉,将磁悬浮支承技术的研究引向更深更广的领域,特别是在智能支承方面,磁悬浮旋转支承与磁悬浮直线支承有很多共同之处,可以相互借鉴、相互促进、共同发展,把磁悬浮智能支承技术推向更高的层次、更广的范围,为磁悬浮支承技术的智能化、磁悬浮智能支承的产业化奠定坚实的理论基础,为磁悬浮列车的智能化提供技术支持,为高端装备的智能化提供借鉴。

本书具体内容如下:

第1章简要介绍了包括磁悬浮轴承与磁悬浮列车在内的磁悬浮支承技术的发展历史及现状,论述了磁悬浮轴承的分类及其特点,梳理了智能支承的发展趋势,提出了具有"4S"特征的智能支承概念,介绍了与磁悬浮智能支承相关的具体内容。第2章主要从完全约束磁悬浮支承系统与非完全约束磁悬浮支承系统,磁悬浮支承的冗余设计与可靠性,弱耦合径向、轴向磁悬浮支承等方面,阐述了磁悬浮支承的典型结构形式,特别是冗余结构为磁悬浮支承的重构与自愈提供了可能,这也是磁悬浮智能支承区别于其他支承最典型的结构特征。第3章从磁悬浮轴承三维磁场分析、磁悬浮轴承支承参数的辨识等方面着重分析了磁悬浮轴承的支承特性。这是关于磁悬浮轴承最基础的分析工作,也是磁悬浮智能支承最基础的理论支撑。磁悬浮智能支承之所以能够成为具有"4S"特征的智能支承,除了在结构上具有冗余和在线重构特征外,主要是因为它具有智能控制算法。第4章从磁悬浮控制系统的基本算法——PD(比例微分)控制算法入手,介绍了PID(比例积分微分)控制,在此基础上着重阐述了磁悬浮支承系统模糊控制、神经网络控制等智能控制算法。磁悬浮智能支承的重要特征是具有自诊断与自愈功能。第5章从磁悬浮支承的故障诊断、容错控制、冗余重构等方面,阐述了磁悬浮支承在出现故障时,通过冗余的结构或电路等,在线(自主)重新构成新的悬浮控制系统,使磁悬浮支承的支承性能不退化,从而实现磁悬浮智能支承的自愈功能。第6章主要讲述磁悬浮直线支承的应用,介绍了常导磁悬浮列车、超导磁悬浮列车及正在研究的真空管道磁悬浮列车的工作原理及其发展现状与趋势;基于轮轨列车与磁悬浮列车的工作原理,阐述了磁悬浮列车的特点与优势。同时介绍了另外两种磁悬浮直线支承的应用,即磁悬浮电梯和磁悬浮机床导轨。第7章、第8章主要从磁悬浮支承的减振隔振作用出发,阐述了磁悬浮支承的两种典型应用,旨在在更大范围内向读者介绍磁悬浮支承的广泛应用,为推动磁悬浮支承,特别是磁悬浮智能支承的应用提供借鉴。

　　本书是作者团队多年研究工作的总结,书中除了关于磁悬浮直线支承的内容外,其余主要部分是团队中老师与学生共同研究的结果。在此特别感谢吴华春教授、丁国平教授、张锦光教授、程鑫副教授、郭新华副教授、陈昌皓博士、江友亮博士生等的支持与帮助,他们也参与了本书部分内容的撰写。

　　本书内容涉及作者团队主持或参与的多项国家自然科学基金项目的研究成果,也包含国家重点研发计划(课题编号:2018YFB2000103;课题名称:磁悬浮轴承与支承部件的耦合作用机理及设计方法研究)的研究内容。在此一并感谢这些项目的资助!

作　者

2020 年 11 月

目录

第 1 章
绪论

　　支承技术是使机械能够运动的最基本的技术之一。可以说,没有支承就没有机械运动。按照所支承的运动形式,支承部件可以分为两大类:其一是支承旋转运动的部件,被称为轴承,如滚动轴承、液压滑动轴承、空气轴承、磁悬浮轴承等;其二是支承直线运动的部件,被称为导轨,如机床滑动导轨、机床滚动导轨等。磁悬浮列车是磁悬浮直线支承的一个典型应用实例。显然,无论是旋转运动还是直线运动,离开了支承部件都是不可能实现的。自从人类发明了具有机械运动的机器,就有了支承部件的应用。因此,支承技术是最古老的机械技术之一。中国是世界上发明并应用轴承最早的国家之一。如图 1-1 所示的独轮车,图 1-2 所示的水动力抽水车,图 1-3 所示的人力抽水车,这些古代发明的旋转装置的支承均是由滑动支承部件(或称为滑动轴承)实现的。滑动轴承是人类最早应用的支承部件。然而,现代轴承技术的产生与飞速发展,是起始于滚动轴承的发明与发展的。

图 1-1　独轮车

图 1-2　水动力抽水车

　　十七世纪末,英国的瓦洛设计制造了球轴承,并装在邮车上试用;英国的沃思取得球轴承的专利。十八世纪末,德国的赫兹发表了关于球轴承接触应力的论文。在赫兹成就的基础上,德国的斯特里贝克、瑞典的帕姆格伦等人进行了大量的试验,对发展滚动轴承的设计理论和疲劳寿命计算做出了贡献。随后,俄国的彼得罗夫应用牛顿黏性定律计算轴承摩擦。英国的雷诺导出了雷诺方程,从此奠定了流体动压润滑理论的基础,开创了现代轴承技术发展的崭新时代。直到今天,尽管轴承技术日新月异,既有空气滑动轴承又有液体滑动轴承(见图1-4),既有滚珠球轴承又有圆柱滚子轴承(见图1-5和图1-6),但是轴承的基本理论没有变。然而,磁悬浮轴承的出现,彻底改变了轴承技术的基本原理,从而带来了传统轴承无法想象的技术特征。

图1-3 人力抽水车

图1-4 滑动轴承

图1-5 滚珠球轴承

图1-6 圆柱滚子轴承

主动磁悬浮轴承利用可控电磁力使转轴悬浮起来,它主要由转子、电磁铁、传感器、控制器和功率放大器等组成。电磁铁安装在定子上,转子悬浮在按径向对称放置的电磁铁所产生的磁场中,每个电磁铁上都装有一个或多个传感器,以连续监测转轴的位置变化情况。从传感器中输出的信号,借助电子控制系统,校正通过电磁铁的电流,从而控制电磁铁的吸引力,使转轴在稳定平衡状态下运转,并达到一定的精度要求。图1-7所示为一个主动磁悬浮轴承系统的组成部分及工作原理。在传感器检测出转子偏离参考点的位移后,作为控制器的微处理器将检测到的位移变换成控制信号,然后功率放大器将这一控制信号转换成控制电流,控制电流经过电磁铁使其产生磁力,从而使转子维持其稳定

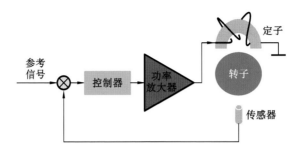

图 1-7　主动磁悬浮轴承系统的组成部分及工作原理

悬浮位置不变。悬浮系统的刚度、阻尼及稳定性由控制系统决定。改变悬浮系统的控制算法或控制参数,就会改变悬浮系统的刚度、阻尼及稳定性。

按照磁悬浮支承的运动形式,可以将磁悬浮支承分为磁悬浮旋转支承和磁悬浮直线支承两大类。

磁悬浮旋转支承是指利用磁悬浮原理支承运动部件进行旋转运动的支承形式,其典型应用为磁悬浮轴承。

磁悬浮直线支承是指利用磁悬浮原理支承运动部件进行直线运动的支承形式,其最典型的应用为磁悬浮列车,其他应用还有磁悬浮电梯、磁悬浮导轨等。

1.1　磁悬浮支承的发展历史与现状

采用永久磁铁实现物体的稳定悬浮是人类一个古老的梦想,但是久未实现。直到 1840 年,英国剑桥大学的 Earnshaw 教授从理论上证明了单靠永久磁铁是不能使物体在空间六个自由度上都保持稳定悬浮的,唯有采用抗磁性材料才能依靠选择恰当的永久磁铁结构与相应的磁场分布来实现稳定悬浮。

1937 年,Kemper 申请了一项有关悬浮技术的专利,该专利提出了采用新的交通办法的可能,这是磁悬浮列车最早的设想来源。1957 年,法国 Hispano-Suiza 公司第一个提出了利用电磁铁和感应传感器组成主动全悬浮系统的设想,并取得了法国专利,这是现代磁悬浮轴承技术的开始。1969 年,法国 SEP 公司开始研究主动磁悬浮轴承的特性,并于 1972 年将第一个磁悬浮轴承应用于卫星导向器飞轮支承。但是真正的大规模工业应用,是从 20 世纪 80 年代法国 S2M 公司磁悬浮轴承产品的应用开始的。S2M 公司是世界磁悬浮轴承技术的先驱,2007 年被 SKF 集团收购,成为 SKF 集团的全资子公司。目前国外磁悬浮轴承已经在压缩机、鼓风机、真空泵、燃气轮机、飞轮储能、机床电主轴、人工心脏泵等方面得到了广泛应用。

20世纪80年代,在国外进入磁悬浮轴承产业化的时候,我国只有清华大学、西安交通大学、哈尔滨工业大学、上海微电机研究所等少数几个单位开始尝试磁悬浮轴承的原理研究。1981年,清华大学的丛树人、高钟毓等发表了《磁悬浮高速转子真空计原理的研究》。1982年,清华大学的张祖明、温诗铸就小钢球的单自由度磁悬浮进行了理论分析和试验研究。1983年,上海微电机研究所的靳光华等采用径向被动、轴向主动的混合型磁悬浮技术研制了我国第一台全磁悬浮轴承样机。1987年,国防科技大学的杨泉林针对磁悬浮列车采用状态反馈原理探讨了磁悬浮控制的多自由度解耦问题。1988年,哈尔滨工业大学的陈易新等提出了磁悬浮轴承结构优化设计理论和方法,建立了主动磁悬浮轴承机床主轴控制系统数学模型,这是国内首次对五自由度主动磁悬浮轴承机床主轴从结构到控制进行的系统研究。当时比较系统地在磁悬浮轴承方面开展研究工作的带头人有清华大学的赵鸿宾教授、西安交通大学的谢友柏教授和哈尔滨工业大学的陈易新教授,他们不仅自己从事磁悬浮轴承研究,更重要的是还培养出了许多从事磁悬浮轴承研究的学生。目前国内磁悬浮轴承界的学术带头人大多是他们的学生。进入20世纪90年代,武汉理工大学、山东大学、南京航空航天大学、上海大学等更多单位相继对磁悬浮轴承进行研究,形成了具有影响力的研究力量,研究的目标也从掌握基本原理转为提高磁悬浮轴承的性能,研究对象包括许多关于磁悬浮轴承的部件与各种先进控制算法等。从1990年到2000年,国内的学术期刊上出现了约500篇关于磁悬浮轴承的论文,而且涉及的领域更广更深,也有少量涉及工业应用的研究。在这十年间,我国已基本掌握了磁悬浮轴承的基础理论、关键技术,磁悬浮轴承的研究体系已基本形成,更值得一提的是培养了一大批人才,为我国后续磁悬浮轴承的发展奠定了坚实的人才基础。因此,1980—2000年这一时期可以称为我国磁悬浮轴承技术的成长阶段。

进入21世纪,随着我国磁悬浮技术研究单位的增加、人力和物力投入的逐步加大,磁悬浮轴承理论研究日益成熟,相关技术取得了突破,磁悬浮轴承技术研究飞速发展,同时北京航空航天大学、浙江大学等院校先后形成了具有影响力的研究力量。在国内期刊上出现约5000篇关于磁悬浮轴承的论文;2003年,科学出版社出版了由西安交通大学虞烈教授撰写的专著《可控磁悬浮转子系统》;2006年,机械工业出版社出版了由武汉理工大学胡业发教授等撰写的专著《磁力轴承的基础理论与应用》。两部专著的出版标志着中国磁悬浮轴承技术从理论走向成熟。2005年,在时任中国机械工程学会副理事长王玉明院士的指导下,清华大学的于溯源教授将国内磁悬浮研究的主要学者组织起来,发起成立了磁悬浮与气悬浮技术专业委员会(现改名为全国磁悬浮技术专业委员会),这是我国磁悬浮领域中的标志性事件,从此,磁悬浮轴承技术在我国得到大力发展,我国磁悬浮轴承研究在国际上也开始具有明显的影响力。在国际磁悬浮轴承会议上,我国学者的论文所占比例有了大幅度的提高,约占 15%。2010年,西安交通大学的虞烈教授与武汉理工大学的胡业发教授作为主席,共同主持了在武汉理工大学召开的第 12 届国际磁悬浮轴承学术会议。这是该国际会议首次在中国举行,也是中国专家首次作为主席主持的会议。

在 21 世纪第二个十年,我国磁悬浮轴承技术进入了工业应用推广阶段,先后有天津飞旋、南京磁谷等公司开始大量生产销售磁悬浮轴承及其应用产品。图 1-8 所示为天津飞旋公司的磁悬浮真空泵系列产品。南京磁谷公司的磁悬浮

(a)

(b)

(c)

图 1-8　天津飞旋公司的磁悬浮真空泵系列产品

(a)磁悬浮分子泵;(b)磁悬浮高速电动机;(c)磁悬浮鼓风机

产品如图 1-9 所示。

（a）　　　　　　　　　　（b）

图 1-9　南京磁谷公司的磁悬浮产品

（a）磁悬浮鼓风机；（b）磁悬浮技术试验台

2006 年，海尔在引进技术的基础上开发出中国第一台磁悬浮中央空调，其磁悬浮变频离心式压缩机及冷水机组如图 1-10（a）所示。随后，格力也开始了对磁悬浮压缩机的研究。2014 年，格力电器研发出世界首台单机制冷量达 1000 冷吨（约 3517 kW）的磁悬浮变频离心式压缩机组，如图 1-10（b）所示；2019 年，格力电器创造出全球单机制冷量最大（1300 冷吨，约 4572 kW）的磁悬浮离心式压缩机组。

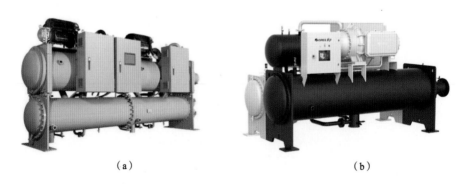

（a）　　　　　　　　　　　　　　（b）

图 1-10　磁悬浮变频离心式压缩机及冷水机组

（a）海尔；（b）格力

由于中国磁悬浮轴承技术的飞速发展，近几年的国际会议中，参会的中国学者和中国的学术论文均占到三分之一左右，国际影响力越来越大。同时，磁悬浮轴承产品市场规模几年内从 0 变为几亿元,发展非常迅猛。2018 年,中国人再次担任国际磁悬浮轴承学术会议主席,即清华大学的于溯源教授作为大会主席,主持了在北京召开的第 16 届国际磁悬浮轴承学术会议。目前,中国在磁悬浮轴承的理论、关键技术、产品及其应用市场方面已经处于世界的前列。

在磁悬浮旋转支承发展的同时,磁悬浮直线支承的典型应用——磁悬浮列车也由理论研究、技术开发走向商业应用。

磁悬浮列车目前主要有两大技术流派,即德国的常导磁悬浮技术和日本的超导磁悬浮技术。常导磁悬浮技术是指应用常规电磁铁产生电磁引力来使列车悬浮的技术,也可以称为电磁悬浮技术,它主要是德国开发的磁悬浮技术;超导磁悬浮技术是利用超导体的抗磁性与钉扎性来使列车悬浮的技术,它主要是日本开发的磁悬浮技术。尽管这两大技术都不是中国开发的,但是世界上将磁悬浮列车应用于商业并发展最快的国家却是中国。

2003 年,我国引进了德国的电磁悬浮列车技术。图 1-11 所示为我国三条电磁悬浮列车。

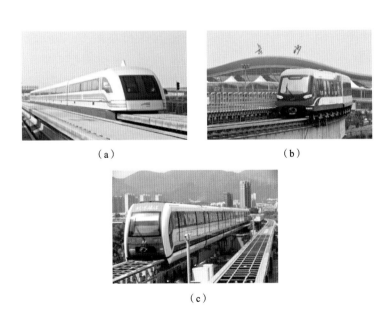

（a）

（b）

（c）

图 1-11　电磁悬浮列车

(a) 上海磁悬浮列车;(b) 长沙磁悬浮列车;(c) 北京磁悬浮列车

图 1-11(a)所示为上海磁悬浮列车。2001 年 3 月 1 日,上海磁悬浮列车示范运营线工程正式开工;2002 年 12 月 31 日,上海磁悬浮列车示范运营线举行

了通车典礼。上海磁悬浮列车专线西起上海轨道交通 2 号线的龙阳路站,东至上海浦东国际机场,专线全长约 30 km,是中德合作开发的世界第一条磁悬浮商运线,也是世界第一条商业运营的高架磁悬浮专线。上海磁悬浮列车是常导磁吸型(简称常导型)磁悬浮列车,是利用异极相吸原理设计的,是一种吸力悬浮系统,利用安装在列车两侧转向架上的悬浮电磁铁和铺设在轨道上的磁铁实现悬浮。上海磁悬浮列车主要是引进德国技术建成的。

图 1-11(b)所示为长沙磁悬浮列车。2014 年 5 月 16 日,长沙磁悬浮列车运行线路(又称长沙磁浮快线)正式开工建设;2016 年 5 月 6 日,长沙磁浮快线开始载客试运营。长沙磁浮快线全长 18.55 km,全程高架敷设;设车站 3 座,预留车站 2 座;列车采用 3 节编组,设计速度为 100 km/h。长沙磁浮快线是中国第一条自主设计、自主制造、自主施工、自主管理的中低速磁悬浮线路,是中国首条拥有完全自主知识产权的中低速磁悬浮线路。

图 1-11(c)所示为北京磁悬浮列车。2017 年 12 月 30 日,北京 S1 磁浮交通线(简称 S1 线)正式开通试运营。S1 线是北京首条中低速磁浮交通示范线。该线路连接北京城区与门头沟区,西起石厂站,东至苹果园站,与轨道交通 6 号线、1 号线相接。S1 线全长 10.2 km,设计速度为每小时 100 km,全部为高架线,全线设站 8 座,车辆段设在石厂。从门头沟石厂到金安桥仅需 17 min。北京磁悬浮列车主要是由国防科技大学主持开发的。

以上三条磁悬浮列车都属于电磁悬浮列车。电磁悬浮列车与电磁悬浮轴承的工作原理是一样的。图 1-12 所示为电磁悬浮轴承演变为电磁悬浮列车的

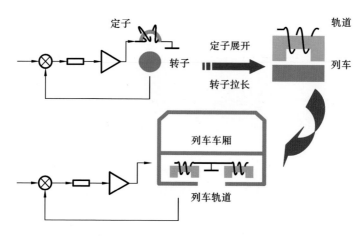

图 1-12 电磁悬浮轴承演变为电磁悬浮列车的原理图

原理图,图中电磁悬浮轴承定子展开演变为列车轨道,电磁悬浮轴承转子拉长演变为列车车厢。

当列车车厢有向下的位移时,位移传感器测出列车向下的位移,将该位移信号传输给控制器,控制器计算后,给功率放大器发出指令,增大轨道线圈电流,从而增大轨道对列车的吸引力,使列车车厢向上移动,回复到平衡位置;同样,当列车车厢有向上的位移时,减小轨道线圈的电流,以减小轨道对列车车厢的吸引力,在列车重力作用下,列车车厢向下移动,回复到平衡位置。这样在运动过程中,列车的平衡位置在竖直方向上保持动态稳定。在左右两侧,有对称布置的两个电磁铁,依据同样原理使列车运动方向与轨道方向保持一致,以实现列车的导向。这样在运动中,列车的平衡位置在左右方向上保持动态稳定。由此实现磁悬浮列车的动态平稳运行。动态特性则主要取决于磁悬浮列车控制系统的动态性能指标。

1.2　磁悬浮旋转支承

磁悬浮旋转支承的典型应用是磁悬浮轴承,磁悬浮轴承按工作原理可分为:主动磁悬浮轴承(active magnetic bearing,AMB)、被动磁悬浮轴承(passive magnetic bearing,PMA)、超导磁悬浮轴承(superconducting magnetic bearing,SMB)、混合磁悬浮轴承(hybrid magnetic bearing,HMB)。

1.2.1　主动磁悬浮轴承

主动磁悬浮轴承按支承方式的不同可分为径向磁悬浮轴承和轴向磁悬浮轴承。主动磁悬浮轴承的机械部分一般由径向轴承和轴向轴承组成,其一般结构如图 1-13 所示。径向轴承由定子(电磁铁)、转子构成;轴向轴承由定子(电磁

（a）　　　　　　　　　　（b）

图 1-13　主动磁悬浮轴承机械部分结构示意图

（a）径向轴承;（b）轴向轴承

铁)和推力盘构成。为克服涡流损耗,定子及转子(轴颈部分)套环均采用冲片叠成。径向轴承的电磁铁类似于电动机的定子结构,其磁极数可以是8极、16极或者更多。

由于主动磁悬浮轴承具有转子位置、轴承刚度和阻尼可由控制系统确定等优点,所以在磁悬浮应用领域中,主动磁悬浮轴承得到了最为广泛的应用,而且主动磁悬浮轴承的研究一直是磁悬浮轴承技术研究的重点,经过多年的努力,其设计理论和方法已经成熟。

1.2.2 被动磁悬浮轴承

被动磁悬浮轴承作为磁悬浮轴承的一种形式,具有自身独特的优势——体积小、无功耗、结构简单。被动磁悬浮轴承与主动磁悬浮轴承最大的不同在于,前者没有主动电子控制系统,而是利用磁场本身的特性使转轴悬浮起来。从目前来看,在被动磁悬浮轴承中,应用最多的是由永久磁体构成的永磁悬浮轴承。永磁悬浮轴承又可以分为斥力型和吸力型两种。

永磁悬浮轴承可同时用作径向轴承和轴向轴承(推力轴承),两种轴承都可采用吸力型或斥力型。根据磁环的磁化方向及相对位置的不同,永磁悬浮轴承有多种磁路结构,其最基本的结构有两种,如图1-14所示。

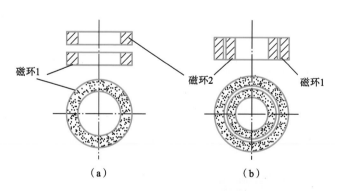

图 1-14 永磁悬浮轴承的基本结构

(a) 轴向布局的磁悬浮轴承;(b) 径向布局的磁悬浮轴承

永磁悬浮轴承可以由径向或轴向磁环构成,其刚度和承载力可以通过采用多对磁环叠加的方法来增大。如图1-14(a)所示结构,当磁环1和磁环2采用轴向充磁,极性相同装配时构成吸力型径向轴承,极性相异装配时构成斥力型轴向轴承。如图1-14(b)所示结构,当磁环1和磁环2采用轴向充磁,极性相同装配时构成斥力型径向轴承,极性相异装配时构成吸力型轴向轴承。如果结合径向磁化情况,则可构成更多的结构形式。

还有一类被动磁悬浮轴承建立在吸力基础上,吸力作用在磁化了的软磁部件之间,如图 1-15 所示。当转子部件做径向运动时,吸力效应来自磁阻的变化,所以这类轴承也称作磁阻轴承。这类轴承可以设计成磁铁部分不旋转,仅软铁部分旋转的形式,以使系统具有更好的稳定性。

图 1-15　被动径向磁阻轴承

将磁阻轴承和主动电磁铁的稳定作用结合起来,可构成具有最小能耗的磁悬浮轴承系统。

对于永磁轴承,当转轴上作用了一定载荷后,转子和定子磁环间的工作气隙将发生变化,最小工作气隙处的斥力要比最大气隙处的斥力大,从而使转轴径向位置发生变化,趋于平衡状态。根据恩休定理,采用永磁轴承是不可能获得稳定平衡的,至少在一个坐标方向上是不稳定的。因此,对于永磁轴承系统,至少要在一个坐标方向上引入外力(如电磁悬浮力、机械力、气动力等),才能实现系统的稳定。

1.2.3　超导磁悬浮轴承

科学家发现许多金属和合金具有在低温下完全失去电阻和完全抗磁性的特性,具有这种特性的导体称为超导体。1911 年,荷兰莱顿大学的卡末林·昂内斯意外地发现,将汞冷却到零下 268.98 ℃时,汞的电阻突然消失,卡末林·昂内斯称之为超导态。这一发现使他获得了 1913 年的诺贝尔奖。1933 年,德国物理学家迈斯纳和奥森菲尔德对锡单晶球超导体做磁场分布测量时发现,在小磁场中使金属冷却进入超导态时,金属体内的磁力线一下被排出,磁力线不能穿过金属体内。也就是说,超导体处于超导态时,体内的磁场恒等于零。这种效应被称为迈斯纳效应。

当磁场作用于处于超导态的超导体时,超导体表面将会产生感应电流环,而超导态的零电阻特性使得感应电流环在超导体表面得以长期存在,电流所产生的磁场正好与外磁场大小相等,方向相反,于是超导体获得垂直的上浮力。

当这个力的大小刚好等于超导体的重力的时候,超导体就可以悬浮在空中,从而使得理想超导体呈现出迈斯纳效应。图 1-16 给出了高温超导块材的磁悬浮原理,图中 T_0 是超导块材的转变温度。

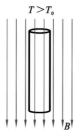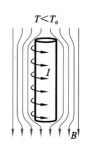

图 1-16 高温超导块材的磁悬浮原理

高温超导磁悬浮轴承由励磁场和高温超导体两部分组成,其悬浮能力主要利用高温超导体在外界励磁场中的迈斯纳效应和磁通钉扎效应来实现。高温超导磁悬浮轴承由高温超导体的迈斯纳效应提供悬浮力,由磁通钉扎效应保证悬浮位置的稳定,不需外界控制,具有自稳定的悬浮特性。在各类磁悬浮轴承中,高温超导磁悬浮轴承是唯一能够实现转子自稳定的磁悬浮轴承。

超导磁悬浮轴承按照结构形式,可以分为轴向型超导磁悬浮轴承(见图 1-17)和径向型超导磁悬浮轴承(见图 1-18)。图 1-19 所示为美国波音公司设计的 10 kW 飞轮储能的轴向型超导磁悬浮轴承。图 1-20 所示为德国 ATZ 公司的径向型超导磁悬浮轴承,该轴承能够承载 500 kg 的质量。

轴向型超导磁悬浮轴承的定子是由超导块材组成的圆盘,转子是由环形永

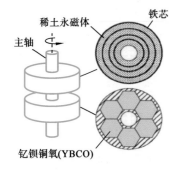

图 1-17 轴向型超导磁悬浮轴承

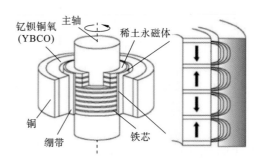

图 1-18 径向型超导磁悬浮轴承

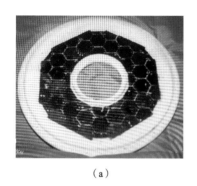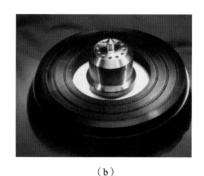

（a）　　　　　　　　　　　　　　　（b）

图 1-19　美国波音公司的轴向型超导磁悬浮轴承

（a）轴向型超导磁悬浮轴承定子；（b）轴向型超导磁悬浮轴承

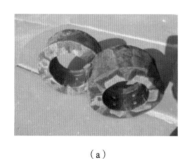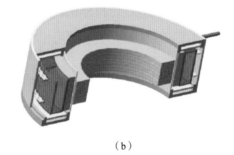

（a）　　　　　　　　　　　　　　　（b）

图 1-20　德国 ATZ 公司的径向型超导磁悬浮轴承

（a）采用 YBCO 制作的径向型超导磁悬浮轴承定子；（b）径向型超导磁悬浮轴承

磁材料组成的圆柱体，如图 1-17、图 1-19 所示。轴向载荷由超导体的抗磁性承载，径向载荷由磁通钉扎效应承载。轴向型超导磁悬浮轴承的承载能力主要依靠扩大定子与转子的直径来增大，随着转速的增加，转子直径的扩大受到制约，因此这种轴承的承载能力有限。

　　径向型超导磁悬浮轴承的定子由环状圆柱超导体组成，转子由环状的永磁材料组成，如图 1-18、图 1-20 所示。径向载荷由超导体的抗磁性承载，轴向载荷由磁通钉扎效应承载。径向型超导磁悬浮轴承承载能力主要依靠扩大定子与转子的轴向长度来增大，因此其承载能力相对轴向型轴承要大一些。

　　轴向型超导磁悬浮轴承与径向型超导磁悬浮轴承的参数对比如表 1-1 所示。

表 1-1　轴向型超导磁悬浮轴承与径向型超导磁悬浮轴承的参数对比

参　数	轴向型超导磁悬浮轴承	径向型超导磁悬浮轴承
几何形状	平面结构	圆柱结构
尺寸	延伸型	紧凑型
承载能力	小(取决于轴承直径)	大(取决于轴承长度)
刚度	低(100 N/m 级)	高(kN/m 级)
转速	高(10^5 r/min 级)	高(10^4 r/min 级)
超导块材	圆盘状块材	环状圆柱块材
永磁体转子	与定子共轴永磁环	与定子同心永磁环
间距	大(4～6 mm)	小(1～2 mm)
低温条件	液氮/制冷机	液氮/制冷机
制作	容易	复杂

1.2.4　混合磁悬浮轴承

混合磁悬浮轴承可以有多种混合支承形式,如电磁悬浮轴承与永磁悬浮轴承混合支承、电磁悬浮轴承与超导磁悬浮轴承混合支承、永磁悬浮轴承与超导磁悬浮轴承混合支承、电磁悬浮轴承与气悬浮轴承(或空气轴承)混合支承、超导磁悬浮轴承与液体轴承混合支承,甚至是电磁、永磁、超导磁悬浮轴承混合支承等。混合磁悬浮轴承的优点是利用各种轴承的优势,获得良好的综合性能。

1. 电磁与永磁混合磁悬浮轴承

电磁与永磁混合磁悬浮轴承是在主动磁悬浮轴承(电磁悬浮轴承,简称电磁轴承)、被动磁悬浮轴承(永磁悬浮轴承,简称永磁轴承),以及其他一些辅助支承和稳定结构的基础上形成的一种组合式磁悬浮轴承支承系统。它兼顾了主动磁悬浮轴承可控、可调、刚度大的优点与被动磁悬浮轴承结构简单、功耗低的优点,因而具有良好的综合性能。这也是目前混合磁悬浮轴承中最常用的一种混合形式。

电磁与永磁混合磁悬浮轴承利用永久磁铁产生的磁场取代电磁铁产生的静态偏置磁场,这不仅可以显著降低功率放大器的功耗,而且可以使电磁铁的安匝数减小一半,缩小磁悬浮轴承的体积,提高其承载能力等。图 1-21 所示为一径向永磁偏置混合磁悬浮轴承的工作原理图。

图 1-21 中,转子在永久磁铁产生的静磁场吸力作用下,处于平衡位置(即中

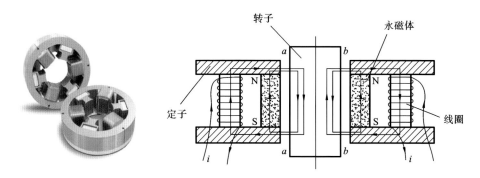

图 1-21　径向永磁偏置混合磁悬浮轴承的工作原理图

间位置,也称为参考位置)。根据结构的对称性可知,永久磁铁产生的永久磁通在转子左右气隙 a-a 和 b-b 处是相同的。此时两气隙处对转子产生的吸力相等,即 $F_{aa}=F_{bb}$。假设转子受到一个向右的外来干扰,转子将偏离参考位置向右运动,则转子左右气隙大小将发生变化,从而使磁通变化。左边气隙增大,磁通 Φ_{aa} 减小;右边气隙减小,磁通 Φ_{bb} 增大。由磁场吸力与磁通的关系可知,此时转子所受吸力 $F_{aa}<F_{bb}$。此时,传感器检测出转子偏离参考位置的位移,控制器将这一位移信号变换成控制信号传给功率放大器,功率放大器将该控制信号转换成控制电流 i;该电流流经电磁铁线圈绕组,使铁芯内产生一平衡外来干扰的电磁磁通 Φ_{d}。磁通 Φ_{d} 在气隙 a-a 处与原有永磁磁通 Φ_{aa} 叠加,而在气隙 b-b 处与原有永磁磁通 Φ_{bb} 相减。当 $\Phi_{aa}+\Phi_{\mathrm{d}}\geqslant\Phi_{bb}-\Phi_{\mathrm{d}}$,即 $\Phi_{\mathrm{d}}\geqslant(\Phi_{bb}-\Phi_{aa})/2$ 时,两气隙处产生的吸力 $F_{aa}\geqslant F_{bb}$,使得转子重新回到原来的平衡位置。同理,如果转子受到一个向左的外来干扰并向左运动,则可得到相反的结论。混合磁悬浮轴承的主动控制部分与全主动磁悬浮轴承的工作原理是相同的。

由于通过永久磁铁产生偏置磁场,通过电磁铁产生控制磁场,因此永磁偏置混合磁悬浮轴承具有以下优点:

(1)采用永久磁铁提供静态偏置磁场,电磁铁只提供平衡负载或外界干扰的控制磁场,可以避免系统因偏置电流产生的功率损耗,降低了线圈发热量。

(2)混合磁悬浮轴承的电磁铁相对于主动磁悬浮轴承所需的安匝数减小了许多,有利于缩小磁悬浮轴承的体积,节省材料,具有体积小、重量轻、效率高等优点,适用于微型化、体积小的应用场合。

2. 电磁与超导混合磁悬浮轴承

电磁与超导混合磁悬浮轴承是在电磁悬浮轴承与超导磁悬浮轴承混合轴

承,以及其他一些辅助支承和稳定结构的基础上形成的一种组合式磁悬浮支承系统。它兼顾了主动磁悬浮轴承刚度大与超导磁悬浮轴承结构自稳定的特点。

2006年,法国高等科学技术与经济商业学院(ISTEC)联合日本铁路中心与东京大学共同研制了50 kW·h/1 MW飞轮储能系统,其原理如图1-22所示。它的最高转速为2000 r/min,飞轮直径为2 m,质量为25 t。系统采用超导轴承和电磁轴承的混合轴承结构。超导轴承采用超导线圈和固定钢芯组成定子,以可移动钢芯作为转子。其工作原理为在固定钢芯内放置超导线圈,固定钢芯和可移动钢芯组成闭合主磁路,超导线圈通电产生磁场,可移动钢芯在轴向具有位移时在固定钢芯与可移动钢芯之间产生很大的轴向悬浮力。

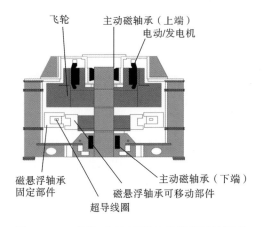

图1-22　50 kW·h/1 MW飞轮储能系统原理

3. 电磁、永磁与超导混合磁悬浮轴承

韩国电力科学研究院在超导磁轴承及高温超导飞轮储能系统方面做了较多工作,2012年研制了35 kW·h/350 kW高温超导飞轮储能系统。该系统采用350 kW永磁电动/发电机,在6000～12000 r/min范围内加减速运行,飞轮转子质量为1.6 t,系统的能量密度为32 W·h/kg。轴承系统包括2套高温超导径向轴承,1套止推式电磁轴承,1套永磁轴承,2套主动磁阻尼器。其中永磁轴承和电磁轴承位于飞轮主轴的中上部,超导轴承和阻尼器位于飞轮主轴的上下两端。永磁轴承和电磁轴承主要用于卸载飞轮的重力,超导轴承用于抑制额定转速范围内飞轮主轴较小的振动,阻尼器用于抑制经过临界转速时飞轮主轴的异常振动。超导轴承的刚度为250 kN/m,阻尼器的刚度为$1.08×10^3$ kN/m。韩国超导磁轴承系统如图1-23所示。

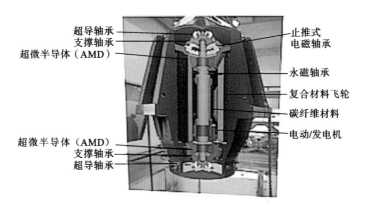

图 1-23　韩国超导磁轴承系统

4. 超导磁液复合轴承

西安交通大学以新一代液体火箭发动机为应用前景,提出了一种超导磁液复合轴承方案,将超导轴承与液体动压轴承复合,如图 1-24 所示。

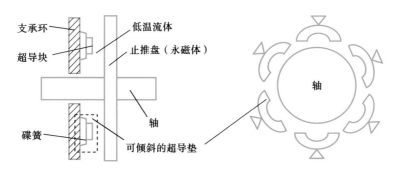

图 1-24　西安交通大学超导磁液复合轴承

该轴承最大的特点是采用了超导可倾瓦结构,超导块安装在可产生变形的碟簧和可倾斜的支点上。可倾瓦轴承具有天然的稳定性,液体动压轴承承载能力大;当低温火箭燃料泵入轴系中时,超导块不需要额外的冷却系统即可保持低温(70 K);低温燃料又可以作为液体动压轴承的润滑介质,当止推盘旋转时,在止推盘与轴瓦之间形成液体润滑膜,产生动压承载能力。超导轴承的作用是避免一般液体动压轴承在低速启动时的机械摩擦。这样超导磁液复合轴承既利用了超导轴承稳定的悬浮功能,以减少或避免轴与轴瓦的机械摩擦,又利用了液体动压轴承承载能力大的优势。

1.3　磁悬浮轴承的特点

由于磁悬浮旋转支承实现了无机械接触和电子控制,磁悬浮轴承与普通轴承相比有以下特点。

1. 在无机械接触方面的特点

由于磁悬浮轴承具有无接触、无磨损及不需要润滑等特点,因此它不仅可以广泛应用于各工业领域,还特别适用于真空技术、净室及无菌车间,以及腐蚀性介质或非常纯净的介质的传输。

(1)完全消除了磨损。因此,磁悬浮轴承的机械部件的寿命长。另外,通过对机械部件和控制电路的冗余设计,为智能支承提供可能,理论上可获得永久性工作寿命。

(2)不需要润滑和密封。不用相应的泵、管道、过滤器和密封件,不会因使用润滑剂而污染环境,特别适用于航空航天产品。

(3)耐环境性强。能在较广的温度范围($-253\sim+450$ ℃)内工作,能应对极高或极低的温度。

(4)发热少,功耗低。仅由磁滞和涡流引起很小的磁损,因而效率高,功耗大约仅为普通轴承的 1/10。

(5)圆周转速高。轴承转速只受转子材料抗拉强度的限制。速度的不断提高,为设计具有全新结构的大功率机器提供了可能性。如果采用能承受高应力并同时具有优良的软磁特性的非晶态金属,圆周转速大约可达到 350 m/s。

2. 在控制方面的特点

(1)可对转子位置进行控制。磁悬浮轴承不同于其他轴承,即使转子不在轴承中心也能支承主轴。转轴可在径向和轴向自由移动。

(2)轴承刚度和阻力由控制系统决定,在一定范围内不但可自由设计,而且在运行过程中可控可调,所以轴承动态特性好。

(3)轴承可以自动绕惯性主轴旋转,而不是绕支承的轴线转动,因此消除了质量不平衡引起的附加振动。

(4)转子的控制精度,例如转子的回转精度,主要取决于控制环节中信号的测量精度。普通电感传感器的分辨率在 0.001~0.01 mm。

(5)为了对磁悬浮轴承实施控制,需要对转子的全部或部分状态变量进行测量。这些测量信号还可以用于不平衡状态的评估和运行状态的在线监测,以提高系统的可靠性,实现智能控制。

（6）磁悬浮轴承不仅可以支承转子、抑制阻尼振动和稳定转子，而且还可以作为激振器使用。对转子施加激振，利用激振信号和响应信号可以识别一些未知的转子特性。

1.4 智能支承

随着机械向着高速度、高精度方向发展，对轴承的要求不仅包括高精度、高可靠性，还包括轴承参数可以在线监测，或由于主轴性能的要求，对轴承运行过程中的参数进行监测或间接推算出主轴的实时运行参数。智能轴承没有准确的定义，有一种说法是：在普通轴承的基础上加上不同用途的传感器，采用微型计算机进行信息处理，以随时提供轴承的工况信息，达到实时在线监测的目的。目前智能轴承系统可以由四个部分组成：

① 经过改进设计的轴承体；
② 镶嵌在轴承体内的微型传感器；
③ 信号（放大）传输电路（专用芯片）；
④ 信号处理与分析系统。

图 1-25 所示为由经过改进的轴承体组成的智能滚动轴承系统示意图。传感器嵌在轴承体上，不同的传感器可以测量不同的轴承参数（如应变、应力、温度、磨损、轴承受力等），经过信号放大处理，再输出所测结果。这样，机械系统不仅可以监测轴承的实时工况，还可以通过对轴承参数的监测间接推导出刀具磨损、主轴受力等主轴所需的若干信息，为机械系统的智能化提供技术支撑。由于传感器接近故障源，信噪比高，所测数据可靠，因此如果将微型传感器与轴承做成一个整体产品，则更方便工业应用。SKF 集团已经推出这样的轴承。现在智能轴承的研究主要聚焦于智能监测（或智能感知）方面，滚动轴承是最先引

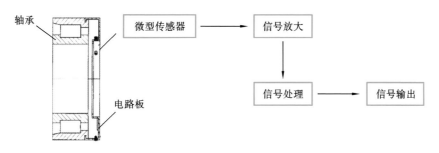

图 1-25 智能滚动轴承系统示意图

入智能监测的轴承。

1.4.1　轴承智能化的研究及其发展现状

20 世纪 90 年代,美国学者 Robert X. Gao 提出将微型化的传感器和信号放大电路直接嵌入轴承中,即智能轴承的设想,并与国际著名的 SKF 集团合作,于 1998 年研制成功第一代智能轴承,显著提高了信号的传输质量。智能轴承为设备早期故障诊断提供了一种新的手段和途径。智能轴承进入工业领域后,最早主要应用在车辆的速度测量上。实际上除了速度测量,还可以在轴承内布置加速度计、应变片、热电偶和拉伸仪等,测出轴承的加速度、应变、温度和载荷等。

1997 年,洛阳工学院的张宇波等人开发了一种用于机床钻削力监测的轴向测力轴承。如图 1-26 所示,该轴承的测力原理为:当钻削力作用于轴承时,该力通过轴承作用于外圈;特别设计的外圈变形环上贴有若干个应变片,可测得应变信号,从而得出钻削力的大小。由于是连续监测,可以得到钻削过程中钻削力连续变化的规律,因此,不仅测得的数据可靠,而且还可以实时监测钻削力的突变,防止事故的发生。对于刀具的监控来说,可以检测刀具的磨损,以便及时更换刀具,避免出现废品或刀具破坏划伤工件表面。当刀具发生破损时,及时发出报警信号,使机床及时停车,以避免损失。

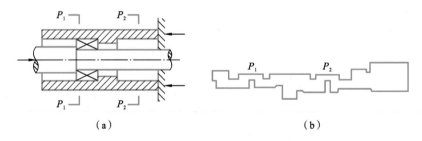

（a）　　　　　　　　　　　　（b）

图 1-26　具有轴向测力功能的智能轴承

（a）轴向测力轴承结构；（b）变形状环结构模型

风电轴承的旋转与一般轴承不一样,它主要是低速甚至是极低速旋转,如偏航轴承转速为 0.15 r/min,变桨轴承转速为 26 r/min。而低速旋转机械的故障诊断一直是国内外研究的难点。2012 年,南京工业大学的方成刚等提出了风电轴承参数的测量方法,图 1-27 所示为风电轴承的参数监测示意图,图 1-28 所示为偏航轴承传感器的安装位置示意图。

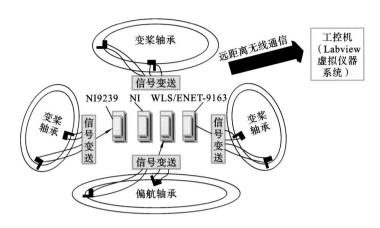

图 1-27　风电轴承的参数监测示意图

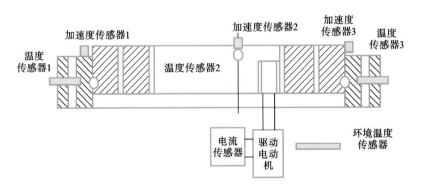

图 1-28　偏航轴承传感器的安装位置示意图

从图中可以看出,该测量系统包括偏航轴承参数的测量和变桨轴承参数的测量。偏航轴承与变桨轴承的传感器均固定在轴承内圈,随着转子一起旋转,因此,该方案将无线数据采集卡固定在转盘上,以无线发送方式向工控机实时传递偏航轴承和变桨轴承的温度与载荷监测数据。该系统可在 60 m 的距离内实现低速及高速信号采集,以及多个无线网的组网;利用 PC 机实现数据采集、保存及后处理分析,可有效地提取风电机组的早期故障信号,以及进行智能注油和报警控制。

2016 年,美国的 Stijn Kerst、Barys Shyrokau 等,采用测量径向轴承外圈应力的办法,测量汽车车轮的载荷,如图 1-29 所示。外圈应力的大小不仅与轴上载荷的大小与方向有关,还与滚动体所处的位置有关。图 1-29(a)为外圈应力最大时的位置图,即当滚动体在测量点的正上方时外圈应力最大。图1-29(b)为外圈应力最小时的位置图,即当测量点位于两个滚动体中间位置时,外圈应力最小。因此,从轴承外圈的应力变化可以推算出车轮上载荷的大小。

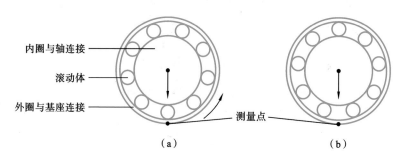

图 1-29　径向轴承外圈应力测量示意图

(a) 最大应力位置;(b) 最小应力位置

2010 年,重庆大学的邵毅敏等针对高铁轴承,提出了基于嵌入式多参量传感器的智能轴承方案,多参量复合传感器结构示意图如图 1-30 所示。专门制作一个复合传感器壳体结构,将多个不同参量的传感器安装在此壳体上,如温度传感器、振动加速度传感器、转速传感器等;信号放大电路板也安装在壳体上。考虑到高铁振动对传感器的影响,该结构焊接在轴承的外圈上,也可考虑将其嵌入轴承体中,但这样要专门设计轴承。邵毅敏等还将传统的轴承监测方式与智能轴承监测方式进行了对比。

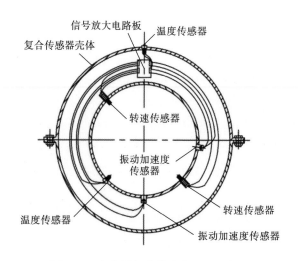

图 1-30　多参量复合传感器结构示意图

　　传统轴承振动监测主要是将振动传感器固定在轴承座的上表面,而智能轴承是将传感器直接固连在轴承(外圈或内圈)上。一般而言,由于智能轴承的传感器更接近振动点,因此智能轴承监测的数据比传统方式监测的数据要灵敏得多,也清晰得多。这样非常有利于轴承的故障诊断,这也是目前高精度或重要轴承采用智能监测的主要原因。

　　上述内容主要是针对滚动轴承智能监测所做研究工作的阐述,还有一类针对智能滑动轴承的研究,主要有采用磁流变液或电流变液作为润滑介质,通过改变磁场或电场来改变液体的黏度,从而改变滑动轴承支承性能以主动适应轴承变化工况的智能滑动轴承;通过多参量微型传感器监测滑动轴承内外圈参数的变化来监测轴承运行状况的智能滑动轴承;采用可控节流阀来改变静压滑动轴承支承参数以主动适应轴承工况变化的智能滑动轴承等。在此不一一阐述。

1.4.2　磁悬浮智能支承

　　上述的可实时监测轴承不能够称为真正的智能轴承,这种监测只能看作轴承的智能监测或轴承监测的智能化。

　　智能轴承或者更广义的智能支承,笔者认为是指具有自我感知(self-sensing)、自我修复(self-recovering)、自主学习(self-study)、自主决策(self-decision)等特征,即"4S"智能特征的支承。按照这样的定义,图 1-25 所示的智能滚动轴承系统只是具有智能感知的功能。当然,目前具有"4S"智能特征的支承产品还不存在,大部分号称智能轴承的支承只是实现部分"4S"智能功能的轴承。从磁悬浮支承的原理来看,只有主动磁悬浮支承才有可能真正具备全部"4S"智能特征,也就是说,只有主动磁悬浮支承,或更广义地说,只有具备主动控制功能的支承,才能够发展成为真正的智能支承。

1. 磁悬浮支承的自我感知

　　主动磁悬浮支承(磁悬浮轴承或磁悬浮列车)系统都具有位移传感器,如果需要也可以方便地添加电流传感器、转速传感器、温度传感器、应力应变传感器等。由于磁悬浮支承目前还没有实现标准化,磁悬浮支承产品主要还是个性化设计,因此这些传感器的添加对磁悬浮支承结构不会产生很大的影响。当然,即使今后实现了标准化,也可以将这些传感器附加在标准里。因此,磁悬浮支承实现支承的自我感知是很方便的。

2. 磁悬浮支承的自我修复

　　无论是滚动轴承还是滑动轴承,目前都无法实现在线自我修复。当磁悬浮轴承出现故障时,如果设计得当,则可以实现轴承的在线自我修复。笔者提出采用冗余设计实现支承的自我修复。磁悬浮支承可以采用多磁极数结构,当其中一极或多极出现故障时,可以通过磁极在线重构实现磁悬浮支承的在线修复或自愈;磁悬浮控制系统根据需要可以采用传感器冗余、功率放大器冗余、电路冗余等方式实现磁悬浮支承的在线重构,从而达到在线恢复工作状况的目的。

3. 磁悬浮支承的自主学习

这是磁悬浮支承的最大优势,即使不添加任何硬件,只要改进算法,就可以实现磁悬浮支承的自主学习。因为磁悬浮支承工作时,其电流、电压、位移、振动参数等信息是可在线实时测量的,只要对这些在线实时信息加以分析、挖掘,就可以判断系统的实时运行状态。还可以根据需要,添加一些其他变量的传感器(如温度传感器、应力应变传感器、加速度计等),则获得的系统信息更加丰富,系统状态更加清晰,为磁悬浮支承系统的实时监测、在线挖掘、实时学习提供大量的数据。假以时日,则每一个磁悬浮支承系统会产生大量的系统状态数据,这样不仅能为磁悬浮产品个性化运行与智能维护提供强有力的支撑,而且如果将整个磁悬浮支承产品运行数据联网分析,还能使磁悬浮支承系统知识的学习与进步更快更好。

4. 磁悬浮支承的自主决策

磁悬浮支承有实时的系统状态感知信息,有不断学习进步的"控制大脑",还有冗余设计带来的系统重构,这为磁悬浮支承系统的决策提供了丰富的选项,控制系统可以并且能够为磁悬浮支承做出最佳的自主决策,而且每一次决策所产生的结果数据又为下一次决策提供参考。由于控制系统具有学习功能,随着数据的大量积累,磁悬浮支承控制系统变得越来越"聪明",使每一个磁悬浮产品变得越来越有个性,也使得每一个客户的需求越来越清晰。这样,生产商不仅可以为客户提供量身定制的适销对路产品,还可以为客户提供实时的贴身服务。

综上所述,主动磁悬浮支承可以实现具有"4S"智能特征的智能支承。另外,由于磁悬浮支承没有机械摩擦,没有摩擦就没有磨损,因此我们完全可以描绘这样一种前景:在产品使用寿命内,磁悬浮智能支承是一种无须维护、永不磨损、性能稳定、越用越"聪明"、越用越好的产品。因此,磁悬浮智能支承能够为智能装备的发展奠定坚实的基础,为整个机械产品带来革命性的变化。

考虑到本书中支承的内涵,不仅包括轴承,还包括所有直线运动的支承,如磁悬浮列车、磁悬浮导轨、磁悬浮电梯等,因此,磁悬浮智能支承的研究与发展显得非常必要,且非常重要。本书只起一个抛砖引玉的作用。

　　本书从磁悬浮智能支承结构、磁悬浮磁场与支承参数、磁悬浮支承的智能控制算法、磁悬浮支承的故障诊断与重构、磁悬浮直线支承、磁悬浮主动隔振系统、磁悬浮微重力隔振系统等方面展开论述,旨在从磁悬浮轴承结构、控制、重构等方面阐述磁悬浮智能支承的基本问题;针对直线支承特别是磁悬浮列车,论述磁悬浮直线支承的应用;最后介绍作者将磁悬浮主动隔振、磁悬浮微重力隔振等技术应用到磁悬浮支承直线运动方面的研究成果。

1.5　本章小结

　　本章从磁悬浮支承的角度出发,将磁悬浮轴承和磁悬浮列车并列作为研究对象,介绍了磁悬浮技术在旋转支承和直线支承方面的应用与发展,结合前期有关智能轴承的研究,提出了磁悬浮智能支承的概念。智能支承的概念不仅适用于磁悬浮轴承,还适用于磁悬浮列车,尤其是磁悬浮真空管道列车。因为磁悬浮真空管道列车必须是全自动无人驾驶的,所以更需要磁悬浮智能支承。由于作者主要研究磁悬浮轴承,因此有关磁悬浮列车应用的介绍主要参考的是国内外其他学者的研究成果,在此一并感谢!

本章参考文献

［1］ 胡业发,周祖德,江征风.磁力轴承的基础理论与应用［M］.北京:机械工业出版社,2006.

［2］ EARNSHAW S. On the nature of molecular forces which regulate the constitution of luminiferous ether［J］. Transactions of Cambridge Philosophical Society,1842,7:97-114.

［3］ JUNG V. Magnetisches schwebende［M］. Berlin:Springer-Verlag,1988.

［4］ KEMPER H. Schwebende aufhangung durch elektromagnetische kraft:eine moglichkeit fur eine gundatzlich neue fortbewegungsart［J］. Elektrotechn Z.,1938,59:391-395.

［5］ 丛树人,高钟毓,陆家和.磁悬浮高速转子真空计原理的研究［J］.真空科学与技术,1981,6(4):369-377.

［6］ 张祖明,温诗铸.关于直流控制式磁力轴承的控制稳定性分析［C］//第一届全国机械零件计算方法学术会议论文集.1982.

[7] 靳光华,胡升魁,张锦文.主动磁悬浮轴承的原理及结构[J].电子科学,1983,3:58-65.

[8] 杨泉林.磁悬浮列车模型的实验研究[J].国防科技大学学报,1987(4):57-65.

[9] 陈易新,胡业发,杨恒明,等.机床主轴可控磁力轴承的结构分析与设计[J].机床与液压,1988(3):2-8.

[10] 陈易新,杨恒明,胡业发,等.轴向磁力轴承控制系统的计算机辅助分析[J].机床与液压,1988(3):8-16.

[11] 王玉明,索双富,李永健,等.高端轴承发展战略研究报告[M].北京:清华大学出版社,2016.

[12] 虞烈.可控磁悬浮转子系统[M].北京:科学出版社,2003.

[13] 乔辉,于春慧,杜连强.为什么超导体能悬浮磁体?[EB/OL].[2020-07-16].https://tech.qq.com/zt2013/why/13superconductor.htm.

[14] DAY A C,STRASIK M,MCCRARY K E,et al.Design and testing of the HTS bearing for a 10 kWh flywheel system[J].Superconductor Science and Technology,2002,15(5):838-841.

[15] WERFEL F N,FLOEGEL-DELOR U,ROTHFELD R,et al.Modelling and construction of a compact 500 kg HTS magnetic bearing[J].Superconductor Science and Technology,2005,18(2):19-23.

[16] 邓自刚,王家素,王素玉,等.高温超导磁悬浮轴承研发现状[J].电工技术学报,2009,24(9):1-8.

[17] 李万杰,张国民,艾立旺,等.高温超导飞轮储能系统研究现状[J].电工电能新技术,2017,36(10):19-31.

[18] 许吉敏,张飞,金英泽,等.高温超导磁悬浮轴承的发展现状及前景[J].中国材料进展,2017,36(5):321-328.

[19] 张宇波,熊定全,孙宝元.智能轴承在钻削加工中的应用[J].轴承,1998(11):4-6.

[20] 高航,吕青,GAO R X.基于微传感器的智能轴承技术[J].中国机械工程,2003,14(21):1883-1885.

[21] 邵毅敏,涂文兵,叶军.新型智能轴承的结构与监测能力分析[J].轴承,2012(5):27-31.

[22] 张以忱,刘希东,巴德纯,等.智能轴承用薄膜传感器[J].真空,2003(6):

6-10.

［23］BROWN J,肖辉.智能轴承在工业领域中的应用[J].国外轴承技术,1999
（3）:13-16.

［24］方成刚,陈捷,谢冬华,等.基于无线传输的智能风电转盘轴承测试系统设
计及实现[J].轴承,2012(12):44-47,51.

［25］KERST S,SHYROKAU B,HOLWEG E. Reconstruction of wheel forces
using an intelligent bearing[J]. SAE International Journal of Passenger
Cars:Electronic and Electrical Systems,2016,9(1):196-203.

［26］邵毅敏,涂文兵,周晓君,等.基于嵌入式多参量传感器的智能轴承[J].中
国机械工程,2010,21(21):2527-2531.

第 2 章
磁悬浮智能支承的结构

2.1 磁悬浮支承原理

磁悬浮支承就是利用磁力将一个物体支承于空中,使其处在所希望的位置附近(一般不与其他物体接触)。含有磁悬浮支承的系统称为磁悬浮支承系统。由机械原理可知,一个物体在空间具有六个自由度,即沿 x、y、z 三个直角坐标轴方向的移动自由度和绕这三个坐标轴的转动自由度。因此,要完全确定该物体的空间位置,就必须约束这六个自由度。

一般说来,一个 U 形电磁铁线圈可以看成最简单的磁悬浮支承。一个 U 形电磁铁线圈可以约束物体的一个自由度。

2.1.1 完全约束磁悬浮支承系统

由上述磁悬浮支承原理可知,一个磁悬浮支承系统需要约束被支承物体的六个自由度。但在实际磁悬浮应用系统中,被支承物体的某些自由度是功能上需要运动的自由度,可以称之为功能自由度。例如:磁悬浮转子系统中转子的转动自由度就是功能自由度,该自由度不由磁悬浮支承约束。此外,磁悬浮列车车身的移动运动自由度,精密磁悬浮定位平台的直线进给运动自由度,也是功能自由度。这些功能运动由旋转电动机、直线电动机或者其他驱动器件来驱动。因此,可以定义:一个由磁悬浮支承完全约束其功能自由度以外的所有自由度的物体组成的磁悬浮支承系统,称为完全约束磁悬浮支承系统。

在磁悬浮转子系统中,常见的支承有径向磁悬浮支承和轴向磁悬浮支承。一个径向磁悬浮支承可以约束两个自由度;一个轴向磁悬浮支承可以约束一个自由度。因此,一个磁悬浮转子系统通常采用两个同心布置的径向磁悬浮支承约束转子的四个自由度,一个沿轴线布置的轴向磁悬浮支承约束转子的一个自由度;而转子的旋转自由度由电动机驱动,不采用磁悬浮支承约束。这样设计的磁悬浮转子系统就是一个完全约束磁悬浮支承系统。

2.1.2　非完全约束磁悬浮支承系统

在实际应用中存在一些特殊的磁悬浮支承系统,或者由于结构空间的限制,或者由于特殊的应用需求,其中悬浮物体的非功能自由度并没有完全由磁悬浮支承约束,如磁悬浮飞车原理样机系统、磁悬浮心脏泵、钢板磁悬浮系统及其他非典型磁悬浮系统等。这些磁悬浮系统中的部分非功能自由度依靠磁悬浮支承电磁铁的边缘效应或者其他方式来约束。

同样,可以定义:一个由磁悬浮支承未完全约束其功能自由度以外的所有自由度的物体组成的磁悬浮支承系统,称为非完全约束磁悬浮支承系统,即除功能自由度以外,至少一个自由度未由磁悬浮支承约束的磁悬浮支承系统。注意,这里讨论的是纯磁悬浮支承约束的应用情况,不包括某些磁悬浮支承应用系统中,采用机械的或者其他类型的方式约束某些自由度的情况。

2.2　非完全约束磁悬浮系统的实际案例

在完全约束磁悬浮支承系统的建模中,仅仅考虑了磁悬浮支承法向的电磁力,而忽略了磁悬浮支承的边缘效应的影响。原因有二:其一,磁悬浮支承的法向电磁力是通过位置反馈主动控制的,而非主动控制的约束力不被考虑;其二,磁悬浮支承的法向电磁力的作用远大于其边缘效应的影响。因此,在大多数应用场合,忽略磁悬浮支承的边缘效应不影响实际应用。然而在某些特殊的应用场合,却可以利用磁悬浮支承的边缘效应,构成非完全约束磁悬浮支承系统。

2.2.1　磁悬浮盘片系统的动力学模型

磁悬浮盘片系统采用三自由度主动控制的非完全约束磁悬浮系统,其原理如图 2-1 所示。系统由三个均匀布置的电磁铁 M_1、M_2、M_3,三个均匀布置的涡流位移传感器 S_1、S_2、S_3 和一个环形的盘片组成。电磁铁的法向电磁力约束盘片沿 z 坐标轴的平移自由度和分别绕 x、y 坐标轴转动的旋转自由度,电磁铁磁场边缘效应产生的侧向电磁力约束衔铁沿 x、y 坐标轴的平移自由度。如图 2-1(a)所示,盘片的内外直径分别为 d、D,厚度为 δ。三个涡流位移传感器 S_1、S_2、S_3 检测盘片的位移,其工作面在 z 坐标轴方向上与电磁铁的工作面处于同一平面内。全部电磁铁和涡流位移传感器的轴线均与 z 坐标轴平行。经过计算将盘片的位移转换为电磁铁气隙处的位移。控制器根据电磁铁气隙处的位移输出三路控制信号到功率放大器,从而调节各个电磁铁线圈的控制电流,使盘片悬浮在期望位置。系统控制原理图如图 2-1(b)所示。

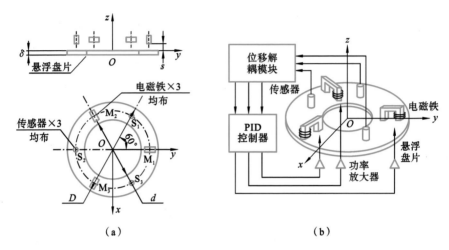

图 2-1　磁悬浮盘片系统原理图

(a)磁悬浮装置结构原理图;(b)控制原理图

建立固定坐标系 O-xyz,其坐标原点为平衡位置处盘片的几何中心,此时盘片中心轴线与 z 坐标轴重合,如图 2-1(a)所示。在外部干扰力 P_x、P_y、P_z 和干扰力矩 T_x、T_y、T_z 作用下(假设干扰力、干扰力矩的方向均沿各坐标轴正向),盘片几何中心产生一个偏心量 $e(x,y,z)$。此时,各个电磁铁磁场边缘效应产生的侧向力分别为 f_{xn}、f_{yn},电磁铁的法向电磁力为 F_{zn},如图 2-2 所示。

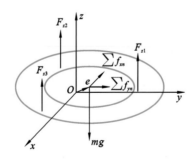

图 2-2　非完全约束盘片的受力图

根据牛顿第二定律和本章提出的非完全约束磁悬浮系统建模准则,可以列出非完全约束磁悬浮装置的动力学模型:

$$\begin{cases} m\ddot{x} = P_x - \sum_{n=1}^{3} f_{xn} \\[2mm] m\ddot{y} = P_y - \sum_{n=1}^{3} f_{yn} \\[2mm] m\ddot{z} = F_{z1} + F_{z2} + F_{z3} - mg + P_z \\[2mm] J_x\ddot{\alpha} = F_{z2}(R\sin60° + x) - F_{z3}(R\sin60° - x) + T_x \\[2mm] J_y\ddot{\beta} = F_{z1}(R - y) - (F_{z2} + F_{z3})(R\cos60° + y) + T_y \\[2mm] J_z\ddot{\gamma} = T_z \end{cases} \quad (2\text{-}1)$$

式(2-1)中：J_x、J_y、J_z 分别为盘片绕各坐标轴的转动惯量；R 为各个电磁铁中心线到 z 坐标轴的距离；m 为盘片的质量；α、β、γ 分别为盘片绕各坐标轴的旋转角。

2.2.2 磁悬浮盘片系统盘片空间状态信息的获取

磁悬浮盘片在空间所处的状态在工作过程中是时时变化的，要控制磁悬浮盘片的空间姿态，首先要获取盘片的空间状态信息。为了讨论问题简单明了，将该实际问题抽象为数学问题，即将盘片抽象为一空间平面，获取盘片空间状态的信息就是要获取该平面的实时动态方程，根据平面的实时动态方程就可以实现主动控制。

建立如图 2-3 所示的坐标系，可以得到各传感器和电磁铁（盘片轴承）的中心在图示坐标系中的坐标：

$$传感器：\begin{cases} S_1(r_s, 0, 0) \\ S_2(-r_s\sin\alpha, r_s\cos\alpha, 0) \\ S_3(-r_s\sin\alpha, -r_s\cos\alpha, 0) \end{cases}$$

$$电磁铁：\begin{cases} b_1(r_e\sin\alpha, r_e\cos\alpha, 0) \\ b_2(-r_e, 0, 0,) \\ b_3(r_e\sin\alpha, -r_e\cos\alpha, 0) \end{cases} \quad (2\text{-}2)$$

设 M_1、M_2、M_3 为盘片上的 3 个点，其在 x-y 平面上的投影分别与 3 个传感器的轴线重合。Z_1、Z_2、Z_3 分别为 3 个传感器测量的盘片在传感器轴线方向上与传感器之间的距离，即位移传感器的测量值。因此可得盘片上点 M_1、M_2、M_3 的坐标：

$$\begin{cases} M_1(r_s, 0, Z_1) \\ M_2(-r_s\sin\alpha, r_s\cos\alpha, Z_2) \\ M_3(-r_s\sin\alpha, -r_s\cos\alpha, Z_3) \end{cases} \quad (2\text{-}3)$$

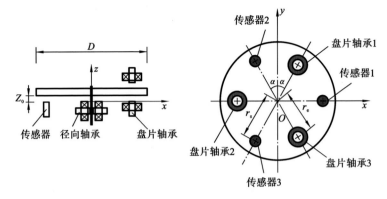

图 2-3 磁悬浮盘片转子支承结构示意图

设盘片在某一时刻的法向矢量为 $\{A,B,C\}$，其中 A、B、C 不同时为零，则盘片平面在某一任意时刻的方程可写为

$$A(x-X)+B(y-Y)+C(z-Z)=0 \tag{2-4}$$

式中：(X,Y,Z) 为盘片上的任意一点的坐标。

因为点 M_1、M_2、M_3 均在盘片平面上，因此将式(2-3)代入式(2-4)可得

$$\begin{cases} A(x-r_s)+B(y-0)+C(z-Z_1)=0 \\ A(x+r_s\sin\alpha)+B(y-r_s\cos\alpha)+C(z-Z_2)=0 \\ A(x+r_s\sin\alpha)+B(y+r_s\cos\alpha)+C(z-Z_3)=0 \end{cases} \tag{2-5}$$

由式(2-5)组成的关于 A、B、C 的齐次方程组有非零解的条件为

$$\begin{vmatrix} x-r_s & y-0 & z-Z_1 \\ x+r_s\sin\alpha & y-r_s\cos\alpha & z-Z_2 \\ x+r_s\sin\alpha & y+r_s\cos\alpha & z-Z_3 \end{vmatrix}=0 \tag{2-6}$$

由式(2-6)可得盘片平面的方程：

$$\cos\alpha(-2Z_1+Z_2+Z_3)x+(Z_3\sin\alpha-Z_2\sin\alpha+Z_3-Z_2)y$$
$$+2r_s\cos\alpha(\sin\alpha+1)z-r_s\cos\alpha(2Z_1\sin\alpha+Z_2+Z_3)=0 \tag{2-7}$$

由式(2-7)可以确定任意采样时刻盘片的状态。至此完成了图 2-3 所示的磁悬浮盘片转子支承结构下的盘片状态信息的获取。

2.2.3 磁悬浮盘片系统盘片控制信号的计算

知道了盘片的状态，可以进一步求出 3 个电磁铁处，盘片在电磁铁轴线方向上与电磁铁之间的距离。该距离信号是电磁铁控制所需的信号。可以将电磁铁在 x-y 平面的坐标值代入式(2-7)求得相应的距离：

$$
\begin{cases}
Z_{b1} = \dfrac{r_{\mathrm{e}}\sin\alpha(2Z_1 - Z_2 - Z_3) + r_{\mathrm{e}}(Z_2\sin\alpha - Z_3\sin\alpha + Z_2 - Z_3)}{2r_{\mathrm{s}}(\sin\alpha - 1)} \\
\qquad + \dfrac{r_{\mathrm{s}}(2Z_1\sin\alpha + Z_2 + Z_3)}{2r_{\mathrm{s}}(\sin\alpha + 1)} \\[4pt]
Z_{b2} = \dfrac{r_{\mathrm{s}}(2Z_1\sin\alpha + Z_2 + Z_3) - r_{\mathrm{e}}(2Z_1 - Z_2 - Z_3)}{2r_{\mathrm{s}}(\sin\alpha - 1)} \\[4pt]
Z_{b3} = \dfrac{r_{\mathrm{e}}\sin\alpha(2Z_1 - Z_2 - Z_3) - r_{\mathrm{e}}(Z_2\sin\alpha - Z_3\sin\alpha + Z_2 - Z_3)}{2r_{\mathrm{s}}(\sin\alpha - 1)} \\
\qquad + \dfrac{r_{\mathrm{s}}(2Z_1\sin\alpha + Z_2 + Z_3)}{2r_{\mathrm{s}}(\sin\alpha + 1)}
\end{cases}
\tag{2-8}
$$

当盘片处于图 2-3 所示的特定角度,即 $\alpha = 30^\circ$ 时,式(2-7)和式(2-8)分别变成式(2-9)和式(2-10):

$$
\begin{aligned}
0.866(-2Z_1 + Z_2 + Z_3)r_{\mathrm{s}}x - 1.5(Z_2 - Z_3)r_{\mathrm{s}}y \\
+ 2.598r_{\mathrm{s}}^2 z - 0.866(Z_1 + Z_2 + Z_3)r_{\mathrm{s}}^2 = 0
\end{aligned}
\tag{2-9}
$$

$$
\begin{cases}
Z_{b1} = 0.333(Z_1 + Z_2 + Z_3) + 0.333(Z_1 + Z_2 - 2Z_3)\dfrac{r_{\mathrm{e}}}{r_{\mathrm{s}}} \\[4pt]
Z_{b2} = 0.333(Z_1 + Z_2 + Z_3) + 0.333(-2Z_1 + Z_2 + Z_3)\dfrac{r_{\mathrm{e}}}{r_{\mathrm{s}}} \\[4pt]
Z_{b3} = 0.333(Z_1 + Z_2 + Z_3) + 0.333(Z_1 - 2Z_2 + Z_3)\dfrac{r_{\mathrm{e}}}{r_{\mathrm{s}}}
\end{cases}
\tag{2-10}
$$

求出盘片在电磁铁轴线方向上与电磁铁之间的距离 $Z_{bi}(i=1,2,3)$,就可以导出任一电磁铁的控制信号。设电磁铁在盘片处于平衡位置,即轴承至盘片的距离为 Z_0 时,电磁铁通以偏置电流 i_0。则

当电磁铁沿其轴线方向与盘片距离为 Z_{bi} 时(见图 2-4),其控制电流

$$
i \propto (Z_{bi} - Z_0)
$$

即电流为

$$
\begin{cases}
i_0 + i, & Z_{bi} - Z_0 > 0 \\
i_0 - i, & Z_{bi} - Z_0 < 0
\end{cases}
\tag{2-11}
$$

这样,上下相对的一对电磁铁以差动激磁方式控制盘片的空间姿态。

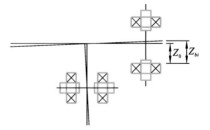

图 2-4　电磁铁控制信号计算示意图

2.2.4　电磁铁三个方向电磁力的特性

对于利用电磁铁磁场边缘效应的非完全约束磁悬浮系统而言,单个电磁铁

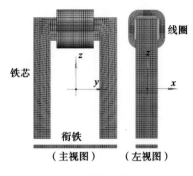

图 2-5　单个电磁铁三维磁场有限元
仿真分析的网格模型

的三维力学特性分析是系统建模的基础。不仅需要分析电磁铁的法向电磁力,还需要分析电磁铁的磁场边缘效应。利用 ANSYS/Workbench 软件对单个电磁铁的三维静态电磁场进行有限元仿真,其中电磁铁采用 U 形铁芯和矩形衔铁,模型如图 2-5 所示。分析衔铁与磁极相对位置变化以后,法向电磁力 F_z 和磁场边缘效应产生的电磁力(后文称为侧向电磁力)F_x、F_y 之间的变化关系。表 2-1 所示为单个电磁铁有限元仿真的主要参数。

表 2-1　单个电磁铁有限元仿真的主要参数

参　　数	值
气隙/mm	5
线圈的匝数	1650
线圈电流/mA	1000
铁芯横截面积/mm²	252

保持气隙和线圈电流参数不变,将衔铁分别沿 x、y 坐标轴平移,分析沿坐标轴方向的电磁力 F_x、F_y、F_z 的变化。电磁铁三维磁通密度分布如图 2-6 所

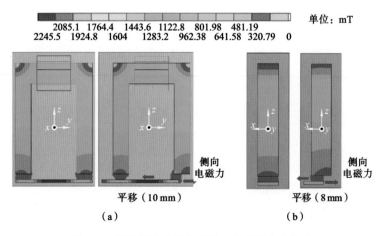

图 2-6　衔铁平移前后电磁铁三维磁通密度分布

(a) 衔铁沿 y 坐标轴平移;(b) 衔铁沿 x 坐标轴平移

示。初始状态时,衔铁处于磁极中心对称位置,磁极处的气隙磁场均匀且对称,磁场无边缘效应,侧向电磁力 F_x、F_y 均为零。当衔铁沿 y 坐标轴平移时,磁通密度分布发生了明显变化,产生了磁场边缘效应,气隙磁场不再对称,侧向电磁力 F_y 不为零,且侧向电磁力的方向与衔铁平移方向相反,如图 2-6(a)所示,侧向电磁力 F_y 使衔铁向平移前的位置($y=0$)回复。同理,若衔铁沿 x 坐标轴平移,则磁场边缘效应产生的侧向电磁力 F_x 也将使衔铁向平移前的位置($x=0$)回复。

利用 ANSYS 软件计算衔铁在不同平移量下所受的沿坐标轴方向的电磁力,绘制曲线,如图 2-7 所示。可见,随着衔铁沿 x 坐标轴(或 y 坐标轴)平移量的增加,法向电磁力 F_z 逐渐减小,侧向电磁力 F_x(或 F_y)逐渐增大,F_y(或 F_x)为零。由于磁极和衔铁结构尺寸的影响,衔铁沿 x、y 坐标轴的位移量相同时,侧向电磁力并不相等,其值可用拟合方程式(2-12)表示。

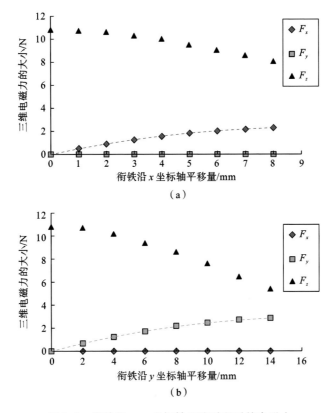

（a）

（b）

图 2-7　衔铁沿 x、y 坐标轴平移时所受的电磁力

（a）衔铁沿 x 坐标轴平移；（b）衔铁沿 y 坐标轴平移

$$F_{\mathrm{L}}=\begin{cases} -\mathrm{sgn}(x)\,\big|-0.0261x^2+0.4953x-0.0045\big|, & x\in(0,8],y=0 \\ -\mathrm{sgn}(y)\,\big|-0.0114y^2+0.3628y-0.0178\big|, & y\in(0,14],x=0 \\ 0, & x=0,y=0 \end{cases}$$

$$(2\text{-}12)$$

式(2-12)表明:矩形衔铁分别沿 x 坐标轴和 y 坐标轴平移时,所产生的侧向电磁力只和对应方向的位移量大小有关。矩形衔铁如果沿 $x\text{-}y$ 平面其他方向平移,那么侧向电磁力在 x 坐标轴、y 坐标轴的分量均不为零。但当外力撤销后,侧向电磁力的合力会使衔铁从平移后的位置向初始位置回复。

2.2.5 磁悬浮支承边缘效应电磁力的实验测定

实际磁悬浮控制系统会根据气隙反馈实时调节电磁铁线圈电流,以保持盘片在期望位置处悬浮。前文基于 ANSYS 静态电磁力的仿真,无法体现反馈控制下动态磁场及相关电磁力的变化规律,因此只能通过实验方法测量盘片所受的法向电磁力和侧向电磁力,以验证电磁铁的力学特性和所建立的系统动力学模型。

对于该非完全约束磁悬浮装置,如果沿 y 坐标轴平移盘片,那么电磁铁 M_1 的磁场边缘效应最显著,所产生的侧向电磁力 F_{y1} 最大。电磁铁 M_2 和 M_3 的磁场边缘效应较弱且关于 y 坐标轴对称,同时产生的侧向电磁力 F_{x2} 与 F_{x3} 相互抵消,侧向电磁力 $F_{y2}=F_{y3}\ll F_{y1}$。因此,盘片沿 y 坐标轴平移后,其回复力大小主要取决于 F_{y1}。系统侧向电磁力的测量原理如图 2-8 所示。

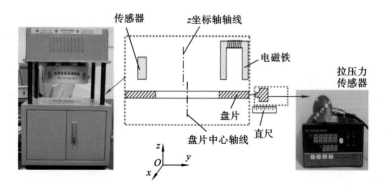

图 2-8 系统侧向电磁力测量原理

沿 y 坐标轴方向给盘片施加一个外部静态载荷 P_f,盘片中心轴线沿 y 坐标轴方向产生平移量 Δy,此时电磁铁 M_1 磁场边缘效应产生的侧向电磁力 F_{y1} 与载荷 P_f 平衡。逐步增大载荷 P_f 直至盘片失稳跌落,在盘片失稳临界点时侧向电磁力达到最大值。可以测得外部静态载荷 P_f、平移量 Δy、F_{y1} 及电磁铁控制电流 I_n 的对应关系。

根据最小二乘法用曲线拟合所测数据,可得盘片平移量 Δy 与三个电磁铁控制电流的对应关系,如图 2-9 所示。电磁铁 M_1 的控制电流 I_1 随着中心平移量的增加而非线性增大,电磁铁 M_2、M_3 的控制电流 I_2、I_3 基本保持不变。这说明沿 y 坐标轴作用于盘片的外部静态载荷 P_f 主要由电磁铁 M_1 产生的侧向电磁力来平衡。

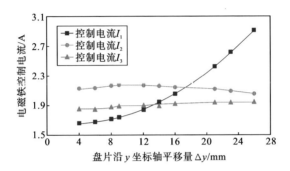

图 2-9 盘片平移量 Δy 与各电磁铁控制电流的关系

盘片平移量 Δy 与外部静态载荷 P_f 的对应关系如图 2-10 所示。对数据点进行最小二乘拟合,得到 F_{y1} 与盘片平移量 Δy 的函数关系如下:

$$F_{y1} = -P_f \approx -0.0544\Delta y \qquad (2\text{-}13)$$

式(2-13)中:"—"仅表示方向相反。

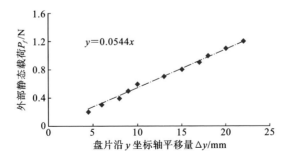

图 2-10 盘片平移量 Δy 与外部静态载荷 P_f 的对应关系

根据侧向电磁力的测量实验和力平衡原理可知,盘片在平移过程中保持稳定悬浮,盘片所受的法向电磁力 F_z 始终与盘片重力平衡,侧向电磁力与外部静

态载荷 P_f 平衡(电磁铁线圈电流增大导致气隙磁场能增加,增加的这部分磁场能以机械力的形式克服盘片的水平外部静态载荷)。

再次利用前文提到的 U 形电磁铁和衔铁的 ANSYS 有限元仿真分析模型(见图 2-5),改变线圈电流的仿真参数值,使法向电磁力 F_z 不变,可得衔铁沿 x、y 坐标轴的平移量与所受沿坐标轴方向的电磁力的关系曲线,如图 2-11 所示。可见在保持法向电磁力 F_z 不变的条件下,磁场边缘效应产生的侧向电磁力 F_x(或 F_y)与衔铁平移量成线性关系。该计算结果与实验结果吻合。

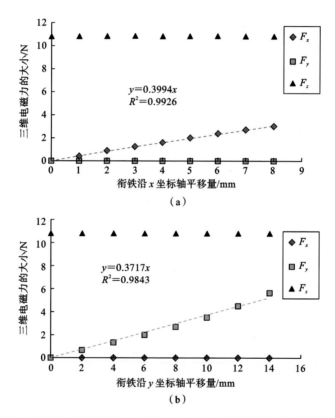

图 2-11 法向电磁力不变时衔铁平移量与侧向电磁力的关系

2.2.6 磁悬浮盘片系统的实验

磁悬浮盘片系统相关参数如表 2-2 所示,沿 y 坐标轴方向给盘片施加脉冲激励力,绕 z 坐标轴给盘片施加旋转力矩,记录系统的响应,以验证所建立动力学模型的正确性。

表 2-2 磁悬浮盘片系统的相关参数

参　　数	值
平衡位置气隙/mm	12.5
各电磁铁线圈的匝数 N	1650
各电磁铁铁芯横截面积 A/mm²	252
盘片衔铁内径 d/mm	156
盘片衔铁外径 D/mm	302
盘片质量 m/kg	1.03
比例控制系数 K_P	3.8
积分控制系数 K_I	0.001
微分控制系数 K_D	300

1. z 坐标轴方向脉冲激励力和转矩的响应

当盘片在初始位置稳定悬浮后,在 $t \approx 3$ s 时给盘片施加一个沿 z 坐标轴负方向的脉冲激励力,如图 2-12(a)所示。盘片的响应曲线如图 2-12(b)所示,盘片产生的 z 坐标轴方向振动迅速衰减,并稳定在平衡位置。

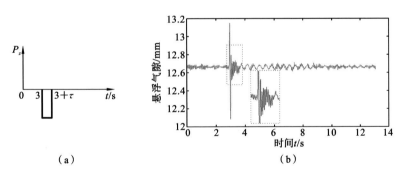

（a）   （b）

图 2-12 z 坐标轴方向外力干扰下盘片的响应

（a）脉冲激励力;（b）z 坐标轴方向的响应曲线

当盘片在初始位置稳定悬浮后,给盘片施加一个脉冲激励转矩,如图 2-13(a)所示。盘片的转速变化如图 2-13(b)所示。当外加转矩为零后,盘片在电磁场的作用下转速从 95 r/min 衰减至零。该实验现象与式(2-9)所示运动方程表述一致。

2. y 坐标轴方向脉冲激励力的响应

系统稳定悬浮后,在 $t \approx 5$ s 时沿 y 坐标轴方向给盘片施加一个脉冲激励力,如图 2-14(a)所示。利用激光传感器(基恩士 KEYENCE)采集盘片的 y 坐

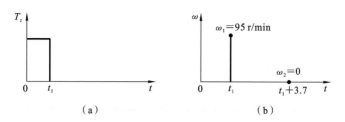

（a）　　　　　　　　　　（b）

图 2-13　z 坐标轴方向外力矩干扰下盘片的响应

（a）脉冲激励转矩；（b）盘片转速变化

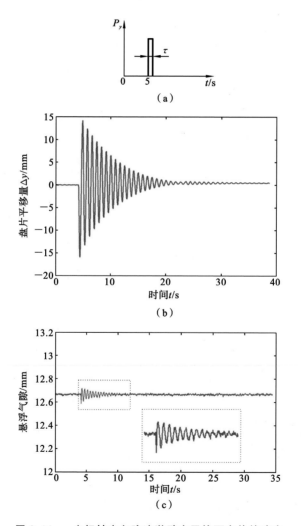

图 2-14　y 坐标轴方向脉冲激励力干扰下盘片的响应

（a）脉冲激励力；（b）y 坐标轴方向平移的响应曲线；（c）传感器 S_1 的气隙测量值

标轴方向位移信号,如图 2-14(b)所示。

由数据采集卡(PCI-1711/1711L)获得的传感器 S_1 的气隙测量值如图 2-14(c)所示。虽然盘片没有受到 z 坐标轴方向的扰动,但由于 y 坐标轴方向的平移会引起盘片平面的倾角变化,如式(2-1)所示,因此盘片在 z 坐标轴方向也产生了小幅振动,并和 y 坐标轴方向振动同步衰减至零。比较图 2-12(b)和图 2-14(c)可以看出:对于非完全约束磁悬浮系统,当系统受到扰动时,主动约束自由度方向上振幅的衰减速度远大于非主动约束自由度方向上的。

由于盘片受到脉冲激励力 P_y 的作用,如图 2-14(a)所示,在 $t=5+\tau$ 时刻 $P_y=0$,测得此时盘片平移量 $\Delta y=16$ mm,盘片在侧向电磁力的作用下向初始中心位置回复。求解动力学方程式(2-1)中的第二项,得到解析解形式如下:

$$y(t)\approx \mathrm{e}^{-\frac{c_y}{2m}t}\left(c_1\cos\sqrt{\frac{k_y}{m}}t+c_2\sin\sqrt{\frac{k_y}{m}}t\right) \tag{2-14}$$

式中:c_1、c_2 分别为 x、y 方向的等效阻尼系数。

将初始条件、盘片质量 m 和刚度 k_y 代入式(2-14),并用 MATLAB 绘制不同等效阻尼系数 c_y 对应的 $y(t)$ 曲线族,如图 2-15(a)所示。其中当等效阻尼系数 $c_y=0.45$ N/(m/s)时,所求的平移量函数曲线与激光传感器实测的曲线几乎完全重合,如图 2-15(b)所示。这说明所建立的运动方程可以表示盘片在该 y 坐标轴方向上的动力学行为。同时验证了式(2-1)中盘片沿 y 坐标轴平移时,侧向电磁力的刚度和阻尼效应,并辨识出了阻尼系数值。

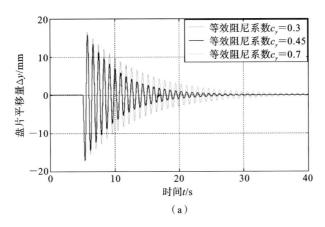

图 2-15 y 坐标轴方向动力学方程的验证

(a)盘片 y 坐标轴方向平移量函数曲线族;(b)方程解析曲线与实验测量曲线比较

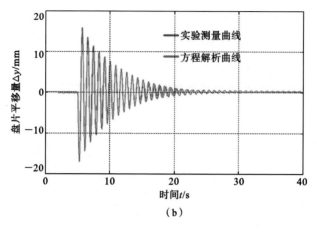

（b）

续图 2-15

因为电磁铁沿圆周均匀布置，且盘片结构对称，所以系统在 y 坐标轴方向上的运动分析也适用于 x-y 平面内与 y 坐标轴成 $120°$ 角的特定方向的情形。即在这些特定运动方向上，等效刚度系数均为 54.7 N/m，等效阻尼系数均为 0.45 N/(m/s)。

2.3　磁悬浮支承的冗余设计与可靠性

磁悬浮支承系统属于复杂机电一体化产品，可靠性是其重要的性能指标。例如，航空发动机不但要求磁悬浮支承具有高可靠性，还要求在磁悬浮支承部分元器件发生故障的情况下，其残存的元器件可自行重组、重构、容错运行，继续提供一定的支承力，从而保障航空发动机的安全运转。磁悬浮支承的冗余设计是提高可靠性的方法之一。

从 20 世纪 90 年代开始，各国就开始研究磁悬浮支承的冗余设计。Storace 等提出一种径向冗余的磁悬浮支承方案，将六个磁极对中相对的两个磁极对作为一个独立的控制轴，即整个磁悬浮支承由三个相隔 $60°$ 的独立控制轴组成；同时提出双圆环轴向冗余的磁悬浮支承方案，即两个独立的轴向磁悬浮支承。Maslen 等提出偏置电流线性化方法，采用控制电流重构的方法来实现磁悬浮支承的冗余，该方案不需要增加冗余线圈。吴步洲等人针对基于多级独立驱动结构的径向磁悬浮支承，运用偏置电流线性化方法进行仿真，仿真结果表明当系统线圈出现故障时，与电流分配法相比，控制器重构方法具有更好的容错性能。崔东辉等人针对六极径向磁悬浮支承,提出了基于坐标变换的位移传感器和执行器容错控制算法,并通过实验验证该算法可在一个传感器和三个线圈同时发生故障时,使转子依然能够稳定悬浮。余同正、唐文斌等人提出基于双DSP(数字信号处理器)结构的磁悬浮支承数字控制器,研究结果表明,当转子以 30000 r/min 运转时,控制器能快速判断故障并切换到备用DSP,切换过程中转子能够稳定运转。

常用的冗余设计方案有结构冗余设计和解析冗余设计两种。根据磁悬浮支承的特点,这里只讨论解析冗余设计。我们在此提出一种径向磁悬浮支承、轴向磁悬浮支承、传感器和控制系统都具有重构能力的冗余设计方案。

2.3.1 径向磁悬浮支承冗余设计方案

图 2-16(a)所示为强耦合径向磁悬浮支承冗余结构。图 2-16(b)所示为Storace 等提出的 12 极 NSNS 径向磁悬浮支承冗余结构,在这种结构中,只要任意两个控制轴能够正常工作,磁悬浮支承就可以正常工作。图 2-16(c)所示为我们提出的径向磁悬浮支承冗余结构,在这种结构中,各磁极对在结构上分离。采用 NNSS 的结构,进一步削弱磁极之间的磁场耦合,故该结构为弱耦合径向磁悬浮支承冗余结构,并且每个磁极都有线圈,每个线圈都有一路功率放大器,每一路功率放大器都可以相互切换,因此若任何一个线圈、功率放大器发

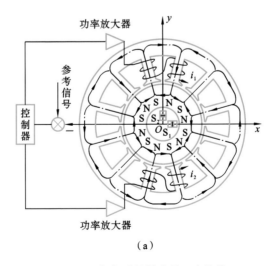

（a）

图 2-16 径向磁悬浮支承冗余结构

（a）强耦合结构；（b）Storace 等提出的结构；（c）我们提出的结构

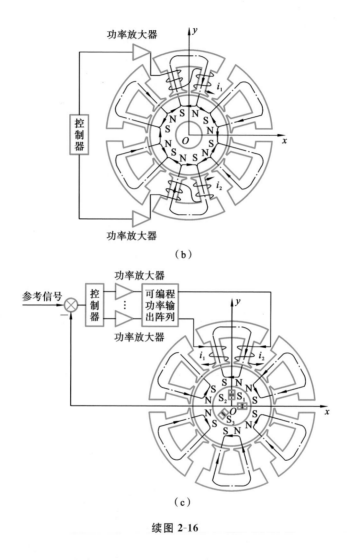

续图 2-16

生故障,则剩下的元器件皆可参与重构,构成新的磁悬浮支承系统。

2.3.2 轴向磁悬浮支承冗余设计方案

图 2-17(a)所示为传统的轴向磁悬浮支承,采用单圆环结构,一旦圆环发生故障则整个轴承失效。图 2-17(b)所示为 Storace 等提出的轴向磁悬浮支承冗余结构,采用双圆环结构,若某一环发生故障,则剩余一环仍能满足工作要求。图 2-17(c)所示为我们提出的轴向磁悬浮支承冗余结构,采用六环结构,各部分均为独立完整的结构。

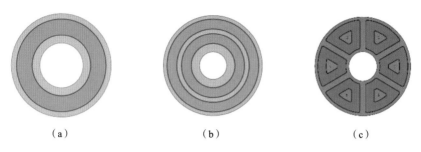

（a） （b） （c）

图 2-17 轴向磁悬浮支承冗余结构

（a）传统的结构；（b）Storace 等提出的结构；（c）我们提出的结构

2.3.3 控制系统冗余结构设计方案

我们提出的磁悬浮支承冗余设计方案涉及较多的线圈、功率放大器和控制器，如果采用常规控制方案，则功率放大器和驱动器数量过多，控制系统过于庞大与复杂。为解决上述问题，将功率放大器分解为功率桥与环路控制单元，功率桥采用冗余结构，其结构框图如图 2-18 所示。可编程功率输出阵列实现功率桥与电磁线圈之间的连接逻辑；由 DSP 实现各个电磁线圈的电流分配逻辑。即

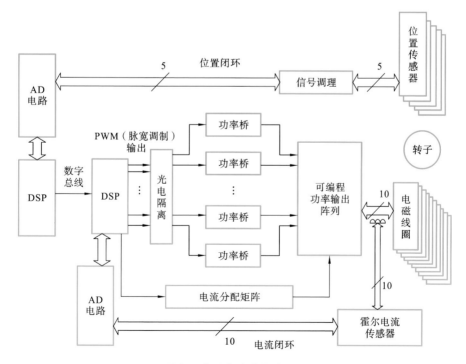

图 2-18 具备冗余结构的功率放大器结构框图

使仅残存一半的功率桥,该功率放大器依然能正常工作。

2.3.4 径向磁悬浮支承残余承载力

下面采用 ANSYS 软件对图 2-16(a)与图 2-16(c)所示结构形式,即强耦合结构和弱耦合结构进行对比分析。分析时采用相同磁极面积、相同线圈匝数和相同工作气隙,以磁极不饱和为限。径向磁悬浮支承设计参数如表 2-3 所示。

表 2-3 径向磁悬浮支承设计参数

设 计 参 数	单个磁极面积/mm²	单个磁极线圈匝数	单边气隙/mm
值	60	85	0.4

当无线圈失效时,x、y 方向上的电磁力与线圈电流的关系如图 2-19 所示;当有四个线圈失效时,x、y 方向上的电磁力与线圈电流的关系如图 2-20 所示。

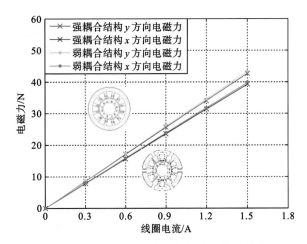

图 2-19 无线圈失效时电磁力与线圈电流的关系

由图 2-19 可知,当无线圈失效时,弱耦合结构与强耦合结构在 x、y 方向上的电磁力相近。

由图 2-20 可知,当线圈 1、6、7、12 失效时,两种结构的电磁力都有不同程度的减小,但弱耦合结构比强耦合结构在 x、y 方向上的电磁力都大。

2.3.5 轴向磁悬浮支承残余承载力

下面对图 2-17(b)与图 2-17(c)所示结构形式,即两环结构和六环结构进行对比分析。分析时采用相同磁极面积、相同线圈电流和相同工作气隙,以磁极

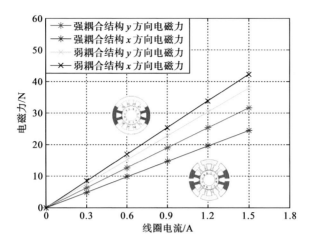

图 2-20　线圈 1、6、7、12 失效时电磁力与线圈电流的关系

不饱和为限。对于六环结构轴向磁悬浮支承,在线圈失效时,基于对被支承轴附加弯矩为零的原则,求得残余承载力的最大值。由此得到在线圈电流不变、不同线圈失效的情况下残余承载力占原有承载力的比例,如图 2-21 所示。

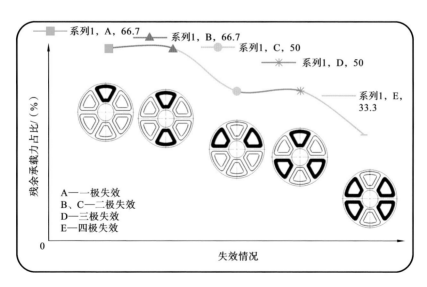

图 2-21　六环结构不同失效情况下残余承载力占比

由图 2-21 可知,六环结构中,在基于对被支承轴附加弯矩为零的原则和线圈电流不变的条件下,五种线圈失效情况对应着三种残余承载力占比。

实际冗余设计中,磁悬浮支承的铁芯和线圈的设计会有一定的性能冗余,即线圈电流可以有一定的增大空间。下面采用 ANSYS 在改变线圈电流的情况下对两种轴向磁悬浮支承承载力进行分析比较,结果如表 2-4 所示。

表 2-4　经过电流补偿后的承载力

结构形式	六环结构(外径 148 mm)			两环结构(外径 152 mm)		
	失效极数	电流/A	承载力/N	失效极数	电流/A	承载力/N
承载力对比	0	3	545	0	3	480
	2	3.6	660	1(内)	3.6	518
	3	3.6	580	1(外)	3.6	504

当线圈失效时,两环结构只能在仅一环失效的情况下保持正常工作;而六环结构,只要不出现连续相邻的三个或三个以上的线圈失效,都可以通过补偿线圈电流的方式保持正常工作。从表 2-4 可以看出,两种结构通过电流补偿均可达到初始承载力,在补偿电流相同的情况下,六环结构在承载力方面也明显优于两环结构。也就是说,六环结构在冗余度和承载力方面均优于两环结构。

2.3.6　磁悬浮支承冗余设计的可靠性

磁悬浮支承冗余设计可提高航空发动机的可靠性,但却会使控制系统的元器件数量增加,而随着元器件数量的增加,元器件故障的可能性也会增加,使得磁悬浮支承系统的工作可靠性下降。因此,需要研究磁悬浮支承系统的冗余设计与可靠性之间的关系,以获取磁悬浮支承系统最佳的冗余程度。

下面以我们提出的磁悬浮支承冗余设计方案为例,分析磁悬浮支承冗余设计的可靠性。相关统计数据表明,优质电子元器件的寿命一般都服从指数分布,即寿命概率密度函数为

$$f(x) = \begin{cases} \lambda e^{-\lambda x}, & x > 0 \\ 0, & \text{其他} \end{cases} \tag{2-15}$$

式中:λ 为失效率。

寿命分布函数为

$$F(x) = P\{X \leqslant x\} = \int_{-\infty}^{x} f(x)\mathrm{d}x = \begin{cases} 1 - e^{-\lambda x}, & x \geqslant 0 \\ 0, & \text{其他} \end{cases} \tag{2-16}$$

寿命的平均值为

$$E(x) = \int_{-\infty}^{+\infty} f(x)x\mathrm{d}x = \int_{-\infty}^{0} f(x)x\mathrm{d}x + \int_{0}^{+\infty} f(x)x\mathrm{d}x \tag{2-17}$$

$$E(x)=1/\lambda \qquad (2\text{-}18)$$

根据以上公式选取电子元器件如电阻、电容、二极管、三极管的寿命,以 $\lambda=10^{-6}\ h^{-1}$ 计算得出磁悬浮支承系统中,线圈、功率放大器、DSP 连续使用 2000 h 的可靠概率分别为 99.99%、99.98%、97.60%。

根据上述计算公式,不同磁极个数的磁悬浮支承系统的可靠概率如表 2-5 所示。

表 2-5　不同磁极个数的磁悬浮支承系统的可靠概率

磁极个数	至少有一个磁极损坏 时的可靠概率/(%)	只有一个磁极损坏 时的可靠概率/(%)
6	13.56	12.75
8	17.66	16.19
12	25.28	22.04

磁悬浮支承系统冗余度评价应该综合考虑元器件可靠概率和冗余结构导致的性能变化,图 2-22 所示为不同磁极形式下线圈失效对系统性能损失的影响。以图 2-22 的数据作为冗余结构对磁悬浮支承性能影响的依据,以控制系统元器件的可靠概率作为对磁悬浮支承可靠性的影响依据,对所提出的磁悬浮支承冗余设计方案的冗余度及可靠性进行综合评价,采用数学期望方式的评价结果如表 2-6 所示。表 2-6 中,性能损失为单极失效时磁悬浮支承系统的性能损

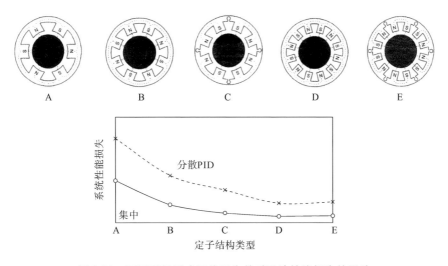

图 2-22　不同磁极形式下线圈失效对系统性能损失的影响

表 2-6　单极失效时数学期望评价结果

磁极形式	A 6 极 NSNS	B 8 极 NSNS	C 8 极 NNSS	D 12 极 NSNS	E 12 极 NNSS
性能损失/N	160	70	38	25	26
概率	12.75%	16.19%	16.19%	22.04%	22.04%
数学期望/N	20.40	11.33	6.15	5.51	5.73

失,用承载力表征。

　　从表 2-6 可以看出,12 极 NSNS 冗余结构的性能损失期望值最小。即当元器件寿命较长时,磁悬浮支承的性能损失占主导地位,综合考虑冗余度和可靠性,选取 12 极 NSNS 冗余结构为好。

2.4　弱耦合径向磁悬浮支承

　　图 2-23 所示为基于 Maslen 等的思路的径向磁悬浮支承冗余结构,是目前国内外学者普遍采用的磁路耦合的冗余结构。由于其利用了磁路之间的耦合,因此可称为强耦合径向磁悬浮支承冗余结构。

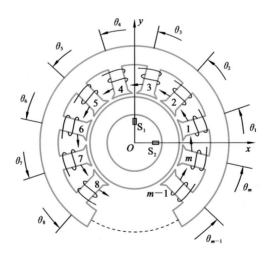

图 2-23　强耦合径向磁悬浮支承冗余结构

　　图 2-24 所示为我们所提出的径向磁悬浮支承冗余结构。在此结构中,磁极在结构上完全分离,并且采用 NNSS 布置形式,进一步削弱了磁极对之间的磁

路耦合,而且极大地避免了磁路之间的耦合,故称之为弱耦合径向磁悬浮支承冗余结构。该结构中,每个磁极拥有独立线圈,任一线圈失效,剩余线圈皆可参与重构,构成新的磁悬浮支承系统。

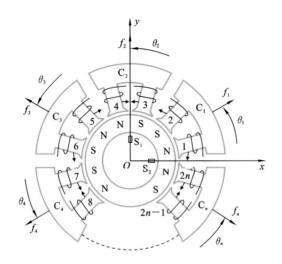

图 2-24　弱耦合径向磁悬浮支承冗余结构

2.4.1　力平衡补偿控制

Maslen 等学者针对图 2-23 所示结构磁路之间耦合的特点,提出了偏置电流线性化理论,即当部分磁极失效时,可以通过一定的控制策略进行电流重新分配,其本质是实现磁通的重新分配和补偿。偏置电流线性化方法的关键是针对不同的失效形式求解满足要求的电流分配矩阵,当控制系统检测到相应的线圈失效时,采用与之对应的电流分配矩阵来替换原先的电流分配矩阵,从而进行控制。

因为弱耦合径向磁悬浮支承冗余结构的特点是每一个磁极对单独形成回路,磁极对之间的磁路耦合可以忽略,所以可以将每一个磁极对作为一个独立单元进行分析。

设 f_j 为第 j 个磁极对提供的电磁力;A 为磁极面积;θ_j 为第 j 个磁极对对应的方位角;δ_j 为第 j 个磁极对磁极处与转子的气隙;δ_0 为转子处于平衡位置时的气隙;μ_0 为真空磁导率;i_{2j-1}、i_{2j} 分别为第 j 个磁极对上两个磁极的线圈电流,以逆时针方向为序;N 为单个磁极上的线圈匝数。

由于每个磁极对都是相对独立的,因此增加同一磁极对中任一磁极线圈的电流对该磁极对的电磁力的影响都是等效的,现假定未失效时同一磁极对中两磁极的线圈电流大小相等,即 $i_{2j-1}=i_{2j}$。根据磁极线圈的绕线方向和电流方向可知,同一磁极对中两磁极的线圈电流产生的磁通方向相同。

由此可以得到转子所受的电磁力为

$$\begin{cases} \boldsymbol{F}_x = \boldsymbol{F} \begin{bmatrix} \cos\theta_1 & \cos\theta_2 & \cdots & \cos\theta_n \end{bmatrix}^\mathrm{T} \\ \boldsymbol{F}_y = \boldsymbol{F} \begin{bmatrix} \sin\theta_1 & \sin\theta_2 & \cdots & \sin\theta_n \end{bmatrix}^\mathrm{T} \end{cases} \tag{2-19}$$

式中:$\boldsymbol{F} = \begin{bmatrix} f_1 & f_2 & \cdots & f_n \end{bmatrix}$;$n$ 为磁悬浮支承的磁极对总数。

每个磁极对的电磁力又可以表示为

$$f_j = \mu_0 A N^2 \cdot \frac{(i_{2j-1} + i_{2j})^2}{4\delta_j^2} = \mu_0 A N^2 \cdot \frac{i_{2j}^2}{\delta_j^2} \tag{2-20}$$

式中:

$$\delta_j = \delta_0 - x\cos\theta_j - y\sin\theta_j \tag{2-21}$$

则式(2-19)变为

$$\begin{cases} \boldsymbol{F}_x = \mu_0 A N^2 \boldsymbol{V}_{(x,y)} (\boldsymbol{ID}_x \boldsymbol{I}^\mathrm{T}) \boldsymbol{V}_{(x,y)}^\mathrm{T} \\ \boldsymbol{F}_y = \mu_0 A N^2 \boldsymbol{V}_{(x,y)} (\boldsymbol{ID}_y \boldsymbol{I}^\mathrm{T}) \boldsymbol{V}_{(x,y)}^\mathrm{T} \end{cases} \tag{2-22}$$

式中:

$$\boldsymbol{D}_x = \mathrm{diag}(\cos\theta_1, \cos\theta_2, \cdots, \cos\theta_n)$$

$$\boldsymbol{D}_y = \mathrm{diag}(\sin\theta_1, \sin\theta_2, \cdots, \sin\theta_n)$$

$$\boldsymbol{I} = \begin{bmatrix} i_2 & i_4 & \cdots & i_{2n} \end{bmatrix}$$

$$\boldsymbol{V}_{(x,y)} = \begin{bmatrix} \delta_1^{-1} & \delta_2^{-1} & \cdots & \delta_n^{-1} \end{bmatrix}$$

根据线圈失效形式的不同可以将失效分为两类:第一类失效为一磁极对线圈部分失效;第二类失效为一磁极对线圈完全失效。

发生第一类失效时,可通过增大同一磁极对中另一线圈的电流来增大该磁极对的电磁力,此称为第一类补偿。发生第二类失效时,可通过增大相邻或相近磁极对的电磁力,使磁悬浮支承重新获得与无线圈失效时相当的承载力或部分承载力,其补偿遵循能量最小原则,在磁极不饱和的前提下使得增大后的电流之和最小,此称为第二类补偿。以上即为力平衡补偿思想。

第一类补偿要求磁极线圈具有一定的性能冗余,即具有一定的电流裕量,如图 2-24 所示结构,假设第 j 个磁极对中的第 $2j-1$ 个线圈失效,则可通过增大第 $2j$ 个磁极线圈的电流进行补偿。第一类补偿与失效磁极对应的方位角无关。

设第 j 个磁极对重新获得与未失效时相同的电磁力所需电流为 ηi_{2j},则

$$f_j = \mu_0 N^2 A \cdot \frac{(i_{2j-1} + i_{2j})^2}{4\delta_j^2} = \mu_0 N^2 A \cdot \frac{(\eta i_{2j})^2}{4\delta_j^2} \tag{2-23}$$

可得 $\eta = 2$，即补偿后第 $2j$ 个磁极线圈的电流为未失效时的 2 倍，此时整个磁悬浮支承的承载能力不变。

当线圈实际的最大允许电流 $\eta_0 i_{2j}$ 小于正常工作时的 2 倍，即 $\eta_0 < 2$ 时，第 j 个磁极对的电磁力减小，此时可按第二类补偿方式继续进行补偿。

第二类补偿不仅要求磁极线圈具有一定的性能冗余，还要求磁极定子具有一定的性能冗余，即具有一定的饱和裕量。第二类补偿与失效磁极对应的方位角有关。

假设第 j 个磁极对完全失效（其力示意图见图 2-25），则补偿准则如下。

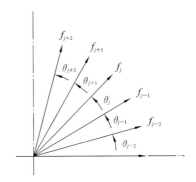

图 2-25　第 j 个磁极对完全失效时的力示意图

准则 1：首先由与磁极对 j 相隔角度最小的磁极对 $j+1$ 和 $j-1$ 进行力补偿，设补偿后磁极对 $j+1$ 和 $j-1$ 的电磁力为 $\lambda_{j+1} f_{j+1}$ 和 $\lambda_{j-1} f_{j-1}$，则有

$$(\lambda_{j+1} - 1) f_{j+1} \cdot \cos(\theta_{j+1} - \theta_j) + (\lambda_{j-1} - 1) f_{j-1} \cdot \cos(\theta_j - \theta_{j-1}) = f_j \tag{2-24}$$

假设磁极对沿圆周均布，即

$$\theta_{j+1} - \theta_j = \theta_j - \theta_{j-1} = \Delta\theta \tag{2-25}$$

由力平衡可得

$$\lambda_{j+1} = \lambda_{j-1} = \frac{1}{2\cos\Delta\theta} + 1 \tag{2-26}$$

因此补偿能力的大小取决于 λ，而 λ 由磁悬浮支承本身的设计冗余决定。

准则 2：假设初始设计时，磁悬浮支承的补偿能力为 λ_0。当 $\lambda > \lambda_0$ 时，说明超出了相邻磁极对的补偿极限，此时应该考虑让相隔角度较大的磁极对也参与力补偿。

$$f_j = (\lambda_{j+2} - 1)f_{j+2} \cdot \cos(\theta_{j+2} - \theta_j) + (\lambda_{j+1} - 1)f_{j+1} \cdot \cos(\theta_{j+1} - \theta_j)$$
$$+ (\lambda_{j-1} - 1)f_{j-1} \cdot \cos(\theta_j - \theta_{j-1}) + (\lambda_{j-2} - 1)f_{j-2} \cdot \cos(\theta_j - \theta_{j-2}) \quad (2-27)$$

则有

$$\begin{cases} \lambda_{j+1} = \lambda_{j-1} = \lambda_0 \\ \lambda_{j+2} = \lambda_{j-2} = \dfrac{1 - 2(\lambda_0 - 1)\cos\Delta\theta}{2\cos 2\Delta\theta} + 1 \end{cases} \quad (2-28)$$

当以上情况依然无法完全补偿时,可以继续由相隔角度更大的磁极对进行补偿。以此类推,直至不能实现完全补偿,此时磁悬浮支承的承载能力降低。

由上述内容可知,力平衡补偿思想从力的角度进行补偿,进而计算出各磁极线圈的控制电流。与强耦合径向磁悬浮支承采用的偏置电流线性化方法相比,力平衡补偿计算过程更简单,更能充分体现弱耦合径向磁悬浮支承冗余设计的特点。

2.4.2　弱耦合径向磁悬浮支承冗余设计

综合考虑冗余度和可靠性之间的关系,本小节提出一种 12 极弱耦合径向磁悬浮支承冗余设计方案,结构如图 2-26 所示。该结构中,每个磁极拥有独立线圈,任一线圈失效,剩余线圈皆可参与重构,构成新的磁悬浮支承系统。

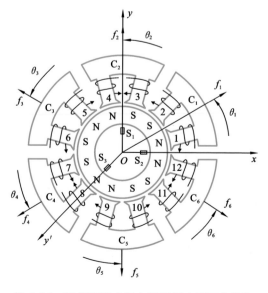

图 2-26　12 极弱耦合径向磁悬浮支承冗余结构

图 2-26 所示冗余结构中有 6 个独立的磁极对,且每个磁极对提供的电磁力相等。受结构形式的限制,该结构的第二类补偿只满足补偿准则 1。

由式(2-22)可得图 2-26 所示结构中转子所受的 x、y 方向的电磁力为

$$
\begin{cases}
\boldsymbol{F}_x = \mu_0 A N^2 \boldsymbol{V}_{(x,y)} (\boldsymbol{I} \boldsymbol{D}_x \boldsymbol{I}^{\mathrm{T}}) \boldsymbol{V}_{(x,y)}^{\mathrm{T}} \\
\boldsymbol{F}_y = \mu_0 A N^2 \boldsymbol{V}_{(x,y)} (\boldsymbol{I} \boldsymbol{D}_y \boldsymbol{I}^{\mathrm{T}}) \boldsymbol{V}_{(x,y)}^{\mathrm{T}} \\
\boldsymbol{I} = \begin{bmatrix} i_2 & i_4 & \cdots & i_{12} \end{bmatrix} \\
\boldsymbol{D}_x = \mathrm{diag}\left(\cos\dfrac{\pi}{6}, \cos\dfrac{\pi}{2}, \cos\dfrac{5\pi}{6}, \cos\dfrac{7\pi}{6}, \cos\dfrac{3\pi}{2}, \cos\dfrac{11\pi}{6} \right) \\
\boldsymbol{D}_y = \mathrm{diag}\left(\sin\dfrac{\pi}{6}, \sin\dfrac{\pi}{2}, \sin\dfrac{5\pi}{6}, \sin\dfrac{7\pi}{6}, \sin\dfrac{3\pi}{2}, \sin\dfrac{11\pi}{6} \right)
\end{cases}
\tag{2-29}
$$

该结构的设计参数如表 2-7 所示。

表 2-7　12 极弱耦合径向磁悬浮支承冗余结构的设计参数

设 计 参 数	单个磁极面积 A/mm^2	单个磁极线圈匝数 N	单边气隙 δ_0/mm
值	60	85	0.4

2.4.3　参数的计算与选择

为简化分析,计算和补偿电磁力时,只考虑转子处于平衡位置的情况,即 $\delta_j = \delta_0$,$\boldsymbol{V}_{(x,y)} = \boldsymbol{V}$。

设定无线圈失效、转子处于平衡位置时的磁极线圈电流和转子处在最大位移时的磁极线圈电流分别为 $i_{2j} = 2\ \mathrm{A}$,$i'_{2j} = 4\ \mathrm{A}$。

设定有线圈失效、转子处于平衡位置时的补偿允许最大磁极线圈电流和转子处在最大位移时的补偿允许最大磁极线圈电流分别为 $i_{2jm} = 3\ \mathrm{A}$,$i'_{2jm} = 6\ \mathrm{A}$。

由于以下分析只考虑转子处于平衡位置的情况,因此本设计的磁极线圈电流裕量系数为

$$
\eta_0 = \frac{i_{2jm}}{i_{2j}} = 1.5
\tag{2-30}
$$

则由式(2-20)计算可得每个磁极对的正常工作电磁力和允许最大电磁力为

$$
\begin{cases}
f_j = 13.6\ \mathrm{N} \\
f_{jm} = 30.6\ \mathrm{N}
\end{cases}
\tag{2-31}
$$

采用 ANSYS 软件进行计算得到的电磁力为

$$
\begin{cases}
f_j^* = 13.5\ \mathrm{N} \\
f_{jm}^* = 30.4\ \mathrm{N}
\end{cases}
\tag{2-32}
$$

可见理论计算和 ANSYS 计算结果相近。

本设计的磁极定子饱和裕量系数为

$$\lambda_0 = \frac{f_{jm}}{f_j} = 2.25 \tag{2-33}$$

下面基于该冗余结构具体分析第一类失效和第二类失效时的力平衡补偿过程。

为了更好地描述磁悬浮支承失效补偿前后承载能力的变化情况,分析时将转子受到的力分解到 x 和 y 两个方向,如图 2-27 所示。因此时转子处于平衡位置,所受合力为零,故只需考虑图中的 F_{x+} 和 F_{y+}。

正常工作时 F_{x+} 和 F_{y+} 的值为

$$\begin{cases} F_{x+} = 23.6 \text{ N} \\ F_{y+} = 27.2 \text{ N} \end{cases} \tag{2-34}$$

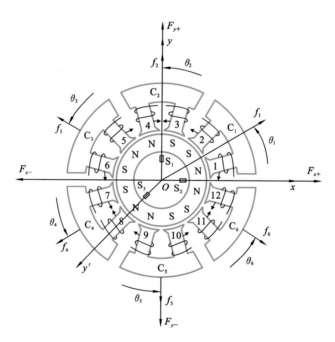

图 2-27　转子受力示意图

2.4.4　各种失效类型的补偿

1. 第一类失效

发生第一类失效时,首先考虑按第一类补偿方式进行补偿。若第一类补偿方式不能使该磁极对的电磁力恢复到正常工作时的大小,则考虑按第二类补偿方式继续补偿。

下面以线圈 3 失效(见图 2-28)为例进行分析。

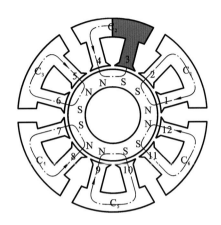

图 2-28　线圈 3 失效

此时第 2 个磁极对的残余电磁力为

$$f_{2r} = \mu_0 N^2 A \cdot \frac{i_4^2}{4\delta_0^2} = 3.4 \text{ N} \tag{2-35}$$

由力平衡可知此时的残余电磁力矩阵 $\boldsymbol{F}$ 及 F_{x+} 和 F_{y+} 的值为

$$\begin{cases} \boldsymbol{F} = \begin{bmatrix} 13.6 & 3.4 & 13.6 & 13.6 & 3.4 & 13.6 \end{bmatrix} \\ F_{x+} = 23.6 \text{ N} \\ F_{y+} = 17 \text{ N} \end{cases} \tag{2-36}$$

按第一类补偿,完全补偿所需的电流为 4 A,即 $\eta = 2$。由设计条件可知 $\eta > \eta_0$,即补偿电流超过了磁极线圈的电流裕量,因而无法完全补偿。此时第一类补偿能提供的最大电磁力为

$$f'_{2m} = \mu_0 N^2 A \cdot \frac{i_{4m}^2}{4\delta_0^2} = 7.7 \text{ N} \tag{2-37}$$

于是,按第二类补偿方式继续进行补偿。

$$f'_{2m} + (\lambda_3 - 1) f_3 \cdot \cos\Delta\theta + (\lambda_1 - 1) f_1 \cdot \cos\Delta\theta = f_2 \tag{2-38}$$

已知 $\Delta\theta = \dfrac{\pi}{3}$,$f_1 = f_3 = 13.6$ N,可得

$$\begin{cases} \lambda_1 = \lambda_3 = 1.43 \\ \lambda_1 f_1 = \lambda_3 f_3 = 19.45 \text{ N} \end{cases} \tag{2-39}$$

且 $\lambda_1 = \lambda_3 < \lambda_0$，即不超过磁极定子设计时的饱和裕量。

力平衡补偿后，转子处于平衡位置时的电磁力矩阵 $\boldsymbol{F}$ 及 F_{x+} 和 F_{y+} 的值为

$$\begin{cases} \boldsymbol{F} = \begin{bmatrix} 19.45 & 7.7 & 19.45 & 13.6 & 13.6 & 13.6 \end{bmatrix} \\ F_{x+} = 28.6\ \text{N} \\ F_{y+} = 27.2\ \text{N} \end{cases} \tag{2-40}$$

该失效情况得到完全补偿，即磁悬浮支承的工作性能不下降。

2. 第二类失效

发生第二类失效时，可以按第二类补偿方式进行补偿。

下面以第 2 个磁极对失效为例进行分析，如图 2-29 所示，即 $f_2 = 0$。

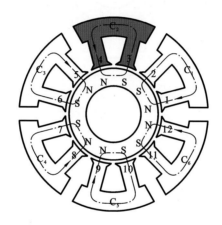

图 2-29　第 2 个磁极对失效

由力平衡可知此时的残余电磁力矩阵 $\boldsymbol{F}$ 及 F_{x+} 和 F_{y+} 的值为

$$\begin{cases} \boldsymbol{F} = \begin{bmatrix} 13.6 & 0 & 13.6 & 13.6 & 0 & 13.6 \end{bmatrix} \\ F_{x+} = 23.6\ \text{N} \\ F_{y+} = 13.6\ \text{N} \end{cases} \tag{2-41}$$

由第二类补偿的准则 1 可知

$$\begin{cases} \lambda_1 = \lambda_3 = \dfrac{1}{2\cos\dfrac{\pi}{3}} + 1 = 2 \\ \lambda_1 f_1 = \lambda_3 f_3 = 27.2\ \text{N} \end{cases} \tag{2-42}$$

且 $\lambda_1 = \lambda_3 < \lambda_0$，即不超过磁极定子设计时的饱和裕量。

力平衡补偿后，转子处于平衡位置时的电磁力矩阵 $\boldsymbol{F}$ 及 F_{x+} 和 F_{y+} 的值为

$$\begin{cases} \boldsymbol{F} = \begin{bmatrix} 27.2 & 0 & 27.2 & 13.6 & 13.6 & 13.6 \end{bmatrix} \\ F_{x+} = 35.3 \text{ N} \\ F_{y+} = 27.2 \text{ N} \end{cases} \tag{2-43}$$

该失效情况也得到完全补偿,即磁悬浮支承的工作性能不下降。

以上分析的第一类失效和第二类失效时的力平衡补偿过程具有一般性,任意方位角的磁极线圈失效,只需通过坐标变换都能按上述过程实现补偿。

2.5 弱耦合轴向磁悬浮支承

从 20 世纪 90 年代至今,国内外学者对磁悬浮支承冗余研究的重点集中在径向磁悬浮支承上,而对轴向磁悬浮支承的研究很少。除了 Storace 等在 1995 年提出的两环结构轴向磁悬浮支承冗余方案以外,几乎再没有其他方案的提出,两环结构轴向磁悬浮支承定子如图 2-30 所示。

我们提出一种多环轴向磁悬浮支承冗余方案,采用沿圆周方向的多环布置方式实现冗余,可在不降低承载能力的前提下提高系统的冗余度。具体结构如图 2-31 所示。

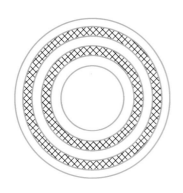

图 2-30　两环结构轴向磁悬浮支承定子

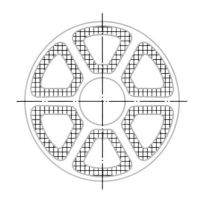

图 2-31　六环冗余结构

多环轴向磁悬浮支承的环数越多,系统的冗余度越大,所需的元器件数量也越多,元器件数量的增多将导致系统的可靠性下降。对于不同的系统结构,其环数存在着一个最佳值,但此处不讨论这方面的问题,仅考虑结构的可行性和对称性,对六环结构的轴向磁悬浮支承冗余方案进行研究。设计思路是:考虑到有磁极失效时的承载力降低,在设计时留下一定的性能裕量,即当部分磁极失效时,残余线圈可以通过增大电流的方式提高承载能力,且此时铁芯材料不出现磁饱和现象。

2.5.1　结构参数的确定

因为本节提出的多环轴向磁悬浮支承冗余方案中,各环的结构完全一致,所以只需确定其中一环的结构参数即可完成整个定子的结构设计。

其设计过程与公式推导仍建立在磁路法的基本假设前提下,这些假设包括:

(1)同一个磁回路中磁通量处处相等,忽略磁力线通过不同介质时的漏磁;

(2)工作状态下,磁悬浮支承内部不出现磁饱和现象,磁通密度处于线性区;

(3)磁通密度分段均匀,即同一磁回路的同一段介质中,磁通密度相等。

在具体的结构参数确定过程中,事先忽略圆角等工艺结构导致的有效面积改变,忽略圆角后的单环截面如图 2-32 所示,轴向剖面如图 2-33 所示。

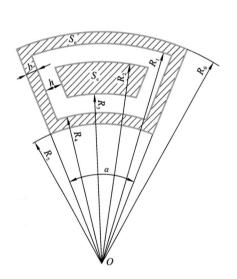

图 2-32　单环截面

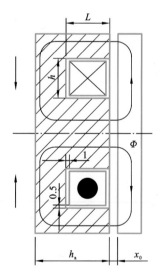

图 2-33　轴向剖面

由图 2-32 中所示的几何关系,可以得到

$$b=R_0-R_1=R_4-R_5 \tag{2-44a}$$

$$h=R_1-R_2=R_3-R_4 \tag{2-44b}$$

$$S_c=[\alpha\pi(R_2+R_3)/360-2(b+h)]\times(R_2-R_3) \tag{2-44c}$$

$$S_o = \alpha\pi(R_0^2 - R_1^2 + R_4^2 - R_5^2)/360 + 2b(R_1 - R_4) \qquad (2\text{-}44\text{d})$$

式中：h 为线圈槽宽度；b 为外圈磁极宽度；S_c 为中心磁极面积；S_o 为外圈磁极面积；α 为单个环路所对应的圆心角，对于六环结构，$\alpha = 60°$。

基于充分利用材料和等磁通密度的原则，要求中心和外圈磁极面积相等，即

$$S_o = S_c = S \qquad (2\text{-}45)$$

假设气隙中的磁通密度分布均匀，由麦克斯韦方程可知，单边气隙产生的最大电磁力为

$$F_{\max} = B_{\max}^2 S/\mu_0 \qquad (2\text{-}46)$$

式中：$B_{\max}$ 为最大磁通密度，根据定子或转子材料的饱和磁通密度确定；μ_0 为真空磁导率，$\mu_0 = 4\pi \times 10^{-7}$ H/m。

根据实际最大载荷确定 $F_{\max}$ 后，由式(2-46)可以确定磁极面积 S。

从图 2-33 可以看出，磁路的基本走势为从中心磁极出发，经过中心气隙、推力盘，最后从外圈气隙处返回。故根据安培环路定理，推力盘在距平衡位置向右偏移 x 处，有

$$\begin{cases} B_1 = N i_1 \mu_0 / [2(x_0 + x)] \\ B_2 = N i_2 \mu_0 / [2(x_0 - x)] \end{cases} \qquad (2\text{-}47)$$

式中：i_1、i_2 分别为左右定子单个线圈的电流；B_1、B_2 分别为左右气隙处的磁通密度；x_0 为推力盘处于平衡位置时的单边气隙。

则推力盘受到的合力为

$$F = (B_1^2 - B_2^2)S/\mu_0 = \frac{N^2 S \mu_0}{4} \left[\frac{i_1^2}{(x_0 + x)^2} - \frac{i_2^2}{(x_0 - x)^2} \right] \qquad (2\text{-}48)$$

假定推力盘处于右端最大位移 $x_{\max}$ 处，i_1 取最大电流 $I_{\max}$，$i_2 = 0$，则推力盘受到的最大电磁力为

$$F_{\max} = \frac{N^2 S \mu_0 I_{\max}^2}{4(x_0 + x_{\max})^2} \qquad (2\text{-}49)$$

导线线径由电流密度和最大电流确定：

$$d_w = 2\sqrt{I_{\max}/(\pi J)} \qquad (2\text{-}50)$$

式中：J 为电流密度，由线圈的绝缘等级和冷却条件决定，一般取 $2 \sim 6$ A/mm^2；d_w 为导线线径。

由于绝缘材料要占一定的体积，绕线方式也会导致一定的空隙，因此，定子线圈腔的横截面积 A_{cu} 不可能都是有效的载流面积，对于圆导线，有

$$A_{cu} = N\pi d_w^2/(4\lambda) \qquad (2\text{-}51)$$

式中:λ 为槽满率,一般取 0.6～0.75。

图 2-33 中设定子线圈绕组与线圈槽的黏结层厚度分别为 0.5 mm、1 mm 和 0.5 mm,线圈端面比磁极端面低 1 mm,这些数据都可以根据具体的工艺情况另行确定。则实际定子线圈腔的横截面积为

$$A_{cu} = (h-1)(L-2) \tag{2-52}$$

式中:L 为线圈槽轴向深度。

在计算时可根据具体的结构条件调整 h 和 L 的比例。

假设在磁路中没有漏磁,即磁通全部通过定子与推力盘构成的回路,且磁通处处相等,根据磁通密度的定义可知,磁回路中面积越小,则对应磁通密度就越大。为了防止在定子中出现磁饱和现象,必须使定子磁路中的最小横截面积不小于磁极的面积 S,这样才能保证磁力作用面上的磁通密度为 B_{max} 时,轴承内部的磁通密度不超过该值。

根据图 2-33 可知,磁路沿着左侧箭头方向从外圈向中心的横截面积是逐渐减小的,最小横截面积处于中心磁极面积的边缘处。根据上文分析,应有

$$\left[\alpha\pi(R_2+R_3)/180+2(R_2-R_3)-4(b+h)\right](h_a-L) \geqslant S \tag{2-53}$$

根据式(2-53)即可确定定子总轴向长度 h_a。

由式(2-44)至式(2-53),并根据结构强度等其他条件确定外圈壁厚 b 及 R_2 和 R_3 之间的定量关系,即可确定全部所需参数,完成定子的设计。

2.5.2 六环冗余结构残余承载力

六环结构轴向磁悬浮支承定子共有 11 种不同的失效情况。每种失效情况及假定失效前后电流不变时的残余承载力与原承载力之比如图 2-34 所示,图中括号内数值即为承载力之比。

从图 2-34 中可以看出,残余承载力与原承载力之比随着失效磁极数的增加逐渐减小,最小残余承载力为有 5 个磁极失效时的承载力,是原承载力的 1/6。

作为冗余设计,磁极应该具有一定的性能冗余,即在一定程度上可以通过电流补偿的方式提高承载力。以 3 个磁极失效时电流补偿后承载力不小于原承载力的 100% 为标准,根据线圈电流和磁力之间的平方关系,只需设定线圈可通过的最大电流不小于失效前所通最大电流的 $\sqrt{2}$ 倍,即可满足有磁极失效时的电流补偿要求;此时铁芯材料不允许出现磁饱和现象,即

$$\begin{cases} I_{rmax} \geqslant \sqrt{2} I_{max} \\ B_{rmax} \geqslant \sqrt{2} B_{max} \end{cases} \tag{2-54}$$

式中：I_{rmax}为冗余设计线圈可通过的最大电流；B_{rmax}为冗余设计线圈通过最大电流 I_{rmax}时的最大磁通密度。

式(2-54)即六环结构的冗余设计条件。用 I_{rmax}取代式(2-50)中的 I_{max}即可完成考虑冗余的轴向磁悬浮支承结构设计。

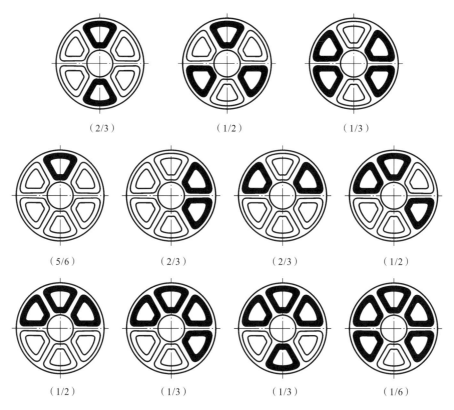

（2/3）　　　　　（1/2）　　　　　（1/3）

（5/6）　　　　（2/3）　　　　（2/3）　　　　（1/2）

（1/2）　　　　（1/3）　　　　（1/3）　　　　（1/6）

图 2-34　失效情况及失效前后电流不变时的残余承载力与原承载力之比

（图中黑色线圈为失效线圈）

2.5.3　六环冗余结构附加弯矩

若以轴向磁悬浮支承失效后是否对被支撑轴产生附加弯矩为判别标准，则可将各失效形式细分为平衡失效和非平衡失效两类。其中，平衡失效中附加弯矩为零；非平衡失效中附加弯矩不为零，非平衡失效产生的附加弯矩将对径向磁悬浮支承产生影响，即使轴向磁悬浮支承与径向磁悬浮支承之间产生磁力耦合。

以下分几种情况对轴向磁悬浮支承的不同失效形式产生的附加弯矩进行具体分析。

情况一：如果两侧定子的失效形式完全相同，显然，这种情况下附加弯矩为零，属于平衡失效。

情况二：如果只有单侧定子出现磁极失效，则又可根据不同的控制方式分为三类。

（1）采用"镜向失效"主动控制方式，将未失效定子一侧与失效磁极对应的磁极同时断电，失效情况就转化为情况一。"镜向失效"主动控制思路如图 2-35 所示。

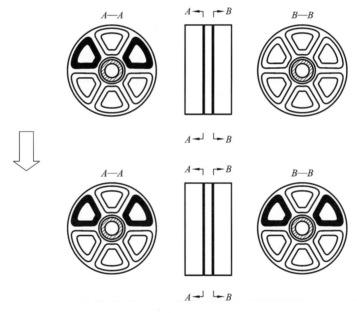

图 2-35 "镜向失效"主动控制

（2）采用"对角失效"主动控制方式，将有失效定子一侧与失效磁极在同一对角线上的磁极主动断电，仅保留不与失效磁极相对的磁极工作，加大工作磁极的线圈电流，使失效前后轴向力不变，此时不存在附加弯矩，属于平衡失效。"对角失效"主动控制思路如图 2-36 所示。对于六环结构，只要不出现连续三个或三个以上的磁极失效，都可以采用这种方法进行控制。

（3）采用"残余磁极"主动控制方式，即所有残余磁极均参与工作的控制方式，调整各磁极的线圈电流，使失效前后轴向力不变，这时就存在附加弯矩，属

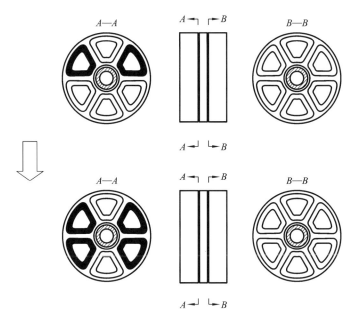

图 2-36 "对角失效"主动控制

于非平衡失效。

　　情况三：如果两侧定子均有失效，且两侧失效形式不同，则采用所有残余磁极均参与工作的方式，使失效前后的轴向力不变。附加弯矩值与两侧定子各自失效的磁极数、失效磁极的位置和排布形式均有关。情况较多，限于篇幅，此处仅举一个例子进行具体的计算说明，不作全面探讨。

　　设左侧定子为两极失效，右侧定子为三极失效，具体排布形式如图 2-37(a)所示。因为采用所有残余磁极均参与工作的方式，使失效前后的轴向力不变，

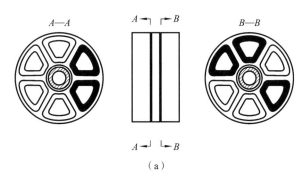

(a)

图 2-37 推力盘盘面受力分析及附加弯矩

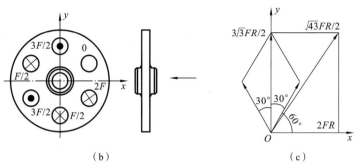

（b）   （c）

续图 2-37

所以左侧残余磁极每极磁力为 $3F/2$，右侧残余磁极每极磁力为 $2F$。从右向左看，推力盘盘面受力情况如图 2-37（b）所示。图 2-37（b）中，"•"表示力的方向为从纸面向外，"×"表示力的方向为指向纸面内。按右手螺旋定则得到的弯矩矢量图如图 2-37（c）所示。此失效情况下，附加弯矩的 x 方向分量为 $2FR$，y 方向分量为 $3\sqrt{3}FR/2$，根据矢量相加法则，合弯矩为 $\sqrt{43}FR/2$。

下面针对图 2-38 所示的 4 种单侧失效情况，从补偿电流、残余磁极利用率、附加弯矩和磁场分布等方面比较"镜向失效""对角失效""残余磁极"三种控制方式的优缺点。比较结果如表 2-8 所示。

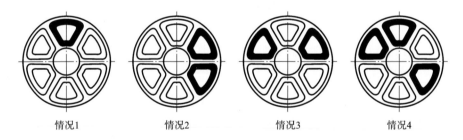

情况1   情况2   情况3   情况4

图 2-38   4 种单侧失效情况

表 2-8   不同失效情况在不同控制方式下的对比

控制方式		镜向失效	对角失效	残余磁极
补偿后电流总和 I/A	情况 1	$10\sqrt{1.2}$	$4\sqrt{1.5}+6$	$5\sqrt{1.2}+6$
	情况 2	$8\sqrt{1.5}$	$2\sqrt{3}+6$	$4\sqrt{1.5}+6$
	情况 3	$8\sqrt{1.5}$	$3\sqrt{2}+6$	$4\sqrt{1.5}+6$
	情况 4	$6\sqrt{2}$	$2\sqrt{3}+6$	$3\sqrt{2}+6$

续表

控制方式		镜向失效	对角失效	残余磁极
残余磁极 利用率	情况 1	10/11	10/11	1
	情况 2	4/5	4/5	1
	情况 3	4/5	9/10	1
	情况 4	2/3	8/9	1
附加弯矩 $FR/(\text{N} \cdot \text{m})$	情况 1	0	0	1.2
	情况 2	0	0	$1.5\sqrt{3}$
	情况 3	0	0	1.5
	情况 4	0	0	2
磁场分布		不定	均匀	不定

注:I 为失效前单个磁极电流;F 为失效前单个磁极产生的磁力;R 为磁极的等效作用半径。

从表 2-8 中可以看出,"对角失效"控制方式所需补偿电流最小,"残余磁极"控制方式的未失效磁极利用率最高;"残余磁极"控制方式存在附加弯矩,"对角失效"控制方式的磁场分布更均匀。

2.5.4 六环冗余结构与两环冗余结构的性能对比

为了对比两环冗余结构与六环冗余结构轴向磁悬浮支承的性能,设计了两个参数相当的结构。具体设计参数如表 2-9 所示。

表 2-9 两种结构的设计参数

设计参数	六环结构	两环结构
总磁极面积/mm^2	6648	7464
单个磁极线圈匝数 N	64	64
单边气隙 x_0/mm	0.3	0.3
最大磁通密度 $B_{\max}$/T	0.4	0.4

采用 ANSYS 软件对两种结构的承载力进行仿真对比。以补偿后承载力不小于原承载力为准则,通过改变电流对每种平衡失效的情况进行电磁仿真,结果如表 2-10 所示。

对于两环结构,两种失效形式均为平衡失效,单个定子只能在仅一环失效的情况下保持正常工作;而对于六环结构,只要不出现连续三个或三个以上的线圈失效,都可以转换为平衡失效并通过补偿线圈电流的方式保持正常工作。

表 2-10 平衡失效下电流补偿后的承载力对比

结构形式	失效形式及承载力		
	失效极数	电流/A	承载力/N
六环结构 (外径 148 mm)	0	3	545
	2	3.6	660
	3	3.6	580
	4	4.2	548
两环结构 (外径 152 mm)	0	3	480
	1(内)	3.6	518
	1(外)	3.6	504

而对于六环结构的非平衡失效情况,以图 2-39 所示的磁悬浮主轴轴向布置结构为对象,在前文所举失效例子的条件下分析附加弯矩对径向磁力的影响。设两径向磁悬浮支承间距离为 L,轴向磁悬浮支承推力盘的磁力等效作用半径为 R,前后径向磁悬浮支承承载力均为 F_j,轴向磁悬浮支承承载力为 F_z,则每环最大推力为 $F = F_z/6$。

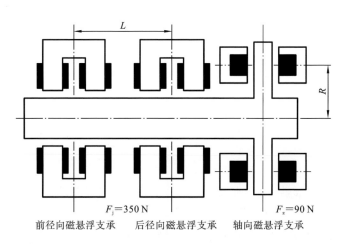

$F_j=350\,N$ F_j $F_z=90\,N$

前径向磁悬浮支承   后径向磁悬浮支承   轴向磁悬浮支承

图 2-39 磁悬浮主轴轴向布置结构

因附加弯矩值为 $\sqrt{43}FR/2$,即径向磁悬浮支承需要提供的平衡力偶,故所需的径向附加磁力大小为 $\sqrt{43}FR/(2L)$,占径向磁悬浮支承承载力比例 $W = [\sqrt{43}FR/(2F_jL)]\times100\%$,当 $F_j=350$ N,$F_z=90$ N 时,取不同 R 值(单位:

mm），W 随 L 的变化曲线如图 2-40 所示。

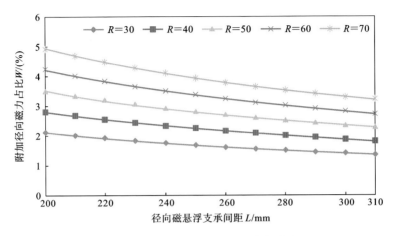

图 2-40　不同 R 下 W 随 L 的变化曲线

从图中可以看出，R 在 30～70 mm 之间，L 处于 200～310 mm 之间时，最大的附加径向磁力占比小于 5%，并且随着 L 的增大，附加径向磁力占比逐渐下降。可见，即使失效为非平衡失效形式，只要设定适当的结构参数，附加弯矩对径向磁悬浮支承的影响也可以得到控制。因此，六环结构的冗余度远远大于两环结构的。

从表 2-10 也可以看出，两种冗余结构的承载力通过电流补偿均可达到原承载力大小，在补偿电流相同的情况下，六环结构在承载力方面明显优于两环结构。

2.5.5　六环冗余轴向磁悬浮支承的热性能

利用 ANSYS/Workbench 对六环冗余轴向磁悬浮支承的温度场进行分析，在满足力学特性的基础上，研究六环冗余轴向磁悬浮支承温升较小的结构形式及结构参数的选择；研究不同失效情况下，冗余重构方式导致的温度场的变化情况，以及转子转速对六环冗余轴向磁悬浮支承系统温升的影响。

六环冗余轴向磁悬浮支承采用沿圆周方向多环布置的结构形式，如图 2-41 所示。六环冗余轴向磁悬浮支承由定子、转子和线圈三部分组成。其左右定子各有 6 个环形线圈腔，每个线圈腔都绕有 32 匝线圈。

这种六环冗余轴向磁悬浮支承在承载力和冗余度方面都优于普通的轴向磁悬浮支承和 Storace 等提出的两环冗余轴向磁悬浮支承。表 2-11 所示是利

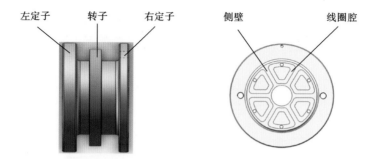

左定子　转子　右定子　　　　　　侧壁　　　　　线圈腔

图 2-41　六环冗余轴向磁悬浮支承结构示意图

用 ANSYS 软件计算的两种冗余轴向磁悬浮支承失效冗余重构后的承载力。

表 2-11　两种冗余轴向磁悬浮支承失效冗余重构后的承载力

结构类型	失效极数	承载力/N
六环结构	0	89.9
	2	108.2
	3	89.4
	4	89.9
两环结构	0	77.5
	1（内）	82.5
	1（外）	80.7

1. 六环冗余轴向磁悬浮支承的热源分析和计算

磁悬浮支承的温度场物理模型应归为在一定初始条件、一定边界条件下的非稳态热传导模型。而针对轴向磁悬浮支承的热仿真分析主要是分析计算轴向磁悬浮支承的热源、生热率、温度变化及温度场分布。ANSYS/Workbench 的温度场求解模块是常用的求解温度场分布的模块之一，它的原理是根据能量守恒定律求解一定边界条件和初始条件下的热平衡方程，再通过该方程计算出模型各节点的温度。

1）轴向磁悬浮支承的热源分析和计算

磁悬浮支承的热源主要是线圈通入电流后的发热（铜损耗）及铁芯发热（铁损耗）。六环冗余轴向磁悬浮支承的推力盘和左右定子的材料选用电工纯铁。在对磁悬浮支承温度场进行分析的时候，只考虑铜损耗和铁损耗导致的发热。

（1）轴向磁悬浮支承铜损耗。

磁悬浮支承的铜损耗是指在磁悬浮支承所缠绕的线圈通入相关电流之后，导线电阻所产生的热量。六环冗余轴向磁悬浮支承的铜损耗可以用以下公式进行计算：

$$P_{Cu} = I_{max}^2 r = I_{max}^2 \frac{\rho L}{S} \tag{2-55}$$

式中：r 是线圈的电阻；ρ 是线圈的电阻率；L 是线圈的总长度；S 是导线的横截面积。

（2）轴向磁悬浮支承铁损耗。

六环冗余轴向磁悬浮支承和普通轴向磁悬浮支承一样，它的铁损耗主要由磁滞损耗和涡流损耗组成。

对于冗余轴向磁悬浮支承来说，当铁芯的磁通密度在 0.2～1.5 T 之间时，其磁滞损耗满足以下关系式：

$$P_h = k_h f_r B_m^{1.6} V_{Fe} \tag{2-56}$$

式中：k_h 是所用铁芯材料的材料常数，对于硅钢片和电工纯铁，$k_h < 1$；B_m 是磁路中磁通密度变化的幅值；f_r 是再磁化频率；V_{Fe} 是铁芯的体积。对于所研究的冗余磁悬浮支承来说，其各部分的体积如表 2-12 所示。

表 2-12　六环冗余轴向磁悬浮支承各部分体积

体　　积	$V_{左定子}$/mm³	$V_{右定子}$/mm³	$V_{推力盘}$/mm³
值	213441.679	255651.073	159281.617

而六环冗余轴向磁悬浮支承的涡流损耗的计算要比磁滞损耗的复杂一些。下面是具体的分析过程。

对于普通的轴向磁悬浮支承和两环轴向磁悬浮支承来说，由于主轴的转动不会像径向磁悬浮支承那样引起转子的反复磁化，因此其涡流损耗可以近似用以下公式计算：

$$P_e = \sigma_w \left(\frac{f}{100} B_m \right)^2 V_{Fe} r_{Fe} \tag{2-57}$$

式中：σ_w 是涡流损耗系数，对于电工纯铁，$\sigma_w = 2$；f 是开关放大器输出的高频电流的频率；B_m 是交变磁通密度的幅值；V_{Fe} 是铁芯的体积；r_{Fe} 是电工纯铁的密度，取 7.87×10^3 kg/m³。

而对于径向磁悬浮支承来说，由于主轴的转动会引起转子的反复磁化从而产生大量涡流，因此其涡流损耗可以用以下公式近似计算：

$$P_e = \frac{1}{6\rho}\pi^2 e^2 f_r^2 B_m^2 V_{Fe} \tag{2-58}$$

式中:ρ 为铁芯单位电阻;e 表示叠片厚度;f_r 为再磁化频率;V_{Fe} 是铁芯的体积;B_m 是交变磁通密度的幅值。

式(2-57)和式(2-58)中,B_m 均指磁悬浮支承中的磁通密度的变化幅值。对于轴向磁悬浮支承来说,其磁通密度的变化是由线圈中电流的变化引起的。图 2-42 所示是通过实验测得的六环冗余轴向磁悬浮支承的功率放大器上电流传感器的输出电压波形,其对应的电流波形即线圈中电流的实际波形。

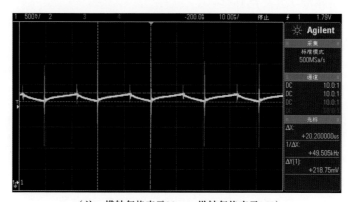

（注：横轴每格表示20μs，纵轴每格表示1 V）

图 2-42　功率放大器上电流传感器的输出电压波形

根据安培环路定理:

$$\oint H\mathrm{d}s = H_s l_s + H_r l_r + H_0 2x = Ni \tag{2-59}$$

式中:H_s 是定子铁芯的磁通密度;H_r 是转子铁芯的磁通密度;H_0 是气隙中的磁场强度。

再根据 $H = \dfrac{B}{\mu} = \dfrac{\Phi}{\mu A}$,得出

$$B_0 \approx \frac{Ni\mu_0}{2x} \tag{2-60}$$

式中:i 是线圈中电流的大小;μ_0 是真空磁导率;x 是轴向磁悬浮支承的单边气隙大小。

假设线圈中的电流的表达式如下:

$$i = I_0 + I_m f(t) \tag{2-61}$$

式中：I_0 是线圈电流中由直流稳压电源提供的直流部分的值；I_m 是线圈电流的交流幅值。

将式(2-61)代入式(2-60)中可得磁悬浮支承中的磁通密度 B_0 的表达式：

$$B_0 \approx \frac{\mu_0 N I_0}{2x} + \frac{\mu_0 N I_m f(t)}{2x} = B_1 + B_2 f(t) \tag{2-62}$$

根据电磁学的相关理论，只有交流电才会产生涡流损耗，线圈电流中的 I_0 是由直流稳压电源提供的，所以式(2-58)中的 $B_m = B_2 = \frac{\mu_0 N I_m}{2x}$。

上述公式中 I_m 需要根据图 2-42 中电流传感器所测的电压幅值 $V'_m = \frac{\Delta Y}{2} =$ 109.37 mV 及电压对应的电阻值 300 Ω 求出。最后求出线圈中的电流幅值 I'_m $= \frac{V'_m}{R} = 0.36$ mA。计算得出的 I'_m 是经过电流传感器转化得到的电流值，而它与轴向磁悬浮支承线圈上的实际电流存在着如表 2-13 所示的对应关系。

表 2-13   电流传感器转化得到的电流与轴向磁悬浮支承实际电流的对应关系

电　流	电流传感器转化得到的电流	轴向磁悬浮支承实际电流
对　应　值	0~24 mA	0~8 A

所以轴向磁悬浮支承线圈上的实际电流幅值 $I_m = 0.12$ A。另外通过图 2-42 给出的相关信息还可以读出高频电流的频率 f 为 50 kHz。

我们所研究的六环冗余轴向磁悬浮支承不仅和普通轴向磁悬浮支承一样采用实心式铁芯结构，而且如图 2-41 所示，轴向定子中含有侧壁结构。侧壁的存在会使得轴向磁悬浮支承和径向磁悬浮支承一样，也存在着转子的反复磁化现象。因此，在计算涡流损耗的时候，应该把六环冗余轴向磁悬浮支承的涡流损耗 P_e 分成两部分：一部分是由高频谐波电流引起的 P_{e1}，$P_{e1} = \sigma_w \left(\frac{f}{100} B_m \right)^2 V_{Fe} r_{Fe}$，其中 f 是高频电流的频率；另一部分是由转子的反复磁化引起的 P_{e2}，$P_{e2} = \frac{1}{6\rho} \pi^2 e^2 f_r^2 B_m^2 V_{Fe}$，其中 f_r 是再磁化频率。

从以上冗余轴向磁悬浮支承的涡流损耗的计算公式中可以看出，磁悬浮支承所采用的电工纯铁材料的单位电阻率很低，导致涡流损耗会很大，而从磁滞损耗的公式中不难发现，由于 $k_h < 1$，因此磁滞损耗比涡流损耗小至少 4 个数量级。Meeker 等人具体验证了磁悬浮支承在转速较高时的磁滞损耗在总损耗中所占的比例可以忽略不计。所以，在计算铁损耗的过程中，可以近似认为铁损

耗等于涡流损耗。

2）轴向磁悬浮支承生热率计算

生热率 q 是指单位体积热源的发热量,计算公式如下:

$$q=\frac{Q}{V} \tag{2-63}$$

式中:Q 是热源即整个系统的发热量;V 是热源的体积。对于轴向磁悬浮支承的不同部分来说,式(2-63)中各个参数的含义也不相同:对于线圈,Q 指的是线圈工作时产生的铜损耗引起的发热量,V 指的是轴向磁悬浮支承线圈槽的体积;对于轴向定(转)子,Q 指的是轴向磁悬浮支承定(转)子工作时产生的铁损耗引起的发热量,V 指的是轴向定(转)子的体积。

3）对流换热系数和热传导系数

ANSYS/Workbench 热分析模块需要找出各个部分的热传导系数和对流换热系数。表 2-14 所示的是根据相关磁悬浮支承温度场分析文献,以及所采用的材料得出的各个部分的热传导系数和对流换热系数。

表 2-14　各部分热传导系数和对流换热系数

组件名称	热传导系数/[W/(m·℃)]	对流换热系数/[W/(m·℃)]
轴向定子	52	9.7
轴向转子	48	9.7
线圈	370	9.7

4）轴向磁悬浮支承温度场仿真分析

在利用 ANSYS/Workbench 热分析模块对冗余轴向磁悬浮支承进行温度场仿真的时候,首先根据上述损耗公式计算出相关损耗,然后求出各个热源的生热率,结合热传导系数和对流换热系数,选用 SOLID70 单元对导入模型进行网格划分,最后进行求解。

从图 2-43 中可以看出,六环冗余轴向磁悬浮支承定子结构的磁极序列为 NSNSNSNS,转子每旋转一周会被反复磁化 6 次,所以再磁化频率 f_r 为旋转频率的 6 倍。

计算时以转子转速 7200 r/min 为例。由于旋转过程中转子被反复磁化,因此定子和转子的涡流损耗是有区别的。对于定子来说,磁铁中的磁通变化是由线圈电流变化引起的,所以工作时铁损耗所产生的生热率 $q=2.51\times10^5$ W/m³。而对于转子来说,随着旋转频率的增大,涡流损耗会逐渐变大。根据转子的转速得出转子的再磁化频率 $f_r=720$ Hz,生热率 $q=5.09\times10^5$ W/m³。表 2-15 中

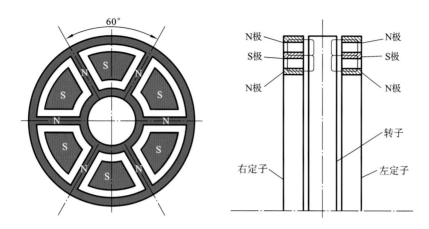

图 2-43　六环冗余轴向磁悬浮支承转子磁化示意图

具体列出了转子转速在 0～36000 r/min 范围内变化时,六环冗余轴向磁悬浮支承定子、转子和线圈的生热率。

表 2-15　六环冗余轴向磁悬浮支承定子、转子和线圈的生热率

主轴转速/(r/min)	线圈生热率/(W/m³)	定子生热率/(W/m³)	转子生热率/(W/m³)
0			2.51×10^5
7200			5.09×10^5
14400	63215.7	2.51×10^5	1.24×10^6
21600			2.49×10^6
28800			4.22×10^6
36000			6.45×10^6

　　按表 2-15 中不同工作转速下的生热率对六环冗余轴向磁悬浮支承进行温度场仿真,得出轴向磁悬浮支承的整体温度分布。图 2-44 所示为转速为 7200 r/min 时轴向磁悬浮支承的温度场,取磁悬浮支承上具有代表性的五个部分,每个部分上取一个点,以五个点的平均值作为磁悬浮支承整体的平均温度。图 2-45 所示为转子转速变化时整个磁悬浮支承的平均温度的变化情况。

　　从图 2-44、图 2-45 中可以看出,六环冗余轴向磁悬浮支承的最高温度出现在转子部分。转速为 7200 r/min 时,整个磁悬浮支承的平均温度约为 131.6 ℃。随着转速的升高,整个磁悬浮支承的平均温度逐渐上升,当转速超过 10000 r/min 时,整个磁悬浮支承的平均温度已经超过 150 ℃。

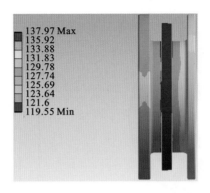

图 2-44 转速为 7200 r/min 时轴向磁悬浮支承的温度场

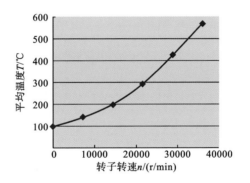

图 2-45 不同转速下轴向磁悬浮支承整体平均温度的变化情况

从以上的分析结果可以得出,六环冗余轴向磁悬浮支承定子六环结构侧壁的存在导致转子被反复磁化,致使转子的涡流损耗增加。下面对六环冗余轴向磁悬浮支承的结构进行改进:去掉定子六环结构的侧壁,使转子在旋转过程中不被反复磁化,减少转子的涡流损耗。

2. 无侧壁六环冗余轴向磁悬浮支承的温升

研究中发现,轴向磁悬浮支承结构的侧壁因磁场方向的变化,将导致转子反复磁化,从而引起涡流损耗。因此,去除轴向磁悬浮支承结构的侧壁会大大降低其温升。无侧壁六环冗余轴向磁悬浮支承结构设计仍然遵循磁极面积相等的准则,最终设计出的内环面积约为 405 mm^2,外环面积约为 428 mm^2(见图 2-46)。

与有侧壁结构的轴向磁悬浮支承相比,无侧壁六环冗余轴向磁悬浮支承的磁极面积并没有较大变化。有无侧壁结构的磁悬浮支承失效补偿后的承载力

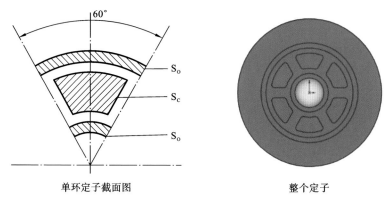

单环定子截面图   整个定子

图 2-46   无侧壁六环冗余轴向磁悬浮支承定子结构

如表 2-16 所示。可以看出,无侧壁结构的轴向磁悬浮支承的承载力大于有侧壁结构的。

表 2-16   有无侧壁结构的磁悬浮支承失效补偿后的承载力

失效极数	有侧壁结构	无侧壁结构
0	89.9 N	91.04 N
2	108.2 N	112.42 N
3	89.4 N	92.13 N
4	89.9 N	92.87 N

在计算无侧壁结构涡流损耗的时候,不存在转子的反复磁化而引起的涡流损耗 P_{e2},所以在计算时转子的涡流损耗 $P_e = P_{e1}$。铜损耗及最后生热率的计算都与前文所述一样。有无侧壁结构的轴向磁悬浮支承转子的平均温度如图2-47 所示。

由图 2-47 可见,无侧壁六环冗余轴向磁悬浮支承整体的平均温度不随转子转速升高而升高。

3. 六环冗余轴向磁悬浮支承冗余重构后的温度场

六环冗余轴向磁悬浮支承单个定子共有 11 种不同的线圈失效形式。这里选择其中较典型的三种失效形式及正常工作的情况,对六环冗余轴向磁悬浮支承冗余重构后的温度场进行计算。图 2-48 所示是三种失效形式及正常工作的示意图。表 2-17 所示的是计算出的三种失效形式及正常工作下的热源(线圈)体积及生热率。

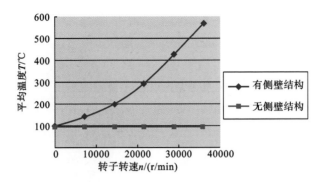

图 2-47　有无侧壁结构的轴向磁悬浮支承转子的平均温度

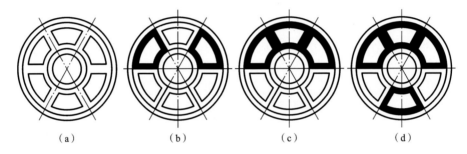

（a）　　　　　　　（b）　　　　　　　（c）　　　　　　　（d）

图 2-48　三种失效形式及正常工作的示意图（黑色表示失效线圈）

（a）正常工作（0 极失效）；（b）2 极失效；（c）3 极失效；（d）4 极失效

表 2-17　三种失效形式及正常工作下的热源体积及生热率

失效形式	冗余补偿电流/A	热源体积 $V/\mathrm{mm^3}$	生热率 $q/(\mathrm{W/m^3})$
正常工作（0 极失效）	3	96969.6	63215.7
2 极失效	$3\sqrt{1.5}$	64646.4	94823.5
3 极失效	$3\sqrt{2}$	48484.8	126431.3
4 极失效	$3\sqrt{3}$	32323.2	189647.1

　　当转子转速为 7200 r/min 时，三种失效形式及正常工作下，轴向磁悬浮支承的最高温度和最低温度如表 2-18 所示，定子温度场如图 2-49 所示。

表 2-18　三种失效形式及正常工作下的轴向磁悬浮支承温度

失效形式	正常工作（0 极失效）	2 极失效	3 极失效	4 极失效
最高温度/℃	95.14	95.21	95.22	95.24
最低温度/℃	93.01	92.95	92.74	92.87

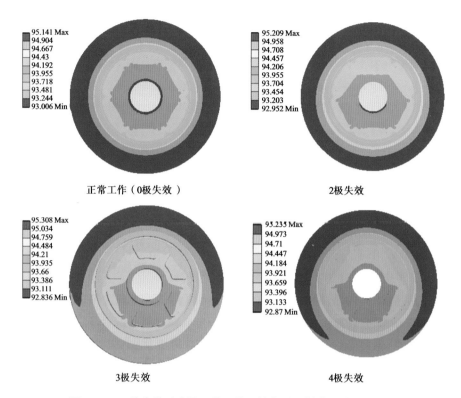

图 2-49　三种失效形式及正常工作下轴向磁悬浮支承定子温度场

从表 2-18 中可以看出,冗余重构之后,轴向磁悬浮支承的整体温度变化不大,最高温度都没有超过 100 ℃。

从图 2-49 中可以看出,随着轴向磁悬浮支承失效极数的增加,定子不同线圈腔的温度场呈现一定程度分布不均匀的现象,但温度差并没有超过 1 ℃。

以上两点可以说明,不同冗余失效重构方案对轴向磁悬浮支承的温度变化影响很小。

2.6　本章小结

磁悬浮支承因其结构特点和工作原理而具有实现智能支承的可能性。本章主要介绍磁悬浮支承实现智能化的结构设计、力学模型、信息获取、控制方式等方面的相关问题。本章不以理论研究为体系,而以实际案例展开,针对多个实际案例进行结构设计方法、建模、仿真和实验的研究,并且给出了完整的研究过程和实验数据,以期为该方面的研究者提供一些结构设计方法、参数选取原则和选取范围、可能出现的问题等方面的参考。

因为本章是对实际案例的研究,所以并没有对所遇到的问题进行全面、系统的研究,有些问题仅仅根据实际需要给出了一个可行方案。除本章给出的方案外,可能还存在其他的更佳的方案。一些参数也仅仅在一定的范围内进行了仿真和实验,因此部分结论也仅限于本章的研究范围,特提请读者注意。

本章参考文献

[1] WANG X G , CHEN Y W. Numerical analysis of the frictional characteristics of a magnetic suspended flying vehicle[J]. Advances in Mechanical Engineering,2013(3):333-336.

[2] ASAMA J , SHINSHI T , HOSHI H , et al. Dynamic characteristics of a magnetically levitated impeller in a centrifugal blood pump[J]. Artificial Organs,2007,31(4):301-311.

[3] 钱坤喜,王颢,茹伟民,等.陀螺效应使永磁悬浮心脏泵稳定平衡[J].机械设计与研究,2006,22(4):89-90,110.

[4] FUJISAKI K. Application of electromagnetic force to thin steel plate [C]// Conference Record of the 2002 IEEE Industry Applications Conference. 2002:864-870.

[5] 李奇南.钢板磁悬浮系统控制[D].杭州:浙江大学,2010.

[6] DA SILVA I , HORIKAWA O . An attraction-type magnetic bearing with control in a single direction[J]. IEEE Transactions on Industry Applications,2000,36(4):1138-1142.

[7] OKA K,OKAZAKI T,MORIMITSU T. 2 DOF non-contact magnetic suspension system:A feasibility study[J]. International Journal of Applied Electromagnetics and Mechanics,2014,45(1-4): 627-632.

[8] SKRICKA N,MARKERT R. Improvements in the integration of active magnetic bearings[J].Mechatronics,2002,12(8): 1059-1068.

[9] KLUYSKENS V,DEHEZ B,AHMED H B. Dynamical electromechanical model for magnetic bearings[J]. IEEE Transactions on Magnetics,2007,43(7): 3287-3292.

［10］张钢，殷庆振，蒋德得，等. 5 自由度磁悬浮轴承——转子系统非线性动力学研究［J］. 机械工程学报，2010，46(20)：15-21.

［11］王晓亮. 磁悬浮直线运动平台的结构设计与优化［D］. 济南：山东大学，2013.

［12］ZHANG C，TSENG K J，NGUYEN T D，et al. Stiffness analysis and levitation force control of active magnetic bearing for a partially-self-bearing flywheel system［J］. International Journal of Applied Electromagnetics and Mechanics，2011，36(3)：229-242.

［13］STORACE A F，SOOD D K，LYONS J P，et al. Integration of magnetic bearings in the design of advanced gas turbine engines［J］. Journal of Engineering for Gas Turbines and Power，1995，117(4)：655-665.

［14］MASLEN E H，MEEKER D C. Fault tolerance of magnetic bearings by generalized bias current linearization［J］. IEEE Transactions on Magnetics，1995，31(3)：2304-2314.

［15］吴步洲，孙岩桦，王世琥，等. 径向电磁轴承线圈容错控制研究［J］. 机械工程学报，2005，41(6)：157-162.

［16］崔东辉，徐龙祥. 基于坐标变换的径向主动磁轴承容错控制［J］. 控制与决策，2010，25(9)：1420-1425，1430.

［17］余同正，徐龙祥. 基于双 DSP 的磁轴承数字控制器容错设计［J］. 电子设计应用，2005，31(1)：27-29.

［18］唐文斌. 高可靠磁悬浮轴承数字控制器研制［D］. 南京：南京航空航天大学，2008.

［19］纪历，徐龙祥，唐文斌. 磁悬浮轴承数字控制器故障诊断与处理［J］. 中国机械工程，2010，21(3)：289-295.

［20］SCHRODER P，CHIPPERFIELD A J，FLEMING P J，et al. Fault tolerant control of active magnetic bearings［C］//IEEE International Symposium on Industrial Electronics. 1998：573-578.

［21］崔东辉. 高可靠磁悬浮轴承系统关键技术研究［D］. 南京：南京航空航天大学，2010.

［22］黄龙飞. 多环轴向磁力轴承冗余设计研究［D］. 武汉：武汉理工大学，2014.

［23］SCHWEITZER G，MASLEN E H. Magnetic bearings：theory，design，and application to rotating machinery［M］. Berlin：Springer，2009.

[24] 方民. 磁悬浮转子部件温度场的分析与计算[D]. 武汉:武汉理工大学,2003.

[25] 张玉民,戚伯云. 电磁学[M]. 2 版. 北京:科学出版社,2008.

[26] MEEKER D C, FILATOV A V, MASLEN E H. Effect of magnetic hysteresis on rotational losses in heteropolar magnetic bearings[J]. IEEE Transactions on Magnetics,2004,40(5):3302-3307.

[27] 杨世铭,陶文铨. 传热学[M]. 4 版. 北京:高等教育出版社,2010.

[28] WANG X W,LIU Q,HU Y F,et al. The redundant design and reliability analysis of magnetic bearings used for aeroengine[J]. Advances in Mechanical Engineering,2014.

第 3 章
磁悬浮轴承磁场分析与支承参数识别

转子处于悬浮状态时,磁悬浮轴承的磁场主要由定子线圈中的偏置电流激励产生,可近似为静态磁场。而转子的偏心、铁磁材料的非线性磁导率、定子磁极之间的磁耦合等因素使得磁悬浮轴承电磁场的空间分布呈现显著的非线性特征,对磁悬浮轴承的整体性能产生重要影响。本章以八极径向磁悬浮轴承为例,建立磁悬浮轴承三维电磁场有限元模型,使用三维非线性有限元方法计算磁悬浮轴承电磁场的空间分布,重点分析铁磁材料的磁化曲线(B-H 曲线)、磁饱和、漏磁、磁耦合等非线性因素对磁悬浮轴承关键性能参数——气隙磁通密度和磁力的影响。

3.1 磁悬浮轴承三维磁场有限元分析

在以往的径向磁悬浮轴承磁场分析中,通常将磁场问题简化为二维边值问题进行计算,但如果要精确计算磁悬浮轴承的漏磁和磁耦合,则必须考虑径向轴承轴向及端部的磁场分布,这是二维有限元法无法计算的,因此必须使用三维有限元法进行整体建模计算。

本节用 ANSYS 软件提供的 EMAG 工具对磁悬浮轴承磁场进行三维非线性有限元计算,为便于阐述具体的计算流程,本节结合软件的模块划分,将磁场有限元法的求解步骤分为有限元建模、求解和解后处理三部分进行阐述。

3.1.1 有限元建模

有限元计算首先必须建立物理原型的精确数学模型,其中包括节点、单元、材料属性、实常数、边界条件、载荷条件,以及用这些条件定义的物理场特征。有限元建模的主要任务是建立能表征真实系统空间体积与连通性的节点和单元,即定义模型节点和单元的几何构成。

ANSYS 有限元建模可采用直接法和间接法。直接法直接根据结构的几何外形建立节点和单元,适用于节点和单元数量较少的小型、简单结构。间接法首先通过定义点、线、面和体建立实体几何模型,再进行网格划分,确定节点和单元,完成有限元建模。间接法适用于大型或结构复杂的系统,特别是三维实体。

本节所分析的径向磁悬浮轴承结构较复杂,定子、转子、空气等介质的边界不规则,且磁场三维有限元计算的节点和单元数量较多,因此采用间接法建立轴承定子、转子、芯轴、空气的有限元模型;而在 ANSYS 软件的三维磁场分析模块中,线圈单元自身附带预定的结构形式,无须进行实体建模和网格划分,可直接确定其单元和节点,因此用直接法建立线圈的有限元模型。

1. 建立磁悬浮轴承实体模型

首先建立轴承定子、转子、芯轴、空气的实体几何模型,充分考虑到磁悬浮轴承漏磁,在磁悬浮轴承定子整个外围建立一层空气模型,空气层厚度为 10 mm。图 3-1 所示为包覆了空气层的径向磁悬浮轴承定子、转子、芯轴实体模型,图 3-2 所示为空气层内的径向磁悬浮轴承定子、转子、芯轴实体模型。径向磁悬浮轴承的结构参数如表 3-1 所示。

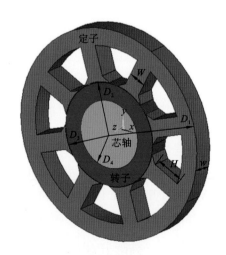

图 3-1　径向磁悬浮轴承定子、转子、
芯轴和空气层实体模型

图 3-2　径向磁悬浮轴承定子、转子、
芯轴实体模型

2. 确定单元类型

将实体几何模型划分为等效节点和单元是有限元分析必不可少的步骤。在生成节点和单元网格之前,必须设置合适的单元属性。单元属性如下。

表 3-1　径向磁悬浮轴承结构参数

参　　数	值/mm
定子外径 D_1	144
定子内径 D_2	71
转子外径 D_3	70.3
芯轴外径 D_4	46
单边气隙厚度 s	0.35
极柱宽度 W	12
极柱高度 H	19
定子宽度 w	15

① 自由度　单元的自由度指节点上的未知变量,这些变量正是要求解计算的。每个单元都有一定的自由度集。尽管 ANSYS 没有明确地在节点上定义自由度,但每个单元都内含了自由度,从而决定了分析的基本变量,从这个角度来说,单元选择是非常重要的。

② 导出值　通过单元本身自由度间接计算出来的值称为导出值。

③ 实常数　在单元矩阵计算中必须输入,但又不能在节点位置或材料属性中输入的数据,以实常数的方式输入。典型的实常数包括面积、厚度、内径、外径等。有些单元需要实常数,有些则不需要,这取决于单元基本选项。

④ 材料属性　不同单元类型使用的材料有不同属性。磁场计算中典型的材料属性包括相对磁导率、B-H 曲线、矫顽力、电导率等。

选择单元时应考虑单元的维数、特征形状和自由度。

本节选用 SOLID96 单元对轴承定子、转子、芯轴、空气间接建模,选用 SOURC36 单元对线圈直接建模。

SOLID96 单元属于三维磁标量实体单元,其几何形体特征如图 3-3 所示。

SOLID96 单元由 8 个节点 I、J、K、L、M、N、O、P 和材料属性决定,其基本的六面体形状可根据实体模型的几何特征演变成四面体形、楔形和金字塔形。SOLID96 单元不需要实常数,但需要输入材料属性,包括磁性材料在 x、y、z 方向的相对磁导率、矫顽力或 B-H 曲线。加载在 SOLID96 单元上的元素包括麦克斯韦力标志、温度等。其输出的结果包括 x、y、z 方向的磁场强度、磁通密度、磁力等。

SOURC36 单元属于电流源单元,它代表电流分布。该单元用于根据毕奥-

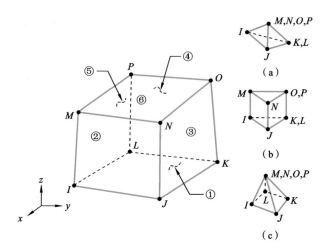

图 3-3　SOLID96 单元几何形体特征

（a）四面体形；（b）楔形；（c）金字塔形

萨伐尔定律求解磁场强度。SOURC36 单元自带预定的几何形状（见图3-4），无须进行网格划分。

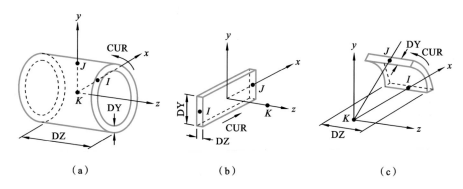

图 3-4　SOURC36 单元几何形体特征

（a）线圈型；（b）块型；（c）弧型

对于 SOURC36 单元，仅需输入实常数，包括单元类型（线圈型、块型或弧型）、电流（CUR）、y 方向维度（DY）、z 方向维度（DZ）。此单元无自由度和输出值。本节建立了 8 个线圈型 SOURC36 单元（见图 3-5）。需要注意的是，在建立 SOURC36 单元时，必须根据轴承定子磁极位置确定每个 SOURC36 单元的局部坐标系，本节以磁极极柱中心点作为 SOURC36 单元局部坐标系原点。

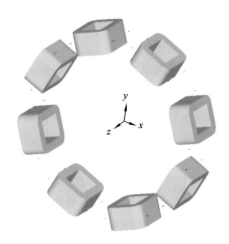

图 3-5   径向磁悬浮轴承线圈有限元模型

3. 输入材料属性

径向磁悬浮轴承磁场由定子、转子、芯轴和空气四种媒质组成,分别输入相应的材料属性:空气的相对磁导率为 1.0;定子和转子由硅钢片叠成,输入其 B-H 曲线,如图 3-6(a)所示;芯轴由 45 钢制成,输入其基本 B-H 曲线,如图 3-6(b)所示。

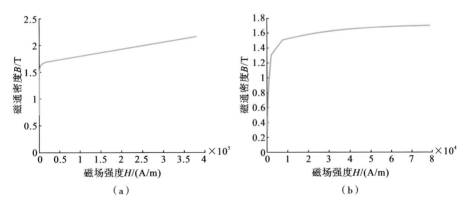

图 3-6   磁悬浮轴承铁磁材料 B-H 曲线

(a)定子和转子 B-H 曲线;(b)芯轴 B-H 曲线

4. 网格划分

首先将上述相对磁导率、B-H 曲线等材料属性分别分配到轴承定子、转子、芯轴、空气的实体模型,再进行网格划分,形成的径向磁悬浮轴承磁场有限元模型如图 3-7 所示。该模型包含 28552 个节点、24724 个单元。图 3-8 所示为轴承定子与转子之间气隙的有限元模型,气隙在径向上被等分为 2 层,在圆周方向被等分为 400 段,在轴向上等分为 3 段。图 3-9 所示为去掉空气层后轴承定子、转子、芯轴、线圈的有限元模型。

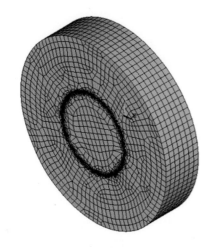

图 3-7 径向磁悬浮轴承磁场有限元模型　　　图 3-8 气隙的有限元模型

　　本例中通过设置电流方向将磁极设置为 NNSS 型,即 8 个磁极中,相邻两个磁极形成一个 NS 磁极对,共 4 个磁极对,相邻磁极对磁场方向相反。为便于分析,将径向磁悬浮轴承的磁极和磁极对进行统一标注说明,如图 3-9 所示,磁极 1 位于第一象限且与 x 轴成 22.5°夹角,按逆时针方向,依次为磁极 2 到磁极 8;磁极 1、8 关于 x 轴正半轴对称,磁极 1、8 组成右磁极对,依此类推,磁极 2、3 组成上磁极对,磁极 4、5 组成左磁极对,磁极 6、7 组成下磁极对。磁极之间的连接部分为定子磁轭。

5. 加载边界条件和载荷

　　边界条件:磁力线垂直边界条件在有限元计算中自动满足,无须设置;只需施加磁力线平行边界条件。

　　载荷:电流激励通过 SOURC36 电流源单元设置。

　　磁力是磁场计算的关键结果,在 ANSYS 中需要设置力标志计算模型中某一部分组件的磁力,且要计算力的部分周围至少要包含一层空气单元。本节将转子和芯轴定义为一个组件,包围在此组件外围的空气单元即轴承定子与转子

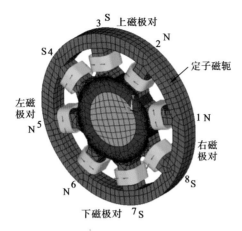

图 3-9　轴承定子、转子、芯轴、线圈的有限元模型

之间的气隙，在组件上加载力标志后，ANSYS 程序分别使用麦克斯韦应力张量法和虚位移法计算转子表面的磁力。

3.1.2　求解

在求解过程中，ANSYS 根据解前处理过程所确定的有限元模型及其载荷，构造出用于求解节点磁势函数值的代数方程，然后用数值解法计算出磁势函数在各个节点的值。求解过程主要分为以下几步：运用单元工具获得积分点，建立求解所需的矩阵；用求解器求解已建立好的方程，获得基本解；通过单元的形函数及其他一些工具获得单元的导出解。

本节选用适用于三维磁场分析的雅可比共轭梯度求解器进行磁场求解，该求解器计算速度快，在单场分析中具有突出优点。在建模过程中，分别设定了 B-H 曲线为磁悬浮轴承定子、转子和芯轴单元的材料属性，因此磁势函数的求解为非线性求解。此处使用牛顿-拉弗森方法求解非线性方程，设定求解精度为 1.0×10^{-5} 时，程序求解达到收敛。

3.1.3　解后处理

解后处理指根据求解出的节点磁势推导出节点磁场强度、磁通密度、磁力等结果。图 3-10、图 3-11 分别为径向磁悬浮轴承的磁场强度和磁通密度矢量图。图 3-12 为轴承定子、转子、芯轴部分的磁通密度节点解云图，图 3-13 为转子和芯轴受力矢量图。

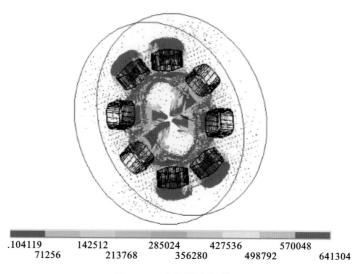

.104119　　　142512　　　285024　　　427536　　　570048
　　71256　　　213768　　　356280　　　498792　　　641304

图 3-10　磁场强度矢量图

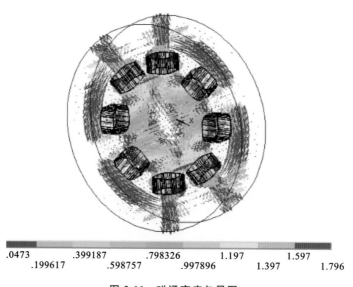

.0473　　　.399187　　　.798326　　　1.197　　　1.597
　.199617　　　.598757　　　.997896　　　1.397　　　1.796

图 3-11　磁通密度矢量图

1. 气隙磁通密度

图 3-14 和图 3-15 所示分别为轴承定子与转子之间气隙内磁通密度和磁力分布。

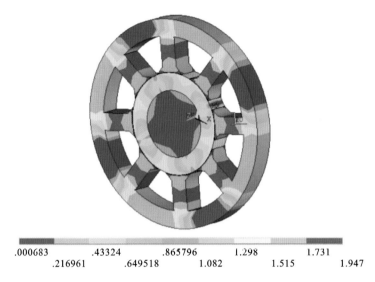

.000683　　.43324　　.865796　　1.298　　1.731
　　.216961　　.649518　　1.082　　1.515　　1.947

图 3-12　轴承定子、转子、芯轴部分的磁通密度节点解云图

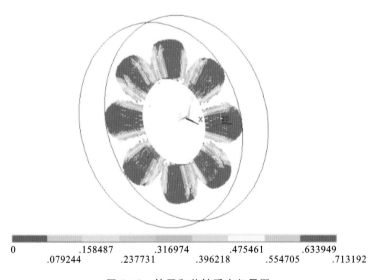

0　　.158487　　.316974　　.475461　　.633949
　　.079244　　.237731　　.396218　　.554705　　.713192

图 3-13　转子和芯轴受力矢量图

为更清晰地表示气隙磁通密度随轴向位置和周向位置的变化,在气隙径向中间位置(0.175 mm 处,气隙径向厚度为 0.35 mm)沿气隙轴向方向设置了 4 条等间距圆周封闭路径,路径横截面如图 3-16 所示。路径沿圆周逆时针方向行进,起点(终点)A 在 x 轴正方向上,每条气隙路径长度为 221.841 mm。设定 120 个等分节点,将气隙磁通密度 B_0 映射到路径节点上。气隙轴

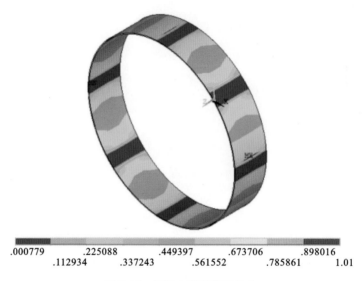

.000779   .225088   .449397   .673706   .898016
       .112934   .337243   .561552   .785861   1.01

图 3-14　气隙内磁通密度分布

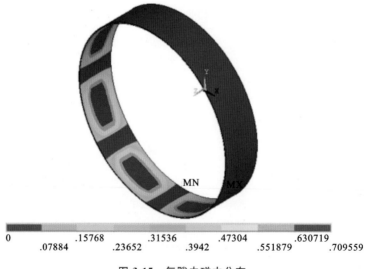

0   .15768   .31536   .47304   .630719
   .07884   .23652   .3942   .551879   .709559

图 3-15　气隙内磁力分布

向宽度为 15 mm,每两条路径之间间隔 5 mm,如图 3-17 所示。图 3-18 为磁悬浮轴承横截面上的磁力线图。当线圈电流为 1.5 A 时,4 条路径上的气隙磁通密度如图 3-19 所示。

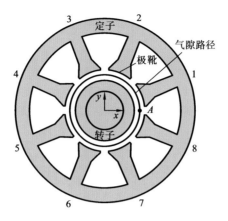

图 3-16　气隙路径横截面示意图

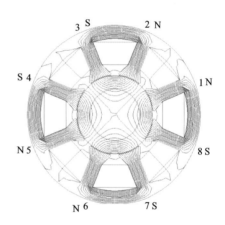

图 3-17　气隙路径轴向位置示意图　　图 3-18　磁悬浮轴承横截面上的磁力线图

对图 3-19 中气隙磁通密度沿周向分布的曲线族进行分析,可得出以下结论:

① 由于磁悬浮轴承的结构对称性,4 个磁极对的气隙磁通密度对称分布;每个磁极对的两个极靴的气隙磁通密度对称分布。

② 如图 3-18 所示,相邻磁极对之间存在磁耦合,且单个磁极对内存在漏磁,导致单个极靴处的气隙磁通密度分布不均匀,靠近极靴中间位置的气隙磁通密度较大,远离极靴中间位置的气隙磁通密度逐渐减小。

③ 由于结构对称性,图 3-19 中路径 1、4 上的气隙磁通密度非常接近,路径 2、3 上的气隙磁通密度非常接近;由于路径 1、4 处于轴向边缘位置,受漏磁影响较大,因此其气隙磁通密度略小于中间位置的路径 2、3 上的气隙磁通密度,两

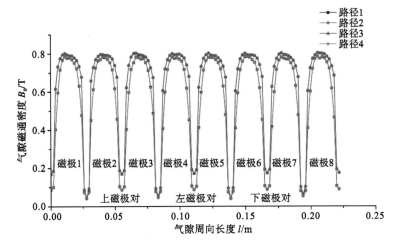

图 3-19 4 条路径上的气隙磁通密度(线圈电流为 1.5 A)

者平均差值为 0.07 T。在径向磁悬浮轴承气隙磁通密度的整体空间分布上,气隙磁通密度在轴向位置上的变化远小于圆周方向上的变化,可近似认为在同一径向位置上,气隙磁通密度在轴向上均匀分布。

④ 在路径 2,3 上,相邻磁极对之间间隔处的气隙磁通密度比每个磁极对内两磁极之间间隔处的气隙磁通密度小,两者最大差值为 0.1 T。原因如下:此例中磁悬浮轴承磁极布置形式为 NNSS 型,形成的磁力线如图 3-18 所示,同一磁极对内两磁极极性相反(NS),易形成磁回路,磁阻较小;而相邻磁极对的两相邻磁极极性相同(NN 或 SS),难以形成磁回路,磁阻较大。

2. 磁力

气隙为 0.35 mm,单个磁极对线圈电流分别为 0.5 A、0.8 A、1.0 A、1.5 A、2.0 A、2.5 A、2.8 A、3.0 A、3.5 A 时在转子上产生的磁力大小如表 3-2 所示。

表 3-2 单个磁极对产生的磁力 F(气隙为 0.35 mm)

线圈电流 I_0/A	0.5	0.8	1.0	1.5	2.0
磁力 F/N	10.908	26.980	40.826	81.209	120.26
线圈电流 I_0/A	2.5	2.8	3.0	3.5	—
磁力 F/N	141.44	148.33	151.87	158.65	—

3.2　磁悬浮轴承磁场耦合分析

径向磁悬浮轴承磁极之间的磁耦合是反映其磁场空间分布非线性的重要因素,也是影响磁悬浮轴承整体性能的重要因素之一。通常,在磁悬浮轴承的设计阶段,在确定了轴承定子和转子的结构尺寸、定子磁极个数、线圈安匝数等基本参数以后,线圈绕线和通电方式所决定的磁极布置形式是影响磁耦合的关键因素。

磁悬浮轴承通常采用八极结构,由于各对磁极线圈中的偏置电流方向不同,导致通过各个磁极的磁通方向不同,因此一般可形成两种磁极布置形式——NSNS 交替磁极布置形式和 NNSS 成对磁极布置形式。磁极布置形式会显著影响磁极之间的磁耦合,从而影响磁悬浮轴承的气隙磁通密度、磁力等关键性能参数。

本节使用三维有限元方法对两种磁极布置形式的磁场分布、气隙磁通密度和磁力进行计算,分析当转子在运行中发生偏心时,两种磁极布置形式对磁悬浮轴承气隙磁通密度 B_0 和磁力 F 的影响。

3.2.1　不同磁极布置形式的磁场分布比较

图 3-20 所示为两种不同磁极布置形式的磁力线分布,其中(a)为 NSNS 布置形式的磁力线分布,(b)为 NNSS 布置形式的磁力线分布。

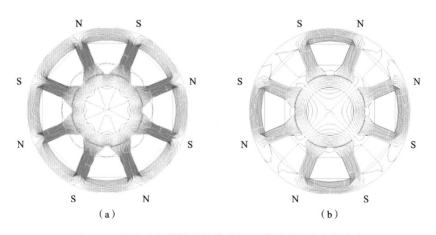

（a）　　　　　　　　　　　　　　（b）

图 3-20　径向磁悬浮轴承两种磁极布置形式的磁力线分布

（a）NSNS 布置形式；（b）NNSS 布置形式

对照图 3-20(a)和(b)可发现:在 NSNS 布置形式中,各对磁极之间的磁耦合更强,定子和转子磁性材料的利用更充分,可以推测在相同线圈电流激励的情况下,NSNS 布置形式产生的气隙磁通密度更大;在 NNSS 布置形式中,各对磁极之间的磁耦合较弱,相邻磁极对之间的定子磁轭中的磁通密度非常小,几乎趋近于零。

在径向磁悬浮轴承的控制中,通常忽略各对磁极之间的磁耦合,近似认为每两个相对的磁极对产生的磁力仅分布在直角坐标轴(x 轴和 y 轴)上,因此控制信号和转子位移的测量通常都建立在直角坐标轴上。而在实际系统中,各对磁极之间的磁耦合是不可避免的,若要对转子位置进行精确控制,则必须在控制系统中采取策略对磁极之间的磁耦合进行补偿;且磁极对之间的磁耦合越强烈,控制补偿策略越复杂,因此 NSNS 布置形式相比 NNSS 布置形式增大了控制策略的复杂度。

而对磁悬浮轴承的结构设计而言,往往希望在一定的输入电流条件下,产生较大的气隙磁通密度和磁力,尤其是当空间尺寸受限时。

为了更深入地研究磁极布置形式对磁耦合和磁力的影响,本节计算了在同样的电流激励条件下,转子偏心不同时两种磁极布置形式的气隙磁通密度 B_δ 和磁力 F。在磁悬浮转子工作时,由于主动磁悬浮系统本质上的开环不稳定性,一般转子与定子存在偏心。假设在系统上一采样周期内转子不存在偏心,即各磁极对的线圈均通以相同的偏置电流;在所研究的采样周期内,转子在外载荷的干扰下偏离磁悬浮轴承的几何中心,偏心大小为 e。由于径向磁悬浮轴承结构上的对称性,选取第一象限 x 轴方向和 45°方向这两个典型偏心方向进行分析。x 轴方向的偏心记为 e_x,y 轴方向的偏心记为 e_y。本书计算了两种磁极布置形式中不同偏心条件下 0°到 360°圆周路径(路径位于气隙轴向和径向中间位置,路径方向和节点设置与前述一致,见图 3-16)上的气隙磁通密度 B_δ,具体偏心参数设置如表 3-3 所示。

表 3-3　偏心参数设置

x 轴方向偏心(e_x)/mm	0.05	0.10	0.15	0.17	0.23
45°方向偏心($e_x = e_y$)/mm	0.05	0.10	0.15	0.17	—

图 3-21 所示为两种磁极布置形式中转子偏心不同时的气隙磁通密度 B_δ,其中图(a)所示为不存在偏心的情况,图(b)所示为 x 轴方向偏心为 0.23 mm 的情况,图(c)所示为 45°方向偏心为 0.17 mm 的情况。

比较分析图 3-21(a)(b)(c)可以得出以下结论:

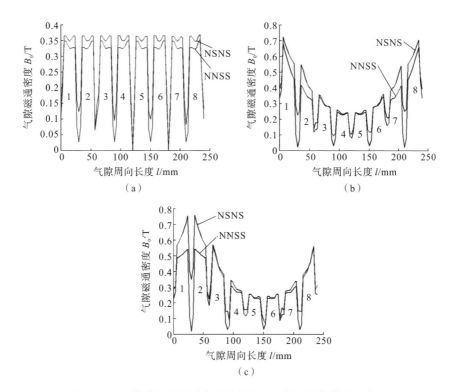

图 3-21 两种磁极布置形式中转子偏心不同时的气隙磁通密度

（a）不存在偏心，$e=0$；（b）x 轴方向偏心，$e_x=0.23$ mm；（c）45°方向偏心，$e_x=e_y=0.17$ mm

① 在同样大小的电流激励下，不论转子是否存在偏心，图 3-21（a）（b）（c）一致表明 NSNS 布置形式的气隙磁通密度在各磁极处均大于 NNSS 布置形式的气隙磁通密度。偏心 $e=0$ 时，NSNS 布置形式磁极极靴处的气隙磁通密度最大值比 NNSS 布置形式的大 10.4%；x 轴方向偏心为 0.23 mm 时，NSNS 布置形式磁极极靴处的气隙磁通密度最大值比 NNSS 布置形式的大 18.2%；45°方向偏心为 $e_x=e_y=0.17$ mm 时，NSNS 布置形式磁极极靴处的气隙磁通密度最大值比 NNSS 布置形式的大 28.4%。这均说明 NSNS 布置形式对磁性材料的利用率更高，因此 NSNS 布置形式较适用于空间或其他因素受限的小尺寸磁悬浮轴承，同样大小的电流可以产生更大的气隙磁通密度。

② 当转子偏心发生在 x 轴方向（坐标轴方向）时，两种磁极布置形式的最大气隙磁通密度均出现在 x 轴两侧的相邻磁极（磁极 1 和磁极 8）处，且呈对称分布。当转子偏心发生在 45°方向（非坐标轴方向）时，NSNS 布置形式的最大

气隙磁通密度发生在 45°方向两侧的相邻磁极(磁极 1 和磁极 2)处,且呈对称分布;而 NNSS 布置形式的最大气隙磁通密度并不是发生在 45°方向两侧的相邻磁极处,而是发生在磁极 3 和磁极 8 处。

③ 比较图 3-21(b)和(c)中的两种布置形式在不同偏心情况下的气隙磁通密度差异,可知当偏心发生在 45°方向,即非坐标轴方向时,两种布置形式的气隙磁通密度在偏心处的差异比偏心发生在坐标轴方向时的差异大。

3.2.2 不同磁极布置形式的磁力比较

磁悬浮轴承产生的磁力是结构设计的重要参数之一,下面在气隙磁通密度 B_0 的基础上,对两种磁极布置形式的磁悬浮轴承产生的磁力进行计算(计算结果见表 3-4),并对两种磁极布置形式的磁力与转子偏心之间的关系进行比较和分析(见图 3-22)。

表 3-4 不同偏心情况下的磁力

x 轴方向偏心(e_x)/mm		0.05	0.10	0.15	0.17
F_x/N	NSNS	27.5	58.2	94.6	110.7
	NNSS	26.6	55.8	90.1	103.8
45°方向偏心$(e_x=e_y)$/mm		0.05	0.10	0.15	0.17
F_x/N	NSNS	28.0	62.1	107.7	132.6
	NNSS	26.6	56.8	92.4	109.6

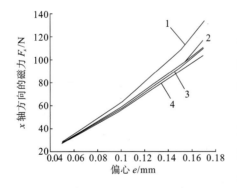

图 3-22 两种磁极布置形式的磁力比较

1—NSNS 布置形式 45°方向偏心

2—NSNS 布置形式 x 轴方向偏心

3—NNSS 布置形式 45°方向偏心

4—NNSS 布置形式 x 轴方向偏心

当转子偏心发生在 45°方向时,由于磁极分布的对称性,磁力在 x 轴和 y 轴上的分力大小一样,为了便于与坐标轴方向同等偏心的磁力进行比较,图 3-22 中曲线 1 和 3 分别表示的是 NSNS 布置形式和 NNSS 布置形式中转子在 45°方向偏心时,磁力在 x 轴上的分力,曲线 2 和 4 分别表示的是 NSNS 布置形式和 NNSS 布置形式中转子在 x 轴方向偏心时,磁力在 x 轴上的分力。

图 3-22 表明:

（1）在大小相同的电流激励下,转子在 x 轴和 $45°$ 方向偏心时,NSNS 布置形式产生的磁力均大于 NNSS 布置形式产生的磁力。

（2）分别比较曲线 1 和 2 及曲线 3 和 4 可发现:当转子偏心发生在 $45°$ 方向,且偏心在坐标轴上的分量与仅发生在 x 轴方向上的偏心相同时,$45°$ 方向产生的磁力在坐标轴上的分力大于偏心仅发生在 x 轴方向时产生的磁力。这说明当偏心发生在非坐标轴方向时,两种磁极布置形式均产生了坐标轴之间的力耦合。

（3）同等偏心情况下,曲线 1 和 2 之间的差异比曲线 3 和 4 之间的差异大,这说明了 NSNS 布置形式在非坐标轴方向产生的力耦合比 NNSS 布置形式的更强烈。

3.3　磁悬浮支承特性参数的测试和辨别

磁悬浮轴承的支承特性是指磁悬浮支承的刚度与阻尼,它决定了支承的动力学特性。因此,准确辨别磁悬浮支承特性参数对于研究磁悬浮智能支承系统具有重要的工程意义。经过多年来的实践和总结,已有不少成熟的轴承建模经验,而轴承支承处的边界参数的确定,相对来说仍是一个难题。边界参数与实际的装配和安装条件有关,人为的随机影响因素很多,对于磁悬浮轴承支承的磁悬浮转子,对其支承磁场的实际刚度和阻尼系数的确定就存在不少困难。尽管这些系数可以由计算确定,但是计算模型与实际结构有时有很大差别,如线圈绕制的差别、定转子加工误差等,特别是在实际工作时,由于磁悬浮支承的工况与理论设计工况存在差别,因此计算的临界转速或不平衡响应与实测值往往不一致。到目前为止,边界条件的确定是磁悬浮轴承转子动力学计算及工程设计、应用中的一个难点。因此对其边界条件等参数进行测试和辨别,无疑具有重要的理论意义和实用价值。

对图 1-7 所示的磁悬浮轴承,采用差动控制,在转子位移和控制电流都很小的情况下,经线性化处理后,可得磁悬浮轴承电磁力为

$$f(x,i)=k_x x+k_i i_x \tag{3-1}$$

其中

$$k_x=\frac{\mu_0 N^2 A I_0^2}{2x_0^3}, \quad k_i=\frac{\mu_0 N^2 A I_0}{2x_0^2} \tag{3-2}$$

式中:$f(x,i)$ 为 x 轴方向的电磁力;x 为轴承转子在 x 轴方向的位移;x_0 为轴承转子在平衡位置的位移;k_x 为 x 轴方向的力-位移系数;i_x 为 x 轴方向的控制电流;I_0 为轴承转子的偏置电流;k_i 为 x 轴方向的力-电流系数;μ_0 为真空磁导率;

N 为线圈匝数;A 为轴承的磁极面积。

磁悬浮支承的刚度既取决于轴承的结构参数,又取决于控制系统参数。不同的算法下,即使轴承结构参数完全相同,其支承刚度和阻尼也会不同。对于最基本的磁悬浮控制 PD 算法,磁悬浮支承的刚度和阻尼关系如下:

$$f(i,x) = k(t) + c\dot{x}(t) \tag{3-3}$$

其中

$$k = k_i c_P - k_x$$
$$c = k_i c_D \tag{3-4}$$

式中:k 为磁悬浮轴承的支承刚度;c 为磁悬浮轴承的支承阻尼;c_P 为 PD 算法中的比例系数;c_D 为 PD 算法中的微分系数。

对于一个给定的磁悬浮轴承,其力-位移系数、力-电流系数与磁悬浮轴承的结构参数和控制、调节及功率放大器有关。力-位移系数和力-电流系数是经过线性化得到的,且是在一定的假设条件下推导出磁悬浮轴承的非线性吸力表达式后,再经过线性化得到的,因此这些公式的使用是有前提条件的。为了准确得到这些参数值,必须用实验方法来测定。根据磁悬浮轴承工作的原理可知,转子发生任何微小的位移,控制器都会产生相应的电流使其回到平衡位置,因此先测定力-电流系数,然后再测定力-位移系数。

本节通过实验得到最终的传递函数,从而计算出磁悬浮支承的特性系数。下面来具体研究磁悬浮轴承影响支承系数的各环节参数的测试原理、方法及测试系统。

3.3.1 力-电流系数的实验测定

对于力-电流系数的测定,本小节提出两种测试方法,分别如下。

1. 方法一

首先使磁悬浮转子稳定悬浮,转子静止,即转速为零,在加载处逐渐增加砝码,并保持工作气隙不变,测量并记录相应电流的增量,实验原理框图如图 3-23 所示;然后运用最小二乘法对实验结果进行计算,得到力-电流系数实验值,理论值与实验值如表 3-5 所示。

表 3-5 力-电流系数理论值与实验值

力-电流系数	前径向磁悬浮轴承	后径向磁悬浮轴承
理论值/(N/A)	243.24	204.00
实验值/(N/A)	216.75	179.52

图 3-23　力‑电流系数实验原理框图

2. 方法二

在磁悬浮转子稳定悬浮时,假设重力沿 y 轴方向并垂直向下,则有以下等式成立:

$$\frac{\mu_0 N^2 A}{4}\left[\frac{(I_0+i_m)^2}{(y_0+0)^2}-\frac{(I_0-i_m)^2}{(y_0-0)^2}\right]\cos\alpha=mg \tag{3-5}$$

即

$$\frac{\mu_0 N^2 A I_0}{y_0^2}\cos\alpha=\frac{mg}{i_m} \tag{3-6}$$

从式(3-6)知,方程左边为力‑电流系数,而转子的实际质量可以称出,平衡转子重力的电流 i_m 也可以测量出来,因此可以得出力‑电流系数,在此就不给出实验结果。

3.3.2　力‑位移系数的实验测定

对于力‑位移系数的测定,本小节也提出两种测试方法,分别如下。

1. 方法一

首先使磁悬浮转子稳定悬浮,转子静止,即转速为零,在加载处逐渐增加砝码,并保持控制电流不变,测量并记录相应转子位移的增量,实验原理框图与图3-23基本相同,只是要记录位移传感器的输出;然后同样运用最小二乘法对实验结果进行计算,得到力‑位移系数值,理论值与实验值如表3-6所示。

表 3-6　力‑位移系数理论值与实验值

力‑位移系数	前径向磁悬浮轴承	后径向磁悬浮轴承
理论值/(N/μm)	1.22	1.02
实验值/(N/μm)	1.08	0.91

2. 方法二

令 $f(x,i)=0$,由式(3-1)得

$$0 = k_y y + k_i i_y \tag{3-7}$$

则

$$k_y = -k_i \frac{\Delta i}{\Delta y} \tag{3-8}$$

力-电流系数已测定,只要知道 $\Delta i / \Delta y$ 值,就可以求得力-位移系数。改变控制器的控制电流,可测得相应位移的变化量。从以上分析来看,力-位移系数测试结果受到传感器分辨率的影响。

由于前后径向磁悬浮轴承与轴向磁悬浮轴承的偏置电流可能不同,工作气隙也可能不相等,因此相应的力-电流系数、力-位移系数也可能不相等,所以必须分别测定。

3.3.3　电控环节的数学模型辨别

系统参数辨别技术已广泛应用于系统分析中,它可为理论研究提供精确可靠的数学模型,是进行理论分析和系统设计的主要前提。辨别方法一般分经典辨别方法如时域、频域、相关分析、谱分析等方法,以最小二乘法为基础的参数辨别方法,以极大似然法为基础的方法,以及梯度校正参数辨别方法等。本小节针对实际研究情况,采用工程上比较成熟和应用广泛的频率响应法进行电控环节的数学模型辨别。为了便于分析,在辨别电控环节的数学模型之前,先来简单介绍一下频率响应法。

1. 频率响应法

频率响应法和根轨迹法一样,是工程上常用的方法。它是以传递函数为基础的又一图解法,用系统的频率特性来研究系统的性能。系统对正弦输入的稳态响应称为频率响应,它是由系统的输出振幅与输出对输入的相位差来决定的。系统的频率特性可由传递函数直接求得,在传递函数中用 $j\omega$(ω 为角频率)代替 s,即可得到频率特性。这种方法不仅能根据系统的开环频率特性图形直观地分析系统的闭环响应,而且还能判别某些环节或参数对系统性能的影响,提示改善系统性能的信息。因而,它同根轨迹法一样常用于线性定常系统的分析与设计,且卓有成效。

设线性系统的传递函数为

$$\frac{O(s)}{R(s)} = G(s) = \frac{U(s)}{V(s)} \tag{3-9}$$

已知输入

$$r(t) = A\sin(\omega t) \tag{3-10}$$

其拉氏变换为

$$R(s) = \frac{A\omega}{s^2 + \omega^2} \tag{3-11}$$

其中 A 为常量,则系统的输出为

$$O(s) = \frac{U(s)}{V(s)} \cdot \frac{A\omega}{s^2 + \omega^2} = \frac{U(s)}{(s+p_1)(s+p_2)\cdots(s+p_n)} \cdot \frac{A\omega}{(s+\mathrm{j}\omega)(s-\mathrm{j}\omega)} \tag{3-12}$$

$G(\mathrm{j}\omega)$ 是一个复数向量,可表示为

$$G(\mathrm{j}\omega) = P(\omega) + \mathrm{j}Q(\omega) = |G(\mathrm{j}\omega)| \, \mathrm{e}^{\mathrm{j}\varphi(\omega)} \tag{3-13}$$

其中

$$\begin{cases} |G(\mathrm{j}\omega)| = \sqrt{P^2(\omega) + Q^2(\omega)} \\ \varphi(\omega) = \arctan \dfrac{Q(\omega)}{P(\omega)} \end{cases} \tag{3-14}$$

对电控子系统输入频率不同但幅值相同的正弦波信号 $I(\omega)$,测量该系统的输出 $X(\omega)$。因为 $X(\omega)/I(\omega)$ 代表了该系统的输出输入特性,所以通过这些测量数据就可以知道系统的固有特性,再对数据进行处理就可以得到系统的传递函数。这就是频率响应法的基本原理,也是此处测定电控环节参数的基本原理。

2. 频域辨别法

用频域法辨别系统的模型分为两种情况:第一种是已知系统的脉冲过渡函数 $g(t)$,根据拉氏变换定义,得到系统的频域特性;第二种是已知系统的实测频率特性或计算频率特性,拟合出相应的传递函数。这里主要针对第二种情况对电控环节进行参数辨别。

如果已知系统的实测频率特性为

$$G(\mathrm{j}\omega) = P(\omega) + \mathrm{j}Q(\omega) \tag{3-15}$$

采用回归分析方法,根据实测频率特性 $G(\mathrm{j}\omega)$ 拟合出传递函数 $G(s)$,即根据不同频率下的系统幅频和相频特性进行回归。设一般系统的传递函数为

$$G(s) = \frac{b_0 + b_1 s + b_2 s^2 + \cdots + b_m s^m}{1 + a_1 s + a_2 s^2 + \cdots + a_n s^n} \tag{3-16}$$

将 $s = \mathrm{j}\omega$ 代入式(3-16),得系统的频率特性如下:

$$G(\mathrm{j}\omega) = \frac{b_0 + b_1(\mathrm{j}\omega) + b_2(\mathrm{j}\omega)^2 + \cdots + b_m(\mathrm{j}\omega)^m}{1 + a_1(\mathrm{j}\omega) + a_2(\mathrm{j}\omega)^2 + \cdots + a_n(\mathrm{j}\omega)^n} = \frac{B_1(\omega) + \mathrm{j}B_2(\omega)}{A_1(\omega) + \mathrm{j}A_2(\omega)} \tag{3-17}$$

其中

$$\begin{cases} B_1(\omega) = b_0 - b_2\omega^2 + b_4\omega^4 - b_6\omega^6 + \cdots \\ B_2(\omega) = b_1\omega - b_3\omega^3 + b_5\omega^5 - b_7\omega^7 + \cdots \\ A_1(\omega) = 1 - a_2\omega^2 + a_4\omega^4 - a_6\omega^6 + \cdots \\ A_2(\omega) = a_1\omega - a_3\omega^3 + a_5\omega^5 - a_7\omega^7 + \cdots \end{cases} \quad (3\text{-}18)$$

因而,对拟合式(3-17)所表示的传递函数模型来说,要找到合适的 b_0,b_1, b_2,$\cdots$,b_m 和 a_1,a_2,a_3,$\cdots$,a_n,使模型与实际系统的误差最小,即

$$\min\{e(\mathrm{j}\omega)\} = \frac{B_1(\omega) + \mathrm{j}B_2(\omega)}{A_1(\omega) + \mathrm{j}A_2(\omega)} - [P(\omega) + Q(\omega)] = e_1(\omega) + \mathrm{j}e_2(\omega)$$

$$(3\text{-}19)$$

将式(3-19)两边都乘以 $A_1(\omega) + \mathrm{j}A_2(\omega)$,得

$$B_1(\omega) + \mathrm{j}B_2(\omega) - [P(\omega) + \mathrm{j}Q(\omega)] \cdot [A_1(\omega) + \mathrm{j}A_2(\omega)]$$
$$= [e_1(\omega) + \mathrm{j}e_2(\omega)] \cdot [A_1(\omega) + \mathrm{j}A_2(\omega)] \quad (3\text{-}20)$$

整理式(3-20),将其分成实部和虚部,则

$$\begin{cases} B_1(\omega) - P(\omega)A_1(\omega) + Q(\omega)A_2(\omega) = A_1(\omega)e_1(\omega) - A_2(\omega)e_2(\omega) \\ B_2(\omega) - Q(\omega)A_1(\omega) - P(\omega)A_2(\omega) = A_1(\omega)e_2(\omega) + A_2(\omega)e_1(\omega) \end{cases}$$

$$(3\text{-}21)$$

定义模型拟合时的性能指标函数为

$$J = \sum_{i=1}^{N} (d_{1i}^2 + d_{2i}^2) \quad (3\text{-}22)$$

其中

$$\begin{cases} d_{1i} = B_1(\omega) - P(\omega)A_1(\omega) + Q(\omega)A_2(\omega) \\ \quad = (b_0 - b_2\omega_i^2 + b_4\omega_i^4 - b_6\omega_i^6 + \cdots) - P_i(1 - a_2\omega_i^2 + a_4\omega_i^4 - a_6\omega_i^6 + \cdots) \\ \quad + Q_i(a_1\omega_i - a_3\omega_i^3 + a_5\omega_i^5 - a_7\omega_i^7 + \cdots) \\ d_{2i} = B_2(\omega) - Q(\omega)A_1(\omega) - P(\omega)A_2(\omega) \\ \quad = (b_1\omega_i - b_3\omega_i^3 + b_5\omega_i^5 - b_7\omega_i^7 + \cdots) - P_i(a_1\omega_i - a_3\omega_i^3 + a_5\omega_i^5 - a_7\omega_i^7 + \cdots) \\ \quad - Q_i(1 - a_2\omega_i^2 + a_4\omega_i^4 - a_6\omega_i^6 + \cdots) \end{cases}$$

$$(3\text{-}23)$$

为使性能指标函数值达到最小,对式(3-22)中的 J 求偏导数:

$$\begin{cases} \dfrac{\partial J}{\partial b_i} = 0, \quad i = 0,1,\cdots,m \\ \dfrac{\partial J}{\partial a_j} = 0, \quad j = 1,2,\cdots,n \end{cases} \quad (3\text{-}24)$$

这样总共可得到 $n+m+1$ 个线性方程组,解此方程组,则可求出 $n+m+1$

个模型参数,即 b_0,b_1,b_2,$\cdots$,b_m 和 a_1,a_2,a_3,$\cdots$,a_n,从而得到所要求的传递函数。

3. 实例分析

电控环节的传感器、功率放大器一般为一阶惯性环节,为了验证上述方法辨别的准确性,特以以下系统为例:

$$G(s) = \frac{2000}{1 + 0.0005s} \tag{3-25}$$

因此待辨别传递函数即式(3-25)可写为以下形式:

$$G(s) = \frac{b_0}{1 + a_1 s} \tag{3-26}$$

利用 MATLAB 软件可求得式(3-25)在 0~100000 Hz 范围内的幅值、相位数据,如表 3 7 所示。

表 3-7　频率、幅值、相位数据

f_i/Hz	10	50	100	200	500	800	900	1500
幅值/dB	66.02	66.018	66.01	65.977	65.757	65.376	65.22	64.082
相位/(°)	−0.2865	−1.4321	−2.8624	−5.7106	14.036	−21.801	−24.228	−36.87

f_i/Hz	2000	2500	3000	3500	4000	5000	6000	7000
幅值/dB	63.01	61.934	60.902	59.933	59.031	57.417	56.021	54.798
相位/(°)	−45	−51.34	−56.31	−60.255	−63.435	−68.199	−71.565	−74.055

f_i/Hz	8000	9500	12000	15800	26500	30000	50000	100000
幅值/dB	53.716	52.298	50.339	47.999	43.552	42.48	38.055	32.039
相位/(°)	−75.964	−78.111	−80.538	−82.786	−85.684	−86.186	−87.709	−88.854

利用上面介绍的辨别方法,根据式(3-24)可得以下方程组:

$$\begin{bmatrix} N & \sum_{i=1}^{N} \omega_i Q_i \\ \sum_{i=1}^{N} \omega_i Q_i & \sum_{i=1}^{N} (Q_i^2 + P_i^2)\omega_i^2 \end{bmatrix} \begin{bmatrix} b_0 \\ a_1 \end{bmatrix} = \begin{bmatrix} \sum_{i}^{N} P_i \\ 0 \end{bmatrix} \tag{3-27}$$

式中:N 为采样数,本实例中 $N=24$。对表 3-7 所示幅值和相位进行相应变换并代入式(3-27)进行辨别,解此线性方程组求得结果为:$b_0 = 2000$,$a_1 = 0.0005$。由于该辨别系统的采样数据都为理论值,因此辨别的结果与原系统一致,这与MATLAB 软件有关。而在实际辨别时,可能存在一定的误差,这与性能指标、

采样数据的准确度有关。

该实例的辨别结果表明频域辨别法实际可行,适用于能获得幅频和相频特性的系统。

3.3.4 磁悬浮轴承动力特性参数的辨别

磁悬浮轴承动力特性对转子系统的动态特性有着很大的影响,正确识别磁悬浮轴承动力特性参数对于研究转子系统的动力特性及旋转机械的故障诊断等都有着重要的工程实际意义。

磁悬浮轴承动力特性参数的辨别方法有三种:第一种是通过识别系统各环节传递函数,计算求解支承刚度和支承阻尼;第二种是通过 B&K 仪器进行激振实验,识别固有频率和振动模态,然后反推支承刚度和支承阻尼;第三种是根据磁悬浮轴承本身的工作原理,通过控制系统增加一个幅值恒定、频率变化的正弦波激振力,然后识别支承刚度和支承阻尼。本小节只介绍第一种方法。

为了辨别功率放大器的数学模型,向其输入幅值为 0.1 V 的不同频率的正弦波信号 $U(\omega)$,测量功率放大器系统的输出 $I(\omega)$。因为 $I(\omega)/U(\omega)$ 代表了该功率放大器系统的输出输入特性,所以利用上述介绍的辨别方法求得功率放大器的传递模型如下:

$$G_a(s) = \frac{0.6}{1+0.00002s} \qquad (3-28)$$

对于传感器的传递函数,也可以采用本小节介绍的方法进行辨别,但需要设计专门的装置,在此不进行专门讨论,直接参考湖南航空天瑞仪表电器有限责任公司给出的传递模型。

其他环节的辨别类似,鉴于篇幅,在此不作过多的论述。综合以上各个环节的参数,可以计算出磁悬浮轴承的支承刚度和支承阻尼。

磁悬浮轴承的刚度测试是其投入实际应用前的关键测试环节之一。磁悬浮轴承刚度可分为静刚度和动刚度。

1. 磁悬浮轴承静刚度的测试

磁悬浮轴承静刚度的测试原理是通过检测磁悬浮轴承系统的阶跃响应来测试刚度。实验方法是在磁悬浮轴承的悬浮方向上施加一定质量的砝码,然后突然剪断砝码悬线,同时检测相应位移传感器的位移输出。砝码质量与位移的变化量之比为磁悬浮轴承在该方向上的静刚度,如图 3-24 所示。

2. 磁悬浮轴承动刚度的测试

磁悬浮轴承动刚度测试原理与图 3-24 所示的相似,只是在磁悬浮转子稳

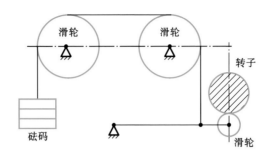

图 3-24　静刚度测试

定旋转时,同时要增加一定质量的砝码及幅值和频率固定的正弦力。

除上述方法外,也可以用力锤激振磁悬浮转子,同时测量它的响应,以测定磁悬浮轴承的动力特性。把力信号作为系统输入,位移响应信号作为系统输出,这样就可以得到系统传递函数为

$$Y(\omega)=\frac{X}{F} \tag{3-29}$$

式中:X 为输出,即位移响应信号;F 为输入,即激振力信号;$Y(\omega)$ 为系统传递函数。这相当于磁悬浮轴承的动柔度。

如果把位移响应信号作为系统输入,力信号作为系统输出,得到的系统传递函数为

$$Z(\omega)=\frac{F}{X} \tag{3-30}$$

这相当于磁悬浮轴承的支承动态刚度。根据磁悬浮系统组成的特点可知,系统本身自备多个位移传感器,激振可以通过给控制器施加幅值较小、频率不同的电信号实现,这样可以利用式(3-30)进行磁悬浮轴承动态刚度的测试。由于条件的限制,此处没有用实验来验证该方法的正确性,有待进一步研究。

3.4　本章小结

（1）建立了磁悬浮轴承磁场有限元模型,在考虑磁悬浮轴承定子和转子铁磁材料非线性磁导率、磁饱和、漏磁等非线性因素的基础上,对磁悬浮轴承磁场进行了三维有限元计算,求解了磁通密度、磁场强度、磁力等。

（2）在径向磁悬浮轴承横截面上,各磁极对的气隙磁通密度对称分布,磁极对之间的磁耦合使得各磁极极靴对应的气隙磁通密度分布不均匀;气隙磁通密

度在轴向位置上的变化远小于在圆周方向上的变化,可近似认为气隙磁通密度在轴向上均匀分布。

(3) NNSS 和 NSNS 两种磁极布置形式对径向磁悬浮轴承的性能有重要影响:NSNS 布置形式比 NNSS 布置形式对定子和转子磁性材料的利用更充分,但各对磁极之间的磁耦合更强,对于简化磁悬浮轴承的控制不利。

(4) 设计了磁悬浮支承参数辨别的实验装置,通过实验辨别磁悬浮轴承的支承参数,为磁悬浮轴承的建模提供依据。

本章参考文献

[1] 吴华春. 磁悬浮主轴软件系统的研究[D]. 武汉:武汉理工大学,2001.

[2] 丁国平. 磁力轴承电磁场的相关理论和实验研究[D]. 武汉:武汉理工大学,2008.

[3] 王晓光. 磁悬浮转子系统的耦合理论分析及实验研究[D]. 武汉:武汉理工大学,2005.

[4] 胡业发,周祖德,江征风. 磁力轴承的基础理论与应用[M]. 北京:机械工业出版社,2006.

[5] G. 施韦策,H. 布鲁勒,A. 特拉克斯勒. 主动磁轴承基础、性能及应用[M]. 虞烈,袁崇军,译. 北京:新时代出版社,1997.

[6] 吴华春. 磁力轴承支承的转子动态特性研究[D]. 武汉:武汉理工大学,2005.

[7] 王志群,朱守真,楼鸿祥,等. 基于时域分段线性多项式法的大型汽轮机建模和参数辨识[J]. 中国电机工程学报,2003,23(4):128-133.

[8] 赖胜,王永,孙德敏. 基于频域辨识模型的柔性板鲁棒振动主动控制[J]. 系统仿真学报,2005,17(4):957-961.

[9] 尹力,刘强. 基于偏最小二乘回归(PLSR)方法的铣削力模型系数辨识研究[J]. 机械科学与技术,2005,24(3):269-272.

[10] 陈光,王永. 挠性结构模型的频域极大似然法辨识[J]. 东南大学学报(自然科学版),2003,33(z1):10-13.

[11] 陈炳和. 计算机控制系统基础[M]. 北京:北京航空航天大学出版社,2001.

[12] 邹伯敏. 自动控制理论[M]. 北京:机械工业出版社,2002.

第 4 章
磁悬浮智能支承的控制算法

磁悬浮支承系统与一般质量-弹簧-阻尼系统不同,在未施加反馈控制时,磁悬浮支承系统提供的支承刚度为负值,该系统属于开环不稳定系统。为使这个不稳定系统稳定,需要选用适宜的控制器及控制算法,其本质就是寻找恰当的控制电流以实现期望的电磁控制力,从而保证支承对象悬浮在平衡位置,并能抵抗一定的扰动。本章将介绍经典 PID 控制算法,接下来讨论磁悬浮支承的智能控制算法。首先介绍和讨论单自由度磁悬浮支承系统的基本控制策略——PD 和 PID 控制算法。

4.1 磁悬浮支承的 PD 控制算法

图 4-1 所示是采用 PD(比例微分)控制器的单自由度磁悬浮支承系统控制原理框图。图中 K_{sn} 为位移传感器的增益,K_a 是功率放大器的增益,K_i、K_x 则分别为磁悬浮支承系统的力-电流系数(电流刚度)和力-位移系数(位移刚度),i_b 为控制电流,f_d 为系统扰动力,x^* 为给定参考值,m 为支承对象的质量。

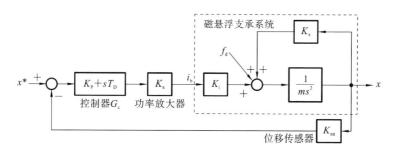

图 4-1 单自由度磁悬浮支承系统 PD 控制原理框图

由被控对象的传递函数 $K_i/(ms^2-K_x)$ 可知,系统存在一个开环极点,位于复平面的右侧,因此必须采取闭环控制才能使系统稳定。为满足系统的稳定

性、快速性等要求,可以采用简单的 PD 控制算法来实现,PD 控制器的理想传递函数为

$$G_c = K_P + sT_D \tag{4-1}$$

式中:K_P、T_D 分别为比例系数和微分时间常数。

系统的开环传递函数 G_L 和闭环传递函数 Φ 可分别表示为

$$G_L = (K_P + sT_D) K_{sn} K_a \frac{K_i}{ms^2 - K_x} \tag{4-2}$$

$$\Phi(s) = \frac{x(s)}{x^*(s)} = \frac{(K_P + sT_D) K_a K_i}{(K_P K_i K_{sn} - K_x) + T_D K_i K_{sn} K_a s + ms^2} \tag{4-3}$$

进而可以求出闭环系统的特征值:

$$s = \frac{1}{2m} \left[-T_D K_i K_{sn} K_a \pm \sqrt{(T_D K_i K_{sn} K_a)^2 - 4m(K_P K_i K_{sn} K_a - K_x)} \right] \tag{4-4}$$

根据式(4-4)可以推导出该磁悬浮支承系统的稳定性条件:

(1) 当 $T_D = 0$,$K_P K_i K_{sn} K_a - K_x > 0$ 时,两个特征值正好位于虚轴上,闭环系统为边界稳定,没有实际应用的意义;

(2) 当 $T_D > 0$,$K_P K_i K_{sn} K_a - K_x > 0$ 时,两个特征值均位于复平面左侧,此时闭环系统稳定。

综上所述,在比例控制的基础上引入微分控制,即 PD 控制能够使磁悬浮支承系统稳定;且比例系数 K_P 存在一个下限值,即 $K_P > K_x/(K_i K_{sn} K_a)$。

磁悬浮支承系统的控制规律通常可以通过与传统的质量-弹簧-阻尼系统比较获得。例如,假设图 4-1 中的给定参考值 x^* 为零,则该原理框图可以等效为图 4-2 所示的形式。

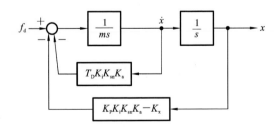

图 4-2 磁悬浮支承系统等效为质量-弹簧-阻尼系统

磁悬浮支承系统的等效刚度 k_s 和等效阻尼 k_d 可以表示为

$$\begin{cases} k_s = K_P K_i K_{sn} K_a - K_x \\ k_d = T_D K_i K_{sn} K_a \end{cases} \tag{4-5}$$

由式(4-5)易知,力-位移系数 K_x 会导致负刚度特性,破坏系统稳定性。调整 PD 控制器的比例系数 K_P 可以获得适宜的正刚度,调整微分时间常数 T_D 则可以获得适宜的阻尼。刚度是磁悬浮支承系统的基本参数之一,它对系统对外表现出来的性能有着很大的影响。刚度过大,将导致支承对象在产生小偏移时也会产生很大的力,这样就有可能达到力饱和。虽然这种情况下系统不会失稳,但是如果这时出现冲击干扰,则转子有可能出现间歇性的颤动。当刚度过小时,如果系统等效刚度 k_s 和 K_x 不在一个数量级上,则 K_x 对系统的影响就会变得很大,K_x 精度有偏差就会对闭环系统的稳定性很不利。在磁悬浮支承系统实际运行过程中,由于偏置电流和电磁力非线性的本质会影响系统参数 K_x 的值,所以需谨慎配置 K_P、K_i、K_{sn}、K_a 的值,并且通常要远大于 K_x 的值,一般选取为 K_x 的 $1\sim9$ 倍。

如图 4-2 所示,若扰动力 f_d 作为系统输入,支承对象的振动位移 x 作为系统输出,则闭环传递函数表示为

$$\frac{x(s)}{f_d(s)}=\frac{1}{ms^2+T_D K_i K_{sn} K_a s+K_P K_i K_{sn} K_a-K_x}=\frac{\dfrac{1}{K_P K_i K_{sn} K_a-K_x}}{1+2\xi\left(\dfrac{s}{\omega_n}\right)+\left(\dfrac{s}{\omega_n}\right)^2}$$

$$(4-6)$$

式中:ω_n 为无阻尼自然振荡角频率;ξ 为阻尼比。

$$\omega_n=\sqrt{\frac{K_P K_i K_{sn} K_a-K_x}{m}}, \quad \xi=\frac{T_D K_i K_{sn} K_a}{2}\sqrt{\frac{1}{m(K_P K_i K_{sn} K_a-K_x)}} \quad (4-7)$$

比较式(4-3)与式(4-6),可知传递函数表达式具有相同的分母项,意味着如果 $x(s)/f_d(s)$ 有较好的响应,那么同时也可改善 $x(s)/x^*(s)$ 响应。另外 $x(s)/f_d(s)$ 的值还间接体现系统动态刚度大小。$x(s)/f_d(s)$ 值越小,则悬浮对象受扰动力作用时的偏移越小,系统的动态刚度越大。

根据式(4-7)对比传统质量-弹簧-阻尼系统,可知采用 PD 控制的磁悬浮支承系统具有以下特征:

(1)增大比例系数 K_P,可以获得大静态刚度,加快响应速度,提高系统动态特性;

(2)增大微分时间常数 T_D,可以获得良好的阻尼响应。为达到满意的控制效果,刚度越大,反映阻尼特性的 T_D 必须选择得越大。

比例系数 K_P 既影响 ω_n 也影响 ξ,而微分时间常数 T_D 只影响 ξ。根据系统的刚度要求确定了 K_P 的取值以后,可进一步根据阻尼比的要求确定 T_D 的取

值。过小的阻尼比会使系统的相对稳定性变差,起浮或受扰动时的振荡加剧;而增大阻尼比就必须增大 T_D,意味着必须增大微分作用的强度,但微分作用会放大反馈信号中的噪声,因而不能过大,一般 ξ 取值为 0.5～1.0。

根据式(4-6)和式(4-7)可推导出 PD 控制参数 K_P 和 T_D 的表达式:

$$\begin{cases} K_P = \dfrac{m\omega_n^2 + K_x}{K_i K_{sn} K_a} \\[2mm] T_D = \dfrac{2m\omega_n}{K_i K_{sn} K_a}\xi \end{cases} \tag{4-8}$$

显然,为了更好地抑制扰动力,获得更佳的系统动态特性,需要按照式(4-8)给定的关系同时调整比例系数 K_P 和微分时间常数 T_D。提高响应速度需增大 ω_n,而增大 ω_n 则要求比例系数 K_P 按大致二次方的关系增大。与此同时,T_D 则与 ω_n、ξ 按线性关系增大。

下面通过两个算例讨论 PD 控制参数的关联性及其对系统性能的影响。

例 4.1 设某磁悬浮轴承系统的结构参数 $K_i = 158$ N/A,$K_x = 1580$ N/mm,传感器增益 $K_{sn} = 5000$ V/m,功率放大器增益 $K_a = 1$ V/A,支承对象的质量为 3.14 kg。现有幅值为 100 N 的阶跃扰动力 f_d 直接作用在支承对象上。数字仿真框图如图 4-3 所示,试分析控制参数对系统性能的影响。

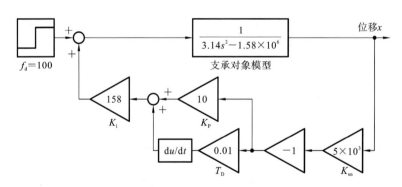

图 4-3 数字仿真框图

解 图 4-4 所示为微分时间常数 T_D 相同(均取值 0.01),K_P 分别取 5、10 和 20 时的位移响应曲线。仿真结果表明,比例系数 K_P 越大,位移的稳态值越小,因为大的 K_P 值对应大的系统静态刚度。

图 4-5 所示为比例系数 K_P 相同(均取值 10),微分时间常数 T_D 分别取 0.005、0.01 和 0.02 时的位移响应曲线。结果表明,T_D 增大,系统阻尼随之增

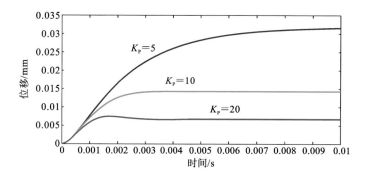

图 4-4 不同比例系数 K_P 对应的位移响应曲线

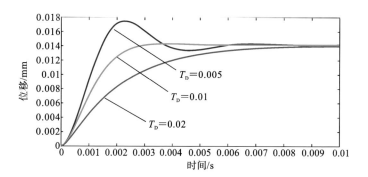

图 4-5 不同微分时间常数 T_D 对应的位移响应曲线

大,位移超调量减小,但位移的稳态值不受 T_D 取值的影响。

图 4-6 为传递函数 $x(s)/f_d(s)$ 的伯德(Bode)图。不同比例系数 K_P 下,低频区域(频率小于 10^3 rad/s)的 $x(s)/f_d(s)$ 幅频特性的幅值约为 140 dB。K_P 值越大,$x(s)/f_d(s)$ 幅值越小。但幅值差异仅在低频段存在,高频区域(频率大于 10^3 rad/s)的 $x(s)/f_d(s)$ 幅值均相同。这表明比例系数仅影响低频段的系统动态刚度。不同微分时间常数 T_D 对 $x(s)/f_d(s)$ 幅值的影响主要集中在中间频段(频率为 $10^2 \sim 10^4$ rad/s),T_D 值越大,$x(s)/f_d(s)$ 幅值越小。当扰动频率超过 10^4 rad/s 时,PD 控制参数对动态刚度影响甚微,这时主要依靠机械惯性来抑制振动。

$x(s)/f_d(s)$ 相频特性对于分析磁悬浮支承系统工作特性同样很重要。由图 4-6 可知,在低频段各位移响应相位角相同,随着扰动信号频率的增大,相位延迟也逐渐增大。

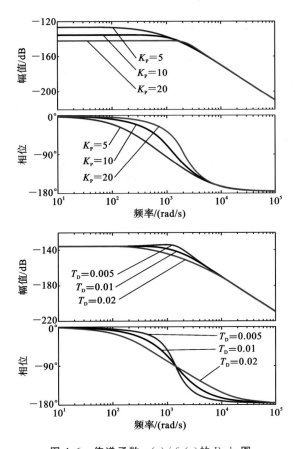

图 4-6 传递函数 $x(s)/f_d(s)$ 的 Bode 图

例 4.2 设系统结构参数同例 4.1,且对阻尼比要求为 $\xi=0.707$,微分时间常数 T_D 分别取 0.01 和 0.02,试求满足已知条件的比例系数 K_P 和角频率 ω_n 的值,并分析位移响应结果。

解 根据式(4-8),代入已知参数可求出 T_D 分别取 0.01 和 0.02 时,对应的比例系数 K_P 分别为 15 和 54,角频率 ω_n 分别为 1800 和 3600,如表 4-1 所示。

表 4-1 相关参数对应关系($\xi=0.707$)

参 数	$T_D=0.01$	$T_D=0.02$
K_P	15	54
T_D	0.01	0.02
ω_n	1800	3600

$K_P\text{-}\omega_n$ 和 $T_D\text{-}\omega_n$ 关系曲线如图 4-7 所示,优化 PD 控制参数前后的位移响应曲线如图 4-8 所示。可见,采用 PD 控制时,相同阻尼比($\xi=0.707$)条件下,增大比例系数 K_P 和微分时间常数 T_D 能够获得更快的响应速度和更小的位移

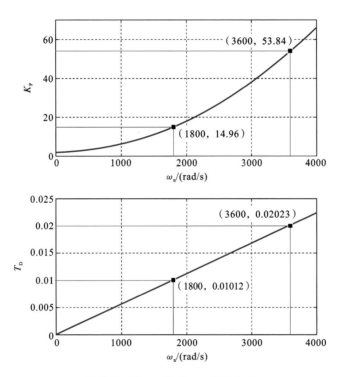

图 4-7 $K_P\text{-}\omega_n$ 和 $T_D\text{-}\omega_n$ 关系曲线

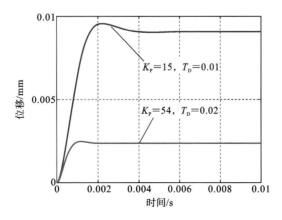

图 4-8 PD 控制参数优化前后位移响应曲线

（抑制振动效果更好）。但实际应用中，由于系统部件带宽限制，以及微分系数过大会导致噪声水平高，因此 K_P 和 T_D 不能过大，且常用不完全微分控制替代理想微分控制。

4.2　磁悬浮支承的 PID 控制算法

采用 PD 控制时系统会存在稳态误差，在相同 PD 控制参数条件下，支承对象偏离平衡位置（$x=0$）的位移会随着静态扰动力 f_d 的增大而增大，如图 4-9 所示。

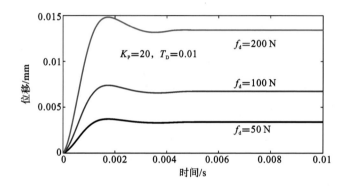

图 4-9　不同 f_d 作用下的位移响应

为了消除系统稳态误差带来的影响，在 PD 控制的基础上引入积分控制项，则 PID（比例积分微分）控制器传递函数为

$$G_c = K_P + \frac{K_I}{s} + T_D s \tag{4-9}$$

磁悬浮支承系统 PID 控制原理框图如图 4-10 所示。

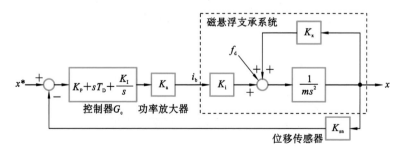

图 4-10　磁悬浮系统 PID 控制原理框图

下面将通过一个具体算例来说明引入积分项对系统性能的影响。

例 4.3 设系统结构参数与前文算例中的磁悬浮轴承结构参数相同,阶跃扰动力 $f_\mathrm{d}=100$ N,$K_\mathrm{P}=10$,$T_\mathrm{D}=0.02$,求积分系数 K_I 分别取 0、50、500、5000 时,系统的位移响应及 $x(s)/f_\mathrm{d}(s)$ 的 Bode 图。

解 根据图 4-3 和图 4-10 可以推导出当 $x^*=0$ 时,以 f_d 作为输入、支承对象位移 x 作为输出的传递函数,分析扰动力作用下的位移响应。

$$\frac{x(s)}{f_\mathrm{d}(s)}=\frac{1}{ms^2+G_\mathrm{c}K_\mathrm{i}K_\mathrm{sn}K_\mathrm{a}-K_\mathrm{x}}=\frac{1}{ms^2+\left(K_\mathrm{P}+\dfrac{K_\mathrm{I}}{s}+T_\mathrm{D}s\right)K_\mathrm{i}K_\mathrm{sn}K_\mathrm{a}-K_\mathrm{x}}$$

$$=\frac{s}{ms^3+T_\mathrm{D}K_\mathrm{i}K_\mathrm{sn}K_\mathrm{a}s^2+(K_\mathrm{P}K_\mathrm{i}K_\mathrm{sn}K_\mathrm{a}-K_\mathrm{x})s+K_\mathrm{I}K_\mathrm{i}K_\mathrm{sn}K_\mathrm{a}} \tag{4-10}$$

代入已知条件可获得位移响应曲线(见图 4-11)及 $x(s)/f_\mathrm{d}(s)$ 的 Bode 图(见图 4-12)。由图 4-11 可知,$K_\mathrm{I}=0$ 时的 PD 控制存在稳态误差,支承对象在扰动力 f_d 的作用下会偏离平衡位置,但达到稳态时的调整时间最短。引入积分系数可以消除稳态误差,且随着 K_I 的增大,调整时间逐渐缩短。由图 4-12 可知,在相同 PD 参数和扰动频率下,增大积分系数 K_I 可以提高系统的动态刚度,但相位角也会随之增大,即相位滞后(延迟)越明显。当扰动力频率超过一定数值(大于 10^3 rad/s)时,K_I 的变化对系统动态刚度不产生影响。

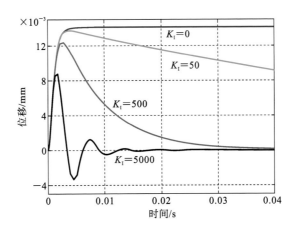

图 4-11 不同积分系数 K_I 下的位移响应曲线

由于目前磁悬浮支承系统的动态特性还不能完全被人们掌握,磁悬浮系统精确的数学模型很难辨别,难以满足应用控制理论进行分析和综合的各种要求。因此 PID 控制仍然是磁悬浮支承系统首选的控制策略之一。

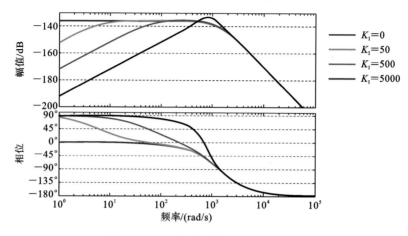

图 4-12 不同积分系数 K_I 下的 Bode 图

4.3 磁悬浮支承的智能控制算法

经典控制与现代控制的理论基础都是对系统数学模型的准确掌控。随着科学技术和生产力水平的不断发展,对大规模、复杂和不确定系统的控制需求越来越高,但同时上述系统的数学模型却难以精确建立,这使得传统控制理论的应用遭受限制。然而,随着计算机技术快速发展,出现了模糊控制、专家控制、神经网络控制等新型智能控制算法,解决了复杂数学建模问题。

磁悬浮支承控制系统是一个典型的本质非线性和开环不稳定系统,其刚度、阻尼及稳定性等的好坏,往往取决于所采用控制器的控制规律。因此控制器的设计是磁悬浮支承控制系统研究的核心。常规的控制器一般是在平衡点附近对系统进行线性化处理后,再根据线性系统方法进行设计,当转子处于平衡点附近时该方法能取得很好的控制效果,但当存在较大扰动或转子远离平衡位置时,其总体控制效果难以保证。

根据控制器不同的控制规律,控制器算法可分为经典控制算法、现代控制算法与智能控制算法,其中经典控制算法和现代控制算法都属于传统控制算法。图 4-13 所示为控制算法分类。

提起人工智能控制,首先要明确人工智能的概念,其英文为 artificial intel-ligence（AI）。人工智能是研究和开发用于模拟、延伸和扩展人的智能的理论、方法、技术及应用系统的一门新的技术科学,最初是在 1956 年美国计算机协会

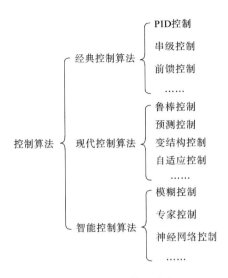

图 4-13　控制算法分类

组织的达特茅斯(Dartmouth)会议上提出的。近年来,随着计算机硬件和软件的快速发展,人工智能在识别与控制等领域得到了空前发展,在控制领域的研究也很广泛。

　　智能控制在磁悬浮轴承方面也有广泛应用,武汉理工大学的张菊秀等人采用多模态智能控制 (multi-mode control)算法,建立了多模态智能控制系统,根据系统所处的不同状态和不同时间及对控制过程的不同要求,采用不同的控制策略及相应的控制模式,提高了磁悬浮轴承系统的动态性能和控制精度。克利夫兰州立大学的 Lili Dong 等学者,将自适应后退控制(ABC)应用于主动磁悬浮轴承(AMB)系统的线性化模型,在存在外部干扰和系统不确定性的情况下,调节磁悬浮轴承偏离平衡位置的偏差;在 AMB 系统上开发了一种基于自适应观测器的步进控制器(AOBC),其中只有位移输出是可测量的;设计了一种基于 AOBC 的 AMB 速度和电流状态观测器;仿真结果验证了两种控制器的有效性和鲁棒性。鉴于智能控制算法的巨大潜力,将其运用于磁悬浮轴承的控制有一定的研究价值。

　　智能控制具有开放、分级与分布等特点,优于在线学习和辨别,在对数学模型的描述及对符号和相关环境的识别等方面具备优势。模糊控制算法与神经网络控制算法是智能控制中的经典算法,接下来将讨论这两种算法在磁悬浮支承系统中的应用。

4.4 磁悬浮支承系统模糊控制

4.4.1 模糊控制概述

模糊控制是智能控制领域的一个分支,其基本思想是在被控对象的模糊模型的基础上,用机器去模拟人对系统的控制的一种方法。在日常生活中,人们的语言表达往往存在模糊现象,例如一盆 50 ℃的水是热还是冷,一个 170 cm 的人是高还是矮,不同的人对这些问题的回答是不一样的。模糊控制是一种语言控制器,经过模糊集合和模糊逻辑推理处理之后将控制策略转换成数字或者数学函数,再将其送入计算机中,以实现预期的控制。由于模糊控制不依赖于控制系统的数学模型,而是依赖于经验,实际上把人的智能融入了控制系统,因此它自然也实现了人的某些智能。

4.4.2 模糊控制原理

图 4-14 所示为模糊控制系统的基本结构框图。模糊控制系统通常依据系统的偏差和相应的偏差变化率来达到控制被控对象的目的,其基本结构包括(输入)模糊化、模糊规则库、模糊推理和(输出)解模糊化。图 4-14 中,r 为参考输入,y 为系统输出,e 为系统误差,ec 为系统误差变化率,E 和 EC 分别为 e 和 ec 经过量化后的语言变量,u 为模糊控制器的输出。

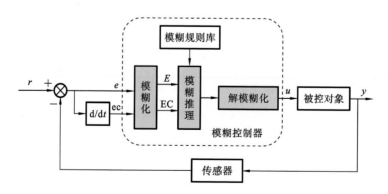

图 4-14 模糊控制系统的基本结构框图

模糊控制器的基本工作原理是:将输入量模糊化后转变成模糊量,经含模糊规则的模糊推理近似得出模糊集合,模糊集合被解模糊化后变成清晰量,将清晰量作为控制量输出给被控对象,使被控对象输出满意的结果。

4.4.3　模糊 PID 控制

模糊 PID 控制是以传统 PID 控制器为基础,在其上外加模糊参数自整定控制器而形成的控制方式。模糊 PID 控制能够依据被控系统误差的大小、方向等特征,经过模糊推理做出与之相对应的控制策略,自动实时地在线改变 PID 控制的三个参数,使系统达到更加令人满意的控制效果。

如图 4-15 所示为典型的模糊 PID 控制系统。图 4-15 中,r 为设定值,y 为系统输出,e 为系统误差,ec 为系统误差变化率,ΔK_P、ΔK_I、ΔK_D 均为模糊控制器的输出,即 PID 控制参数的三个修正量,u 为系统模糊 PID 控制器的输出。

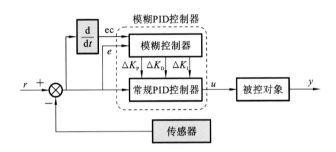

图 4-15　典型的模糊 PID 控制系统

磁悬浮支承系统模糊控制器的作用是根据系统误差和误差变化率调节系统功率放大器的输入电压,从而调节电磁铁的电流以实现磁悬浮转子的稳定悬浮。模糊 PID 控制器的设计过程如下。

1. 确定系统输入输出变量

选取磁悬浮支承系统位移传感器输出电压与目标参考位置电压之间的系统误差 e 和系统误差变化率 ec 为模糊控制器的输入变量,选取 PID 控制参数的三个修正量 ΔK_P、ΔK_I、ΔK_D 作为系统输出变量。系统输入输出的模糊参数表如表 4-2 所示。

2. 模糊化

隶属函数曲线形状较尖,则控制灵敏度较高。相反,隶属函数曲线较缓,则控制特性也比较平缓,系统性能好。因此,在选择模糊变量的模糊集的隶属函数时,应根据具体情况具体设计,误差较大的区域采用分辨率低的模糊集,误差

表 4-2　系统输入输出的模糊参数表

变量	e	ec	ΔK_P	ΔK_I	ΔK_D
语言变量	E	EC	ΔK_P	ΔK_I	ΔK_D
基本论域	$[-0.2\ \ 0.2]$	$[-200\ \ 200]$	$[-0.3\ \ 0.3]$	$[-0.006\ \ 0.006]$	$[-0.006\ \ 0.006]$
模糊论域	$[-3\ \ 3]$	$[-3\ \ 3]$	$[-0.3\ \ 0.3]$	$[-0.006\ \ 0.006]$	$[-0.006\ \ 0.006]$
量化因子	15	0.015	—	—	—
模糊子集		[NB　NM　NS　ZO　PS　PM　PB]			

较小的区域采用分辨率较高的模糊集。而三角隶属函数便于在计算程序中实现,设计简便,运算速度快,容易满足控制的实时性要求。因此这里选择三角隶属函数。将模糊控制器的输入,即系统误差 e、系统误差变化率 ec,以及模糊控制器的输出 ΔK_P、ΔK_I、ΔK_D 进行模糊化,其隶属函数均采用三角隶属函数,e、ec、ΔK_P、ΔK_I、ΔK_D 的模糊子集均为 NB(负大)、NM(负中)、NS(负小)、ZO(零)、PS(正小)、PM(正中)、PB(正大)。

3. 建立模糊规则

模糊控制器设计的核心是建立合适的模糊规则,而模糊规则的建立往往依赖于工程设计人员的经验知识。依据系统误差和系统误差变化率的关系自整定 PID 控制参数的原理如下。

① 当系统误差的绝对值 $|e|$ 比较大时,应选择比较大的比例系数 K_P,以增大系统的响应速度;同时选择较小的微分系数 K_D,以避免 $|e|$ 变大引起微分过饱和现象导致超出控制作用允许的范围;同时选择积分系数 K_I 为零,消除积分作用,以避免系统响应出现很大的超调量而导致积分饱和现象。

② 当系统误差的绝对值 $|e|$ 和系统误差变化率的绝对值 $|ec|$ 处在中间时,比例系数 K_P 应该取值略微小一点,此时,积分系数 K_I 取值要得当,这样就可以保证系统响应能够有比较小的超调量。

③ 当系统误差的绝对值 $|e|$ 基本接近设定值时,应该适当增大比例系数 K_P 和积分系数 K_I,以保证系统的稳态性。

依据上述建立模糊规则的基本思想,结合磁悬浮支承转子的运动规律,分析 PID 三个控制参数与 e、ec 之间的模糊关系,建立针对 PID 控制参数 K_P、K_D、K_I 的模糊规则。这里使用曹广忠提出的模糊规则,分别如表 4-3、表 4-4、表4-5所示。

表 4-3 K_P 模糊规则

E	NB	NM	NS	ZO	PS	PM	PB
NB	PB	PB	PM	PM	PS	PS	ZO
NM	PB	PB	PM	PM	PS	ZO	ZO
NS	PM	PM	PM	PS	ZO	NS	NS
ZO	PM	PS	PS	ZO	NS	NM	NM
PS	PS	PS	ZO	NS	NS	NM	NM
PM	ZO	ZO	NS	NM	NM	NM	NB
PB	ZO	ZO	NS	NB	NM	NB	NB

表 4-4 K_D 模糊规则

E	NB	NM	NS	ZO	PS	PM	PB
NB	PS	NS	NB	NB	NB	NM	PS
NM	PS	NS	NB	NM	NM	NS	ZO
NS	ZO	NS	NM	NM	NS	NS	ZO
ZO	ZO	NS	NS	NS	NS	NS	ZO
PS	ZO	ZO	ZO	ZO	ZO	ZO	ZO
PM	PB	NS	PS	PS	PS	PS	PB
PB	PB	PM	PM	PM	PS	PS	PB

表 4-5 K_I 模糊规则

E	NB	NM	NS	ZO	PS	PM	PB
NB	NB	NB	NM	NM	NS	ZO	ZO
NM	NB	NB	NM	NS	NS	ZO	ZO
NS	NB	NM	NS	NS	ZO	PS	PS
ZO	NM	NM	NS	ZO	PS	PM	PM
PS	NM	NS	ZO	PS	PS	PM	PB
PM	ZO	ZO	PS	PS	PM	PB	PB
PB	ZO	ZO	PS	PM	PM	PB	PB

4. 模糊推理

根据建立的磁悬浮支承系统模糊 PID 控制器的模糊规则，对系统的模糊输入变量 e、ec 进行取小运算的模糊推理，求解模糊关系方程，获得系统的模糊输出量。

5. 解模糊化

首先用加权平均法把磁悬浮支承系统的模糊输出量解模糊化,转换成输出模糊论域内的精确输出量;再经过尺度变换,把表示在输出模糊论域内的精确输出量转换成实际的输出量 ΔK_{P}、ΔK_{I}、ΔK_{D} 输出。

4.4.4 基于模糊 PID 控制的磁悬浮系统

1. 确定系统输入输出变量

由图 4-15 可知,参数的校正部分的实质是一个模糊控制器。磁悬浮系统控制的目的是使悬浮对象悬浮在某一期望位置,而悬浮对象的位置误差 e 和误差变化率 ec 是悬浮对象悬浮状态和动态性能最直接的反映,因此这里选择模糊控制器的输入变量为悬浮对象的位置误差 e 和误差变化率 ec,输出量为参数的修正量 ΔK_{P}、ΔK_{I}、ΔK_{D}。它们之间的语言变量、基本论域、模糊子集、模糊论域和量化因子关系如表 4-2 所示。

2. 模糊化

选择各变量的隶属函数均为三角隶属函数,e、ec、ΔK_{P}、ΔK_{I}、ΔK_{D} 的模糊子集均为 NB(负大)、NM(负中)、NS(负小)、ZO(零)、PS(正小)、PM(正中)、PB(正大),e、ec、ΔK_{P}、ΔK_{I}、ΔK_{D} 的模糊子集分布及其隶属度关系如图 4-16 所示。

3. 建立模糊规则

磁悬浮系统 PID 控制参数修正量的模糊规则表分别与表 4-3、表 4-4、表 4-5 一致。

4. 模糊推理及解模糊化

根据前面的模糊规则,对输入误差和误差变化率进行模糊推理可以得到相应的输出。首先求出输出变量的隶属度,如对应于 K_{P} 的第一条模糊规则的隶属度为

$$u_{K_{\mathrm{P}1}} = u_{\mathrm{NB}}(E) * u_{\mathrm{NB}}(\mathrm{EC}) \tag{4-11}$$

式中的运算符"$*$"表示取小,即

$$u_{K_{\mathrm{P}1}} = \min\{u_{\mathrm{NB}}(E), u_{\mathrm{NB}}(\mathrm{EC})\} \tag{4-12}$$

以此类推,可以求得 K_{P} 在不同误差和误差变化率下的所有模糊规则调整的隶属度。在某一采样时刻,根据误差和误差变化率的测量值可以求得 K_{P} 的值为

$$K_{\mathrm{P}} = \frac{\sum_{j=1}^{49} u_{K_{\mathrm{P}j}}(K_{\mathrm{P}}) K_{\mathrm{P}j}}{\sum_{j=1}^{49} u_{K_{\mathrm{P}j}}(K_{\mathrm{P}})} \tag{4-13}$$

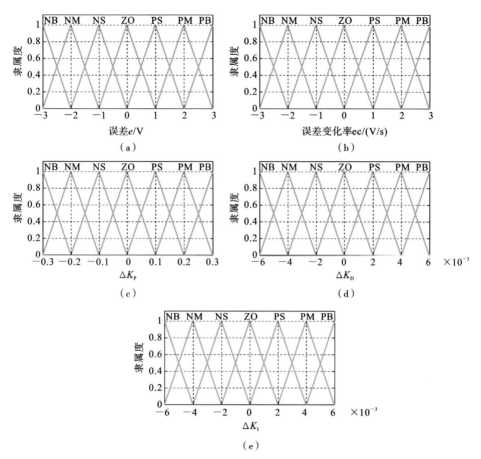

图 4-16 e、ec、ΔK_P、ΔK_D、ΔK_I 的模糊子集分布及其隶属度关系

（a）e 的模糊子集分布及其隶属度关系；（b）ec 的模糊子集分布及其隶属度关系；

（c）ΔK_P 的模糊子集分布及其隶属度关系；（d）ΔK_D 的模糊子集分布及其隶属度关系；

（e）ΔK_I 的模糊子集分布及其隶属度关系

  根据式（4-13）求得对应于表 4-3 中各种组合的 K_P 的隶属度。同理，对于 K_I、K_D，模糊推理和解模糊过程与 K_P 相同，也可以得到类似于公式（4-13）的计算式，事实上这就是采用重心法来进行解模糊。根据上面的推导公式就可以计算出不同的误差和误差变化率下参数的调整量的输出值，但是这些值还不能用于修正 PID 参数，它们还是模糊量，所以需乘以一个比例因子，得到可用于输出的实际论域内的修正值 ΔK_P、ΔK_I、ΔK_D。PID 参数的调整算法为

$$\begin{cases} K_P = K_{PO} + \Delta K_P \\ K_I = K_{IO} + \Delta K_I \\ K_D = K_{DO} + \Delta K_D \end{cases} \tag{4-14}$$

式(4-14)中：K_{PO}、K_{IO}、K_{DO} 是 K_P、K_I、K_D 的初始值，它们通过常规的方法得到；ΔK_P、ΔK_I、ΔK_D 是模糊控制器的输出，即 PID 参数的校正值。

苏义鑫设计了基本模糊控制器，并且在 MATLAB 环境下通过 S 函数实现模糊控制的查表法，运用 Simulink 仿真工具对磁悬浮轴承实验系统进行了仿真。他使用 PID 控制器和基本模糊控制器进行仿真，对仿真结果分析对比可知基本模糊控制器的动态性能更好，转子能在更宽的范围内起浮，但在平衡点处有静差。

徐锦华在研究常规控制和模糊控制的基础上，通过分析两者之间的内在联系和各自的优缺点，提出了模糊自整定参数控制，然后针对常规模糊控制的局限性，将模糊控制与寻优算法结合起来，提出了量化因子自整定模糊控制。实时控制实验证明，模糊控制算法具有较好的灵活性、适应性，对于磁悬浮这种非线性复杂系统的稳定性和动态性都有较好的控制效果。

吴华春等以磁悬浮主轴为控制对象，采用模糊控制算法，克服传统 PID 存在的难点，利用 MATLAB 模糊逻辑工具箱进行仿真，并与实验调试相结合进行研究。样机实验结果表明，所建立的数字控制系统能实现磁悬浮主轴的稳定悬浮和旋转，相对传统 PID 而言，模糊控制上升速度快，超调量小，调节时间短，稳态误差小。该方法大大提高了磁悬浮主轴的控制精度和稳定性，其性能优于最优 PID 控制器，能有效地满足磁悬浮主轴的工作要求，并具有较好的鲁棒性。

4.5　磁悬浮系统神经网络控制

4.5.1　神经网络控制概述

人工神经网络(artificial neural network，ANN)是源于人脑神经系统的一类模型，是模拟人类智能的一条重要途径，具有模拟人的部分形象思维的能力。它是由简单信息处理单元——神经元互连而构成的网络，能够接收并处理信息，网络的信息处理由处理单元之间的相互作用来实现。总体上说，神经网络是人脑的某种抽象、简化和模拟，反映了人脑功能的若干基本特征。神经网络是具有高度非线性的系统，具有一般非线性系统的特征。虽然单个神经元的功能极其有限，但由大量神经元构成的网络系统所能实现的功能却是极其丰富多彩的。

4.5.2　人工神经元模型

人工神经网络的基本处理单元是神经元，其功能和生物神经元类似，通常为一个多输入单输出的非线性信息处理单元。神经元包括连接权值、求和单元和激活函数三个基本要素。一个具有 n 个输入分量的人工神经元模型如图 4-17 所示。

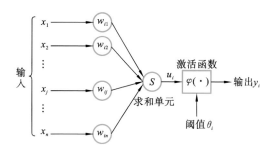

图 4-17　人工神经元模型

图 4-17 中，$x_1,x_2,\cdots,x_n$ 为神经元 i 的输入，y_i 为神经元的输出，$w_{i1},w_{i2},\cdots,w_{in}$ 为神经元 i 的连接权值，u_i 为神经元输入与对应权值的线性组合结果，θ_i 为阈值，$\varphi(\cdot)$ 为激活函数。激活函数将人工神经元输出幅值限制在一定范围内。输入分量 $x_j(j=1,2,\cdots,n)$ 与和它相乘的连接权值分量 $w_{ij}(j=1,2,\cdots,n)$ 相连，以 $\sum\limits_{j=1}^{n} w_{ij}x_j$ 的形式求和后形成激活函数 $\varphi(\cdot)$ 的输入。

图 4-17 所示的人工神经元模型用数学模型表达为

$$\begin{cases} u_i = \sum\limits_{j=1}^{n} w_{ij}x_j \\ \mathrm{net}_i = u_i - \theta_i \\ y_i = \varphi(\mathrm{net}_i) \end{cases} \quad (4\text{-}15)$$

式中：net_i 表示用某种运算把输入信号的作用结合起来。

4.5.3　神经网络学习规则

神经网络的主要特点就是学习，而学习规则是一种控制算法，用来修正固定的神经元之间的连接强度或加权系数，使得到的神经网络的知识结构能够适应周围环境的变化。神经网络的学习规则主要分为有监督的学习规则和无监督的学习规则两大类。

1. 无监督的 Hebb 学习规则

Hebb 学习规则是一种联想学习方法。其基本思想是，如果两个神经元同时被激活，则它们之间的连接强度与它们的激励的乘积成正比，以 O_i 表示神经

元 i 的激活值,以 O_j 表示神经元 j 的激活值,以 w_{ij} 表示神经元 i 与神经元 j 的连接权值,则 Hebb 学习规则可以表示为

$$\Delta w_{ij} = \eta O_j(k) O_i(k) \tag{4-16}$$

式中:η 表示学习速率。

2. 有监督的 Delta 学习规则

在 Hebb 学习规则中,引入教师信号,将 O_j 换成 d_j 与实际输出 O_j 的差,就构成了有监督的 Delta 学习规则:

$$\Delta w_{ij} = \eta(d_j(k) - O_j(k)) O_i(k) \tag{4-17}$$

3. 有监督的 Hebb 学习规则

有监督的 Hebb 学习规则是把无监督的 Hebb 学习规则和有监督的 Delta 学习规则两者结合起来,它可以表示为

$$\Delta w_{ij} = \eta(d_j(k) - O_j(k)) O_i(k) O_j(k) \tag{4-18}$$

4.5.4 BP 神经网络 PID 控制

1986 年,Rumelhart Hinton 和 Williams 完整而简明地提出了一种基于 ANN 的误差反向传播算法(简称 BP 算法),系统地解决了多层网络中隐含单元连接权值的学习问题。由此算法构成的网络,我们称之为 BP 神经网络。BP 神经网络是一种前向反馈网络,也是当前应用最为广泛的一种网络。BP 算法的基本思想是最小二乘法,它采用梯度搜索技术,使网络的实际输出值与期望输出值的均方误差最小。BP 算法的学习过程由信息的正向传播和误差的反向传播组成。输入信息从输入层经隐含层逐层处理后传向输出层,每层神经元(节点)的状态只影响下一层神经元的状态。当输出层不能得到期望的输出时,则转入反向传播,使误差信号沿着原来的连接通路返回,通过修改各层神经元的连接权值和阈值,使误差函数沿着负梯度方向下降,最终达到实际输出值与期望输出值之间的误差最小的目的。如图 4-18 所示为三层 BP 神经网络结构。

BP 神经网络 PID 控制采用 BP 神经网络建立 PID 控制器,通过 BP 神经网络的自学习,在线实时辨识由系统结构和参数变化导致的被控对象的改变,实时调整 PID 控制器参数,寻找某一最优控制律下

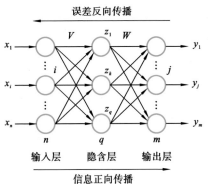

图 4-18　三层 BP 神经网络结构

的 PID 控制参数，使系统具有自适应性，以达到有效的控制目的。BP 神经网络 PID 控制系统结构如图 4-19 所示。BP 神经网络 PID 控制器由参数可调的 PID 控制器和神经网络两部分组成，图 4-19 中，r 为参考输入，y 为系统输出，e 为误差，u 为控制器输出，K_P、K_D、K_I 为神经网络的输出（PID 控制器的控制量）。

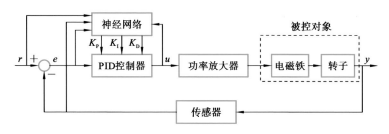

图 4-19　BP 神经网络 PID 控制系统结构

陈小飞等将 BP 神经网络作为控制器应用于磁悬浮飞轮悬浮控制，并实现在线网络训练。该控制器采用由一个隐含层与一个输出层组成的两层网络结构，输入量是由位移信号构成的差分量序列，网络输出为控制量，网络反向传播更新算法的推导基于磁悬浮轴承电磁力方程，使网络学习具有很高的成功率。仿真表明，BP 神经网络控制器权值更新算法对环境变化适应能力强；且控制器具有起浮迅速、抗干扰能力强、功耗低等性能，并具备一定的不平衡振动抑制能力，满足磁悬浮飞轮控制的鲁棒性、低功耗及不平衡振动抑制等要求。

4.5.5　单神经元自适应控制及仿真

魏坚将单一的自适应神经元与传统 PID 控制器及 BP 神经网络进行对比，因单一的自适应神经元具有实时快速的特点，故选择单一人工神经元作为控制器。图 4-20 所示为用单神经元调节器做控制器的负反馈闭环调节系统。

图 4-20 中：$r(k)$ 为设定值，$y(k)$ 为输出值；神经元的输入为 $x_1(k) = r(k) - y(k) = e(k)$，$x_2(k) = e(k) - e(k-1)$，$x_3(k) = e(k) - 2e(k-1) + e(k-2)$；$w_1(k)$、$w_2(k)$、$w_3(k)$ 分别为三个输入的连接权值；$K > 0$，为神经元比例系数，选择原则与经典 PID 的比例系数选择原则相同；神经元的阈值为 0。故增量控制信号为

$$\Delta u(k) = K \cdot \sum_{i=1}^{3} w_i(k) x_i(k) \tag{4-19}$$

式（4-19）从控制角度出发，通过将 Hebb 学习规则和 Widrow-Hoff 学习规

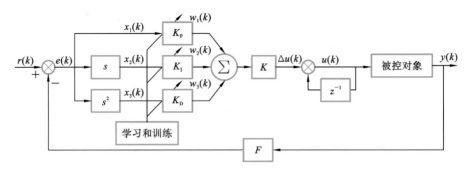

图 4-20　单神经元调节器做控制器的负反馈闭环调节系统

则结合来在线修正连接权值 $w_i(k)$。遗忘因子取 $\alpha=0$，将神经元自适应控制算法中的权值修改算法按实际需要进行改进，改进后的算法如下：

$$w_i(k+1)=w_i(k)+\mu_i e(k)u(k)(e(k)+\Delta e(k)) \tag{4-20}$$

式中：$\Delta e(k)=e(k)-e(k-1)$。

　　用 S 函数实现单神经元 PID 控制算法，在 Simulink 中建立单神经元的模型进行仿真，仿真结果参考魏坚的文章。可以看出，在单神经元控制下，超调量约为 30%，调节时间为 $0.02\ s$，不存在静态误差。

4.6　BP 神经网络控制实例

　　BP 神经网络控制算法在磁悬浮系统控制方面应用广泛，这里举其中的典型一例。张远等人针对主动磁悬浮轴承本质非线性和开环不稳定的系统特征，设计了一种 BP 神经网络自适应 PID 控制器。该控制器采用了改进以后的 BP 神经网络 PID 控制算法，通过 BP 神经网络的自学习和权值调整寻找最优的 PID 参数，克服了常规 PID 控制参数整定困难的缺陷，实现了系统的自适应控制。通过 MATLAB/Simulink 环境和 S 函数模块建立了主动磁悬浮轴承控制系统模型，并进行了系统仿真实验，结果表明，BP 神经网络自适应 PID 控制系统响应速度更快，具有更好的动态性能和稳态性能。

　　通过对系统性能指标的学习，可实时辨识和在线调整 PID 控制器参数，实现具有最佳参数组合的 PID 控制器。BP 神经网络自适应 PID 控制系统结构如图 4-21 所示。

　　图 4-21 中，$r(k)$ 为参考输入；$e(k)$ 为误差；$u(k)$ 为控制器输出；$y(k)$ 为系统输出；K_P、K_I、K_D 为神经网络的输出（PID 控制器的控制量）。

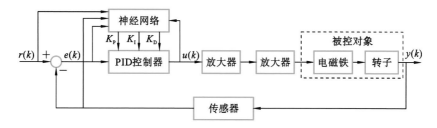

图 4-21　BP 神经网络自适应 PID 控制系统结构

　　针对一般 BP 网络训练时间较长、收敛速度慢等问题,采用 BP 网络变学习速率算法,在学习初始阶段选取较大学习速率,在学习中期至后期阶段选取非常小的学习速率。算法流程如图 4-22 所示。

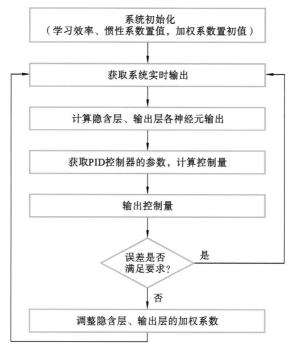

图 4-22　算法流程

　　张远等人的系统仿真结果如图 4-23 所示,系统的输入信号为阶跃信号。在图 4-23 中,实线为常规 PID 控制响应曲线,虚线为 BP 神经网络自适应 PID 控制响应曲线。

　　比较可见,BP 神经网络自适应 PID 控制在位移和时间控制的稳定性方面

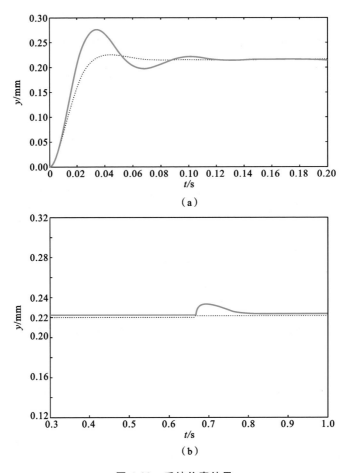

图 4-23　系统仿真结果

（a）主轴位移响应曲线；（b）扰动试验性能比较图

都优于常规 PID 控制。当主动磁悬浮主轴在平衡位置附近受到较小误差的扰动时，常规 PID 控制和 BP 神经网络自适应 PID 控制均可以使系统趋于稳定，但 BP 神经网络自适应 PID 控制由于具有学习速率较快、训练时间较短、收敛速度较快等特点，能够快速响应，使系统迅速恢复到平衡位置。与常规 PID 控制相比，BP 神经网络自适应 PID 控制具有较强的抗干扰能力。

4.7　本章小结

本章对磁悬浮支承的控制算法进行了介绍。模糊 PID 控制切换点的选择是关键,但选择合理切换点需要建立相应的参数检测系统,无形中增加了系统的复杂程度,这一点制约了这种方法的推广。神经网络控制可以根据输出响应来学习系统特性,并根据需要对控制参数进行在线调节,能克服磁悬浮系统的非线性特性带来的影响。

本章参考文献

[1] 王永林.基于遗传算法的智能控制策略研究[D].郑州:郑州大学,2003.

[2] 徐锦华.模糊控制方法在磁悬浮系统中的应用[D].长沙:中南大学,2009.

[3] 张菊秀,全书海,王永生.多模态智能控制在磁悬浮轴承系统中的应用[J].武汉理工大学学报(交通科学与工程版),2007,31(2):364-366.

[4] DI L, LIN Z L. Control of a flexible rotor active magnetic bearing test rig: a characteristic model based all-coefficient adaptive control approach [J]. Control Theory and Technology, 2014, 12(1): 1-12.

[5] 李航,孙厚芳,袁光明,等.智能控制及其在机器人领域的应用[J].河南科技大学学报(自然科学版),2005,26(1):35-39.

[6] 曹广忠.磁悬浮系统控制算法及实现[M].北京:清华大学出版社,2013.

[7] 石辛民,郝整清.模糊控制及其 MATLAB 仿真[M].2 版.北京:清华大学出版社,北京交通大学出版社,2018.

[8] 陈喜迎.柔性磁悬浮转子的控制算法研究[D].武汉:武汉理工大学,2014.

[9] 吴华春,胡业发,周祖德.磁悬浮主轴模糊控制的设计与实现[J].武汉理工大学学报(信息与管理工程版),2009,31(3):413-416.

[10] 刘凤丽.磁悬浮系统的神经网络控制[D].沈阳:东北大学,2009.

[11] 陈小飞,吉莉,刘昆.基于 BP 神经网络的磁悬浮飞轮控制[J].航天控制,2010,28(5):3-8.

[12] 苏义鑫.主动磁力轴承模糊控制的相关理论与技术研究[D].武汉:华中科技大学,2006.

[13] 魏坚.磁悬浮飞轮电池支承控制系统的硬件设计与算法研究[D].武汉:武汉理工大学,2010.

[14] 张远,张建生,张燕红.主动磁悬浮轴承的神经网络自适应稳定性控制[J].工业控制计算机,2014,27(9):59-61.

第 5 章
磁悬浮支承的故障诊断与重构

磁悬浮轴承具有无机械摩擦、无磨损、不需要润滑、寿命长、支承特性可控等突出优点,而转子速度理论上仅受限于材料强度,因此磁悬浮轴承是高速精密转子的理想支承。但在配备磁悬浮轴承的旋转机械上,已出现了轴承失效的情况,高速转子在磁悬浮轴承失效后跌落,产生大的载荷和剧烈的振动,会给转子系统带来极大破坏。

若磁悬浮轴承在其部分功能部件故障时依然能容错运行,继续提供期望的支承力以保持转子系统的稳定性,则能切实有效地提高轴承可靠性。采用以下思路实施:① 磁悬浮轴承系统自身设计必须具备冗余性,包括传感器冗余、支承结构的冗余等,可分别应对不同类型的功能部件故障;② 主动磁悬浮系统能实时识别由不同故障引起的系统失效状态;③ 控制系统能执行对应的容错控制算法,从而提供有效支承。

本章内容主要包括磁悬浮支承的故障分类和磁悬浮智能支承的重构控制策略。

5.1 磁悬浮支承的故障分类

磁悬浮轴承系统包含多个部件,如位置控制器、执行器(电磁线圈及磁轭等机械部件)、传感器等,涉及的单元较多,存在多种故障形式,而多种故障可能导致非常相似的结果,难以直接诊断。

以执行器为例,如图 5-1 所示,其包含电流控制器、功率主电路(功率桥)、电磁线圈及电流反馈电路等,该环路中的任何故障都可能导致电磁线圈输出电流不受控,如功率桥损坏或者电磁线圈断路可能导致同样的结果,难以具体区分。因此,将整个电流闭环看成统一的电流控制环路,其中的任何故障导致该环路不受控时,均认为该环路出现故障。而本节内容也针对两个环路进行,分别是位移检测环路和电流控制环路。

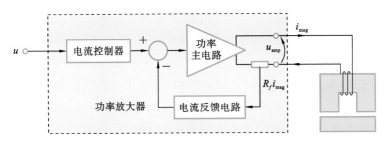

图 5-1 典型的执行器结构

5.1.1 针对位移检测环路的故障分析

磁悬浮转子的位移检测常采用电涡流位移传感器,将位移传感器检测得到的相对于平衡位置的位置变化量转换为电压量,再由信号放大器输出;同时为了消除传感器电路中的高频噪声,这一环节还带有低通滤波器,所以传感器的传递函数一般为

$$G_{\mathrm{s}}(s) = \frac{A_{\mathrm{s}}}{1 + T_{\mathrm{s}}s} \qquad (5\text{-}1)$$

式中:A_{s} 为传感器增益(V/m);T_{s} 为传感器的滞后时间常数;s 为拉普拉斯变换的算子。

位移传感器输出反映位置信息的电信号,经过信号调理电路、A/D(模/数)转换电路后,进入数字控制器的位置闭环。其中,位移传感器自身故障、信号调理电路或 A/D 转换电路故障皆会导致输出位置信息错误,但具体是哪个环节的故障则难以分辨,因此,若位移检测闭环中的任意部件故障导致检测失效,则认为该整体位移检测环路失效。

国外针对位移检测环路的故障研究,主要有以下方面:

(1)安装其他的传感器用于辅助分析,如 Kim 等在主动磁悬浮轴承上额外安装力传感器,通过分析位移传感器信号和力传感器信号来判断位移传感器工作是否正常。

(2)采用自传感方法提高对位移传感器故障的检测水平。如 Montie 等针对一个八极磁路耦合的径向磁悬浮轴承,采用自传感方案来提高位移测量系统的可靠性;或同时采用位移传感器和自传感方法测量转子位移,通过分析两种测量结果来检测传感器的故障。

(3)采用冗余位移传感器布置,通过差动位移传感器之间的数据相关性来判断其是否存在故障。当差动位移传感器的特性完全相同时,位移传感器输出差值只和传感器故障有关,此特征可以用来检测传感器的故障;再通过离散傅里叶变换来核查具体哪个传感器发生故障。

常见的冗余位移传感器方案如图 5-2 所示。不同的传感器布局将导致检测坐标系不一致,影响检测性能。理论上,只要冗余传感器之间具备错开的角度,如图 5-3 所示,两个传感器即可表征转子的坐标信息,但布置角度影响精度,角度太小会导致精度过低,如式(5-2)所示。转子在角度 θ 方向上的位移为 ΔAu。

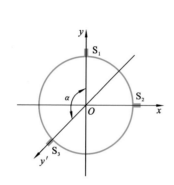

图 5-2　常见的冗余位移传感器方案　　　　图 5-3　传感器布置角度

$$\begin{cases} \Delta y\cos\theta + \Delta x\sin\theta = -\Delta Au \\ \Delta x = -\dfrac{\Delta Au + \Delta y\cos\theta}{\sin\theta} \end{cases} \tag{5-2}$$

冗余传感器间的安装角度为 45°时,能兼顾 x、y 方向的测量;当转子位移坐标变化量相同时,传感器测量范围最广。

5.1.2　针对电流控制环路的故障分析

电流控制环路包含了功率驱动器与电磁线圈两个部分,如图 5-4 所示,其本质是一个跟随系统,即输出电流跟随参考输入电压信号的变化而变化。磁悬浮轴承控制系统是由位移环和电流环构成的双闭环控制系统。其中,位移控制器根据转子位置误差输出控制量;电流环则根据位移环的输出控制量指令,产生期望的电磁线圈电流,继而产生期望的电磁力,以维持转子稳定。

可见,电流控制环路实质是执行器环路,其故障包括电磁线圈断路、短路及部分绝缘损坏,电流传感器反馈电路故障,功率驱动单元故障,A/D 采样通道故障,以及功率桥损坏等。将各种故障形式所表现出来的执行器线圈中的电流特征现象进行归类,故障可归结为以下三类。

(1)执行器短路故障　短路故障将引起电磁线圈中的电流失控,电流故障

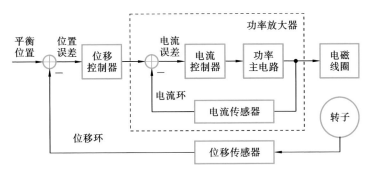

图 5-4　电流控制环路

特征为输出饱和。主要原因包括：① 功率桥故障，母线电源电压直接加载在负载电磁线圈上，导致电磁线圈回路中产生异常且不可控，远远超过预设值；② 电磁线圈短路导致负载电阻近似为零，由于执行器是负反馈闭环控制的开关功率放大器，加载的电磁线圈电压将导致电流输出异常且不可控，因此无法产生期望的电磁力；③ 反馈电路故障。

（2）执行器断路故障　电流故障特征为电磁线圈中电流为零。电磁线圈断路、功率桥拓扑结构电路开路、开关管驱动信号未正常产生等原因都会造成电磁线圈电流为零的故障现象。这一类故障如果不能及时检测并修复，也将引起磁悬浮支承系统失效。

（3）执行器跟随偏差（输出电磁力偏差）　电流故障特征为电磁线圈中电流无法跟踪电流指令信号，故障原因是电磁线圈部分绝缘损坏或反馈回路电路异常，造成电磁线圈常数或者反馈环路系数发生变化，导致电流输出偏差较大，继而导致电磁力输出偏差。

表 5-1 中列出了执行器故障类别、形式及电流故障特征。

表 5-1　执行器故障的分类及电流故障特征

故障类别	故障形式	电流故障特征
执行器短路故障	功率桥拓扑结构短路	电流失控，超出量程
	线圈短路	电流失控振荡，峰值极大
	反馈电路故障	电流失控，超出量程
执行器断路故障	逻辑驱动错误（全为低）	电流失控，为零
	电流回路短路	电流失控，为零
执行器跟随偏差（输出电磁力偏差）	线圈部分短路	电流可控，但出现超调振荡
	电流反馈传感器件故障	电流可控，但出现偏差

综上,造成执行器故障、无法正常输出电磁力的具体原因有很多种,但是这些故障原因最后都导致功率放大器的输出电流回路中的电流异常。也就是说,导致失效的原因有多种,都可将其归纳为功率驱动器中电流闭环不受控,这种不受控可能由线圈短路或者断路引起,也可能由功率驱动单元故障引起。

进行故障检测和诊断时必须判别是哪些电磁线圈或者驱动器单元故障,包含短路或者断路。功率放大器正常工作时,线圈中存在着特有的电流纹波特性。当某一磁极线圈发生故障时,磁悬浮轴承线圈中的电流变化率会产生变化,依据此特性可以实现磁路线圈的故障诊断。功率驱动器的输入来自上层控制器的设定信号。基于电流闭环控制,期望电流与电磁线圈中实际电流的误差将维持在有效范围内,如图 5-5 所示,当故障发生时,无论是电磁线圈还是功率驱动单元出现短路或者开路,线圈电流都将无法控制,导致电流闭环的误差超过阈值。因此,若检测到电流闭环误差在一定时间内超过了阈值,则认为线圈电流已经不受控,该执行器环路已失效。

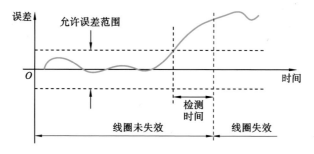

图 5-5　执行器故障诊断

可用布尔量描述某线圈是否失效,即当某功率放大器的实际输出电流与指令值间的误差在某时间长度内皆超过阈值时,即可判定该电流控制闭环故障,其状态设定为"1"。以布尔量序列描述整个冗余支承结构下的电磁线圈失效特征,可参考 Cheng 等、曾红勇的文章中关于布尔量序列的详细内容。

5.2　磁悬浮智能支承的重构

磁悬浮轴承系统中常采用位置对称的磁极同时工作,以差动控制的方式产生方向相反的电磁力,以合力维持转子平衡,其中的基本控制理论基于平衡位置的偏置电流线性化建立,即通过位移-力刚度系数和电流-力刚度系数来实现电磁力的线性化,对定子结构存在对称性约束。执行器故障是磁悬浮轴承系统中常见的故障之一,表现为无法提供期望的电磁线圈电流。该故障将破坏定子结构原有的对称性,导致其相关联的自由度控制失败。

磁悬浮智能支承的重构意味着,当部分结构失效时,控制系统能快速识别当前的系统状况,并依赖剩余有效结构重新构建支承。本节内容主要包括两个方面:① 若转子位移检测环路失效,则依赖冗余的位移传感器构建新的位移检测环路,实现容错运行;② 若电流控制环路失效(或称执行器失效),则依赖冗余结构中的残存执行器单元重构支承。

5.2.1　基于冗余位移传感器的容错控制

以单径向检测为例,采用差动冗余方式检测转子信号能提高系统可靠性,但这种方式所需传感器数目过多。这里采用交叉冗余方式,如图 5-6 所示。

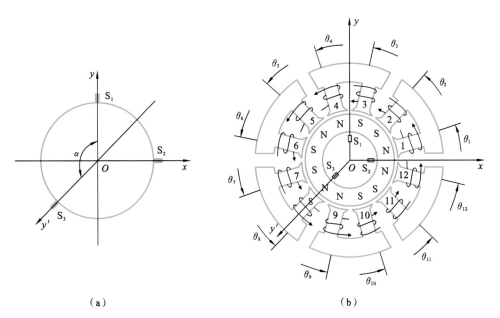

（a）　　　　　　　　　　　　　　（b）

图 5-6　交叉冗余传感器布置方式

（a）示意图;（b）实际安装图

仅依赖传感器 S_1 和 S_2,可得

$$\begin{bmatrix} d_x \\ d_y \end{bmatrix} = \frac{1}{k_s} \begin{bmatrix} 1 & 0 \\ 0 & 1 \end{bmatrix} \begin{bmatrix} u_{s1} \\ u_{s2} \end{bmatrix} \tag{5-3}$$

若传感器 S_1 发生故障,使用传感器 S_2 和 S_3 进行转子坐标信息的测量,则有

$$
\begin{cases}
d_y = d_y \\
d_{y'} = \cos\left(\dfrac{\pi}{2}+\alpha\right)d_x + \sin\left(\dfrac{\pi}{2}+\alpha\right)d_y \\
u_{s2} = k_s d_y \\
u_{s3} = k_s d_{y'}
\end{cases}
\tag{5-4}
$$

由前文可知,若冗余传感器安装在 $45°$ 方向,可兼顾 x 方向与 y 方向的冗余,可得

$$
\begin{bmatrix} d_x \\ d_y \end{bmatrix} = \frac{1}{k_s}\begin{bmatrix} -1 & -\sqrt{2} \\ 1 & 0 \end{bmatrix}\begin{bmatrix} u_{s2} \\ u_{s3} \end{bmatrix}
\tag{5-5}
$$

若传感器 S_2 发生故障,可得

$$
\begin{bmatrix} d_x \\ d_y \end{bmatrix} = \frac{1}{k_s}\begin{bmatrix} 1 & 0 \\ -1 & -\sqrt{2} \end{bmatrix}\begin{bmatrix} u_{s1} \\ u_{s3} \end{bmatrix}
\tag{5-6}
$$

结论:无论哪一个位移传感器发生故障,经过坐标转换算法,均可使用剩余的两个传感器正常测量转子的位移信息(崔东辉等的文章中也有相关内容)。

5.2.2　强耦合冗余支承结构的重构策略

对于磁悬浮轴承系统的不同故障来源,有具有针对性的容错控制方法,如传感器故障、控制器故障的冗余控制器切换方法等。电磁执行器故障是较常见的故障,采用冗余结构是有效的应对手段。冗余结构主要存在两种形式:① 独立冗余结构,即设计独立的备用轴承,若原轴承故障则被废弃,启动备用轴承继续提供有效支承;② 解析性冗余结构,即利用轴承自身结构冗余,通过配置残存结构而继续提供支承,需考虑应对不同故障状况的容错控制策略。而解析性冗余结构又可分为强耦合结构和弱耦合结构。

Maslen 等提出了针对径向磁悬浮轴承的偏置电流线性化理论,并在该理论的基础上提出了基于电流分配矩阵重构的径向主动磁悬浮轴承执行器容错算法,奠定了强耦合结构下容错控制的理论性基础。国内外其他学者皆基于该理论基础研究主动磁悬浮轴承的容错控制问题。Na 与 Palazzolo 基于该理论对磁路耦合的径向磁悬浮轴承容错特性进行研究;Li Ming-Hsiu 等基于该理论对一个径向和轴向复合结构的磁悬浮轴承执行器的容错特性进行了仿真研究。吴步洲等运用广义偏流线性化方法对该理论进行了扩展。景敏卿等与杨静等进行了电磁线圈故障的容错控制仿真与分析。崔东辉等将偏置电流线性化理论与位移传感器容错控制相结合,提出了一种基于坐标变换的径向轴承容错控

制方法,并提出了基于傅里叶变换的故障位移传感器识别方法。M. D. Noh 等针对径向磁悬浮轴承的执行器和位移传感器进行了容错设计,实现了应用于涡轮分子真空泵磁悬浮轴承的容错控制系统。周祖德等提出了基于多值逻辑代数的故障位移传感器识别方法,但并未考虑对应的容错控制方法。

解析性冗余支承结构如图 5-7 所示,相邻磁极间通过磁轭建立耦合磁路。若某磁极线圈出现故障,则通过耦合磁路对失效磁极进行磁通补偿,重新产生期望的支承力。上述过程被定义为支承重构过程,其思路解除了对定子结构中磁极组合的对称约束。

图 5-7 所示结构包含广义形式的磁通回路(见图 5-8),根据安培环路定律,其磁路方程为

$$R_j \Phi_j - R_{j+1} \Phi_{j+1} = N_j I_j - N_{j+1} I_{j+1} \tag{5-7}$$

式中:R_j 与 Φ_j 分别为磁极 j 的磁阻与磁通;N_j 与 I_j 分别为磁极 j 的线圈绕数与线圈电流。

$$R_j = \frac{g(x,y)_j}{\mu_0 A_j} \tag{5-8}$$

式中:$g(x,y)_j$ 为磁极 j 的气隙;μ_0 为真空磁导率;A_j 为磁极 j 的磁场回路截面积。定义

$$\boldsymbol{\Phi} = \begin{bmatrix} \Phi_1 & \Phi_2 & \cdots & \Phi_j & \cdots & \Phi_n \end{bmatrix}^{\mathrm{T}} \tag{5-9}$$

$$\boldsymbol{I} = \begin{bmatrix} I_1 & I_2 & \cdots & I_j & \cdots & I_n \end{bmatrix}^{\mathrm{T}} \tag{5-10}$$

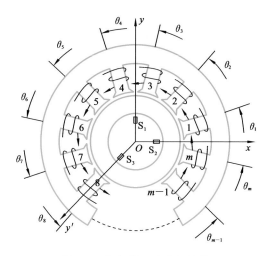

图 5-7 解析性冗余支承结构

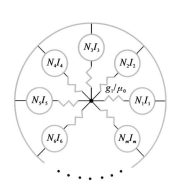

图 5-8 冗余支承结构中的磁通回路

$$\boldsymbol{R}=\begin{bmatrix} R_1 & -R_2 & 0 & \cdots & 0 \\ 0 & R_2 & -R_3 & & \vdots \\ \vdots & 0 & \vdots & \vdots & 0 \\ 0 & \cdots & 0 & R_{n-1} & R_n \\ 1 & 1 & \cdots & 1 & 1 \end{bmatrix} \tag{5-11}$$

$$\boldsymbol{N}=\begin{bmatrix} N_1 & -N_2 & 0 & \cdots & 0 \\ 0 & N_2 & -N_3 & & \vdots \\ \vdots & 0 & \vdots & \vdots & 0 \\ 0 & \cdots & 0 & N_{n-1} & N_n \\ 0 & 0 & \cdots & 0 & 0 \end{bmatrix} \tag{5-12}$$

则耦合磁路方程为

$$\boldsymbol{R}\boldsymbol{\Phi}=\boldsymbol{N}\boldsymbol{I} \tag{5-13}$$

考虑到 $\Phi_j=B_jA_j$,其中 B_j 为磁极 j 的气隙磁场强度,为简化模型,取各磁极面积皆为 A,定义

$$\boldsymbol{B}=\begin{bmatrix} B_1 & B_2 & \cdots & B_j & \cdots & B_n \end{bmatrix}^{\mathrm{T}} \tag{5-14}$$

则

$$\boldsymbol{B}=\boldsymbol{R}^{-1}\boldsymbol{N}\boldsymbol{I}A^{-1} \tag{5-15}$$

支承力 $\boldsymbol{F}_x$ 与 $\boldsymbol{F}_y$ 为各磁极电磁力在坐标轴方向上的合力,可得

$$\begin{cases} \boldsymbol{F}_x=\dfrac{A}{2\mu_0}\boldsymbol{B}^{\mathrm{T}}\boldsymbol{D}_x\boldsymbol{B} \\[2mm] \boldsymbol{F}_y=\dfrac{A}{2\mu_0}\boldsymbol{B}^{\mathrm{T}}\boldsymbol{D}_y\boldsymbol{B} \\[2mm] \boldsymbol{D}_x=\mathrm{diag}(\cos\theta_1,\cos\theta_2,\cdots,\cos\theta_n) \\[1mm] \boldsymbol{D}_y=\mathrm{diag}(\sin\theta_1,\sin\theta_2,\cdots,\sin\theta_n) \end{cases} \tag{5-16}$$

可见,即使某个电磁线圈故障,其对应磁动势为零,也并不影响上述推导过程,式(5-16)依然成立,即可通过电流分配补偿磁通而实现支承重构。

定义

$$\boldsymbol{V}=\boldsymbol{A}^{-1}\boldsymbol{R}^{-1}\boldsymbol{N} \tag{5-17}$$

则

$$\begin{cases} \boldsymbol{F}_x=\dfrac{A}{2\mu_0}\boldsymbol{I}^{\mathrm{T}}\boldsymbol{V}^{\mathrm{T}}\boldsymbol{D}_x\boldsymbol{V}\boldsymbol{I} \\[3mm] \boldsymbol{F}_y=\dfrac{A}{2\mu_0}\boldsymbol{I}^{\mathrm{T}}\boldsymbol{V}^{\mathrm{T}}\boldsymbol{D}_y\boldsymbol{V}\boldsymbol{I} \end{cases} \tag{5-18}$$

定义电流向量 $\boldsymbol{I}_C = \begin{bmatrix} C_0 & i_x & i_y \end{bmatrix}^{\mathrm{T}}$。其中：$C_0$ 为偏置电流系数，无量纲；i_x 为 x 方向的控制电流；i_y 为 y 方向的控制电流。定义电流分配矩阵 $\boldsymbol{W}$，将电流向量 $\boldsymbol{I}_C$ 转化为控制电流 $\boldsymbol{I}$，即满足 $\boldsymbol{I} = \boldsymbol{W} \boldsymbol{I}_C$。定义

$$
\begin{cases}
\boldsymbol{W}^{\mathrm{T}} \boldsymbol{V}^{\mathrm{T}} \boldsymbol{D}_x \boldsymbol{V} = \boldsymbol{M}_x \\[2mm]
\boldsymbol{W}^{\mathrm{T}} \boldsymbol{V}^{\mathrm{T}} \boldsymbol{D}_y \boldsymbol{V} = \boldsymbol{M}_y \\[2mm]
\boldsymbol{M}_x = \begin{bmatrix} 0 & 1/2 & 0 \\ 1/2 & 0 & 0 \\ 0 & 0 & 0 \end{bmatrix} \\[6mm]
\boldsymbol{M}_y = \begin{bmatrix} 0 & 1/2 & 0 \\ 1/2 & 0 & 0 \\ 0 & 0 & 0 \end{bmatrix}
\end{cases}
\tag{5-19}
$$

则式(5-18)可简化为

$$
\begin{cases}
\boldsymbol{F}_x = \dfrac{\boldsymbol{A}}{2\mu_0} C_0 i_x \\[4mm]
\boldsymbol{F}_y = \dfrac{\boldsymbol{A}}{2\mu_0} C_0 i_y
\end{cases}
\tag{5-20}
$$

若 C_0 为设定值，则可实现电磁力解耦与电流线性化。

图 5-7 所示强耦合解析性冗余支承结构的控制系统配置方案如图 5-9 所示。位置控制律根据转子位置误差，生成期望的驱动力 $\boldsymbol{F}_x$ 与 $\boldsymbol{F}_y$。

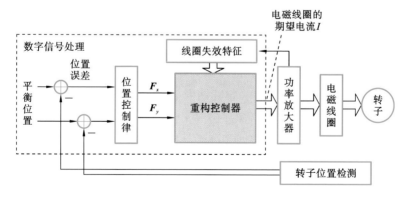

图 5-9　强耦合解析性冗余支承结构控制系统配置方案

线圈失效的原因是线圈与功率放大器构成的电流控制闭环发生故障，重构控制器根据线圈的失效特征，选择相应电流分配方案，补偿因某磁极线圈失效而损失的磁通。根据前文的讨论，电流分配通过矩阵 $\boldsymbol{W}$ 进行，因此需离线求取

不同失效状态下的 W，存储在控制器的存储区，并建立索引，如图 5-10 所示。

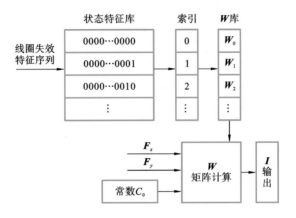

图 5-10　重构控制器结构

重构控制器的输入包含两个方面：一方面是线圈的失效特征序列，一旦出现电磁线圈故障事件，线圈的失效特征序列更新（由功率放大器实现），重构控制器根据状态特征库与 W 库之间建立的索引获得对应的矩阵 W；另一方面是期望电磁力与偏置电流系数，共同完成期望支承力输出下残存电磁线圈的电流分配。针对不同失效特征的矩阵 W 的求解是个比较复杂的过程，应离线完成求解运算，并将结果存储到 W 库，以避免复杂运算对位置控制实时性的影响。由此可见，若出现线圈故障，则由重构控制器补偿失效线圈的损失磁通，便能重新产生期望支承力。

例 5-1　强耦合冗余支承结构的重构控制如图 5-11 所示，仅考虑单径向支承。x 与 y 方向各由一个 PID 控制器实现位置控制，位置控制器的输出值为期望电磁力，通过重构控制器进行电流分配计算。

八极冗余支承结构如图 5-12 所示，其结构参数如表 5-2 所示。

表 5-2　八极冗余支承结构参数

结构参数	数值	结构参数	数值
线圈匝数 N	200	磁极面积 $A/\mathrm{mm^2}$	491
工作气隙 g_0/m	10^{-4}	磁极夹角 $\theta/(°)$	45
饱和电流 $I_{\max}/\mathrm{A}$	5	饱和磁场强度 $B_{\max}/\mathrm{T}$	1.2
真空磁导率 $\mu_0/(\mathrm{H/m})$	$4\pi\times10^{-7}$	转子质量/kg	5

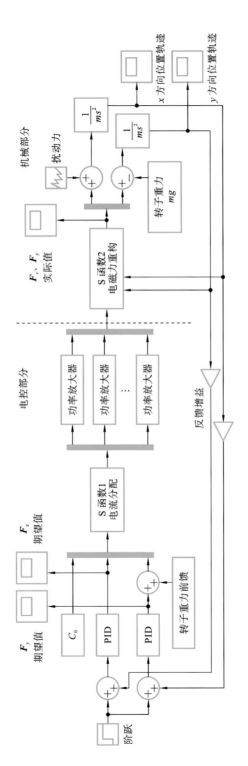

图 5-11 强耦合冗余支承结构的重构控制

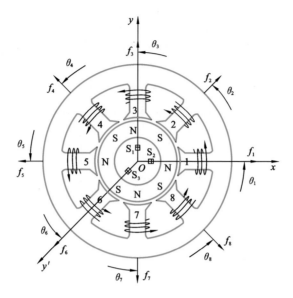

图 5-12　八极冗余支承结构

无线圈故障情况下电流分配矩阵为

$$
\boldsymbol{W}_0 = \frac{g_0}{4N}\sqrt{\mu_0 A}
\begin{bmatrix}
2 & 2 & 0 \\
-2 & -\sqrt{2} & -\sqrt{2} \\
2 & 0 & 2 \\
-2 & \sqrt{2} & -\sqrt{2} \\
2 & -2 & 0 \\
-2 & \sqrt{2} & \sqrt{2} \\
2 & 0 & -2 \\
-2 & -\sqrt{2} & \sqrt{2}
\end{bmatrix}
\tag{5-21}
$$

当前电流分配方案下,支承力与线圈电流间的线性化表达为

$$
\boldsymbol{I} = \frac{g_0}{4N}\sqrt{\mu_0 A}
\begin{bmatrix}
2C_0 + 2F_x/C_0 \\
-2C_0 - \sqrt{2}F_x/C_0 - \sqrt{2}F_y/C_0 \\
2C_0 + 2F_y/C_0 \\
-2C_0 + \sqrt{2}F_x/C_0 - \sqrt{2}F_y/C_0 \\
2C_0 - 2F_x/C_0 \\
-2C_0 + \sqrt{2}F_x/C_0 + \sqrt{2}F_y/C_0 \\
2C_0 - 2F_y/C_0 \\
-2C_0 - \sqrt{2}F_x/C_0 + \sqrt{2}F_y/C_0
\end{bmatrix}
\tag{5-22}
$$

支承重构的目标是在存在线圈失效的状况下,依然可以利用残存结构产生期望的支承力。这里选择的控制策略中,期望支承力来自位置控制律的输出。图 5-13 描述了冗余支承结构的转子起浮轨迹,其中 x 方向添加了频率为 1000 Hz、峰值为 50 N 的正弦扰动力,0.01 s 时实现阶跃,可见在冗余支承结构中转子顺利起浮,即冗余支承结构能提供期望的支承力。

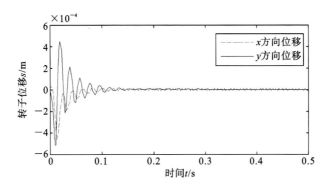

图 5-13　冗余支承结构的转子起浮轨迹

将 x 方向的扰动力频率改成 2 Hz,在 PID 控制器作用下,期望力与扰动力大小相等、方向相反,而实际的输出支承力与期望力一致,如图 5-14 所示,即 y 方向的实际输出力平衡了转子重力(49 N),x 方向的期望输出力平衡了扰动力。

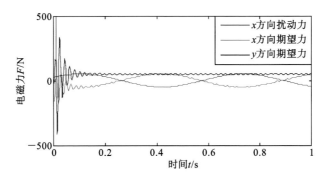

图 5-14　笛卡儿坐标下的期望支承力

假定支承结构中 6、7、8 号线圈将失效,设置 0.01 s 时实现阶跃,1 s 时 8 号线圈失效,1.5 s 时 6、7、8 号线圈失效。上述线圈失效对应的 $\boldsymbol{W}$ 库索引分别为

128 与 224,离线求得对应电流分配矩阵分别为

$$
\boldsymbol{W}_{128}=
\begin{bmatrix}
0.2013 & 0.1718 & -0.0712 \\
0 & 0 & -0.1423 \\
0.2013 & 0.0712 & 0.0295 \\
0 & 0.1423 & -0.1423 \\
0.2013 & -0.0295 & -0.0712 \\
0 & 0.1423 & 0 \\
0.2013 & 0.0712 & 0.1718 \\
0 & 0 & 0
\end{bmatrix}
\tag{5-23}
$$

$$
\boldsymbol{W}_{224}=
\begin{bmatrix}
-0.1985 & -0.1466 & 0.1726 \\
-0.0523 & 0.0221 & 0.2676 \\
0.0347 & -0.0009 & 0.3380 \\
-0.0784 & -0.0121 & 0.2696 \\
-0.1983 & 0.1487 & 0.1565 \\
0 & 0 & 0 \\
0 & 0 & 0 \\
0 & 0 & 0
\end{bmatrix}
\tag{5-24}
$$

图 5-15 所示为 1 ms 支承重构时间下的转子轨迹。x 方向添加了频率为 1000 Hz、峰值为 50 N 的正弦扰动力。支承重构时间即从故障发生到支承力重新生成的时间,是影响转子轨迹的关键因素。若将重构约束在 1 ms 内完成,则转子仅会轻微抖动。

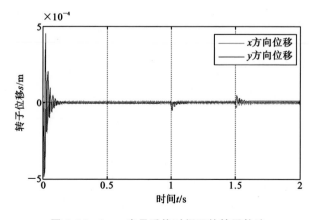

图 5-15 1 ms 支承重构时间下的转子轨迹

5.2.3　弱耦合冗余支承结构的重构策略

强耦合冗余支承结构中,相邻磁极间通过磁轭建立耦合磁路,若某线圈失效,可通过电流分配进行磁通补偿。该结构也称为 NSNS 结构。

弱耦合冗余支承结构如图 5-16 所示。该结构中,每组 NS 磁极构成一个磁极对,磁极对间采用分离结构,进一步削弱磁路耦合,忽略漏磁影响,磁通仅流经内部磁极,如图 5-17 所示。该结构也称为 NNSS 结构。Schroder 等研究表明,NNSS 结构中的磁路弱耦合特性便于实现更精确的补偿策略,且线圈失效对其支承特性的影响较 NSNS 结构而言更小。

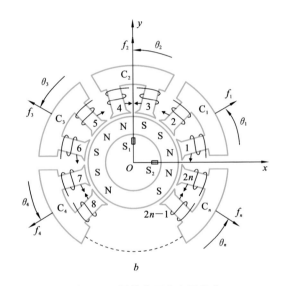

图 5-16　弱耦合冗余支承结构

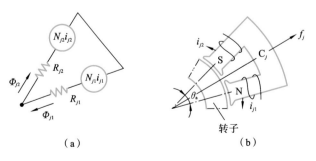

图 5-17　弱耦合冗余支承结构中的磁极对

（a）内部磁路；（b）电磁力

忽略漏磁，磁极对 C_j 的磁路方程为

$$R_{j1}\Phi_{j1}+R_{j2}\Phi_{j2}=N_{j1}i_{j1}+N_{j2}i_{j2} \tag{5-25}$$

式中：Φ_{ji} 与 R_{ji} 为第 i 个磁极的磁通与磁阻；N_{ji} 为第 i 个线圈的绕组数。取 Φ_{j1} 与 Φ_{j2} 相等，且用 Φ_j 表示。定义

$$\boldsymbol{\Phi}=\begin{bmatrix} \Phi_1 & \Phi_2 & \cdots & \Phi_j & \cdots & \Phi_n \end{bmatrix}^{\mathrm{T}} \tag{5-26}$$

式中：n 为磁极对数目。定义

$$\boldsymbol{R}=\begin{bmatrix} R_{11}+R_{12} & \cdots & & & 0 \\ & \ddots & & & \\ \vdots & & R_{j1}+R_{j2} & & \vdots \\ & & & \ddots & \\ 0 & \cdots & & & R_{n1}+R_{n2} \end{bmatrix} \tag{5-27}$$

则

$$\boldsymbol{R\Phi}=\begin{bmatrix} N_{11}i_{11}+N_{12}i_{12} \\ \vdots \\ N_{j1}i_{j1}+N_{j2}i_{j2} \\ \vdots \\ N_{n1}i_{n1}+N_{n2}i_{n2} \end{bmatrix}=\boldsymbol{N}_{\mathrm{c}}\boldsymbol{I} \tag{5-28}$$

$\Phi_j=B_jA_j$，其中 B_j 为磁极对 C_j 的气隙磁场强度，A_j 为磁极面积。定义

$$\boldsymbol{B}=\begin{bmatrix} B_1 & B_2 & \cdots & B_j & \cdots & B_n \end{bmatrix}^{\mathrm{T}} \tag{5-29}$$

则

$$\boldsymbol{B}=\boldsymbol{A}_{\mathrm{c}}^{-1}\boldsymbol{R}^{-1}\boldsymbol{N}_{\mathrm{c}}\boldsymbol{I} \tag{5-30}$$

式中：$\boldsymbol{A}_{\mathrm{c}}$ 为磁极面积矩阵；$\boldsymbol{N}_{\mathrm{c}}$ 为绕组数矩阵。为简化电磁力模型，取各磁极面积皆为 A，各电磁线圈绕组数皆为 N，μ_0 为真空磁导率，δ_j 为气隙，θ_{a} 为磁极夹角，可得电磁力模型为

$$\begin{cases} f_j=\dfrac{B_j^2 A}{\mu_0}=\mu_0 AN^2 \cdot \dfrac{(i_{j1}+i_{j2})^2}{4\delta_j^2}\cos\theta_{\mathrm{a}} \\ \boldsymbol{F}=\begin{bmatrix} f_1 & f_2 & \cdots & f_j & \cdots & f_n \end{bmatrix} \\ \boldsymbol{D}_x=\begin{bmatrix} \cos\theta_1 & \cos\theta_2 & \cdots & \cos\theta_j & \cdots & \cos\theta_n \end{bmatrix}^{\mathrm{T}} \\ \boldsymbol{D}_y=\begin{bmatrix} \sin\theta_1 & \sin\theta_2 & \cdots & \sin\theta_j & \cdots & \sin\theta_n \end{bmatrix}^{\mathrm{T}} \\ \boldsymbol{F}_x=\boldsymbol{F}\boldsymbol{D}_x \\ \boldsymbol{F}_y=\boldsymbol{F}\boldsymbol{D}_y \end{cases} \tag{5-31}$$

可知，磁极对 C_j 的气隙磁场强度 B_j 由两个线圈电流 i_{j1} 与 i_{j2} 共同决定，而

与其他线圈电流无关。不一致的线圈绕组数、磁极面积与磁极分布角度皆可通过对应参数表达；即使某电磁线圈失效（相应 $N_{ji}I_{ji}$ 为零）或磁极对 C_j 的线圈皆失效（f_j 为零），式(5-31)依然成立。

上述冗余结构中包含两类冗余，并随之提供相应的电磁力补偿策略：① 磁极对内部电磁线圈的冗余，提供磁通补偿策略，即若某线圈失效，可增大另一个线圈电流以补偿损失的磁通，进而重构期望支承力；② 磁极对的冗余，提供直接力补偿策略，即可通过增大相关磁极的电磁力，根据磁极布置角度投影到失效磁极，对损失的电磁力进行直接补偿。

对于图 5-16 所示弱耦合冗余支承结构，其控制系统配置方案如图 5-18 所示。位置控制律根据转子位置误差，生成期望的笛卡儿坐标下的驱动力 F_x 与 F_y，根据各磁极布置角度，将上述期望驱动力分配到各磁极对，得到各个磁极对的期望作用力 f_j。

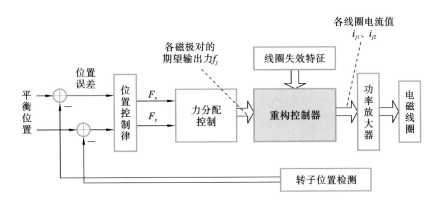

图 5-18　弱耦合冗余支承结构控制系统配置方案

1. 第一类失效状况及重构准则

第一类失效的定义为有且仅有一个电磁线圈失效。重构准则：将失效所损失的磁动势加载到同一磁极对中的另一线圈，即采用磁通补偿策略。显然该准则要求电磁线圈具备一定的电流裕量，定义电流安全系数 η 为极限电流与正常运行时最大电流之比。但应考虑到，若该策略实施中受到磁饱和或驱动器电流饱和约束，则应由相邻磁极对执行直接力补偿。

（1）若 $\eta \geq 2$，则完全可通过磁通补偿实现期望电磁力输出。定义 $\boldsymbol{I}_1$ 与 $\boldsymbol{I}_0$ 以描述期望各磁极对内线圈电流之和与各磁极线圈电流：

$$\boldsymbol{I}_1 = \begin{bmatrix} i_1 & i_2 & \cdots & i_j & \cdots & i_n \end{bmatrix} \tag{5-32}$$

$$\boldsymbol{I}_{\mathrm{o}}=\begin{bmatrix} i_{11} & i_{12} & \cdots & i_{j1} & i_{j2} & \cdots & i_{n1} & i_{n2} \end{bmatrix} \tag{5-33}$$

式中：i_j 为磁极对 C_j 中的总线圈电流；i_{ji} 为 C_j 中线圈 i 的电流。磁通补偿通过电流分配矩阵 $\boldsymbol{I}_r$ 实现，即

$$\boldsymbol{I}_{\mathrm{o}}=\boldsymbol{I}_{\mathrm{i}}\boldsymbol{I}_{\mathrm{r}} \tag{5-34}$$

无故障情况下，$\boldsymbol{I}_r$ 定义为

$$
\begin{array}{c}
\begin{array}{c} 1 \\ 2 \\ \vdots \\ j \\ \vdots \\ n \end{array}
\begin{bmatrix}
\frac{1}{2} & \frac{1}{2} & & \cdots & & 0 & 0 & \cdots & & 0 \\
& & \frac{1}{2} & \frac{1}{2} & & 0 & 0 & & & \\
& & & & \ddots & \ddots & 0 & 0 & & \\
0 & 0 & 0 & 0 & 0 & 0 & \frac{1}{2} & \frac{1}{2} & 0 & 0 & 0 & 0 \\
& & & & & & 0 & 0 & \ddots & \ddots & \\
0 & & & \cdots & & 0 & 0 & & \cdots & \frac{1}{2} & \frac{1}{2}
\end{bmatrix}
\end{array} \tag{5-35}
$$

$$2j-1 \quad 2j$$

即各磁极对的期望电流平均分配到两个线圈。

若磁极对 C_j 中的某线圈故障，则 $\boldsymbol{I}_r$ 定义为

$$
\begin{array}{c}
\begin{array}{c} 1 \\ 2 \\ \vdots \\ j \\ \vdots \\ n \end{array}
\begin{bmatrix}
\frac{1}{2} & \frac{1}{2} & & \cdots & & 0 & 0 & \cdots & & 0 \\
& & \frac{1}{2} & \frac{1}{2} & & 0 & 0 & & & \\
& & & & \ddots & \ddots & 0 & 0 & & \\
0 & 0 & 0 & 0 & 0 & 0 & 1 & 0 & 0 & 0 & 0 & 0 \\
& & & & & & 0 & 0 & \ddots & \ddots & \\
0 & & & \cdots & & 0 & 0 & & \cdots & \frac{1}{2} & \frac{1}{2}
\end{bmatrix}
\end{array} \tag{5-36}
$$

$$2j-1 \quad 2j$$

即期望电流全部分配到另一个线圈。

（2）若 $\eta < 2$，则仅通过磁通补偿可能不足以产生期望电磁力。

定义正常运行时线圈最大电流值为 i_{m}，则磁极对 C_j 正常运行最大输出电磁力为

$$f_{jm}=\mu_0 AN^2 \cdot \frac{i_{\mathrm{m}}^2}{\delta_j^2}\cos\theta_{\mathrm{a}} \tag{5-37}$$

而线圈极限输出电流为 ηi_{m}，极限输出电磁力为

$$f_{jn} = \mu_0 A N^2 \cdot \frac{(\eta i_{\mathrm{m}})^2}{4\delta_j^2}\cos\theta_a = \lambda f_{jm} \tag{5-38}$$

式中：$\lambda = \eta^2/4$。

状况 1：当磁极对 C_j 的期望输出力小于或等于 f_{jn} 时，该磁极对亦能提供期望电磁力。

状况 2：当磁极对 C_j 的期望输出力大于 f_{jn} 时，该磁极对已不能提供期望电磁力。考虑到总补偿电流最小的原则，应先让磁极对 C_j 执行磁通补偿策略，输出极限电磁力 f_{jn}；余下的力由其相邻磁极对共同分担，通过力补偿矩阵 $\boldsymbol{F}_r$ 实现。无故障时，力补偿矩阵 $\boldsymbol{F}_r$ 为单位对角阵；若磁极对 C_j 出现第一类失效，则 $\boldsymbol{F}_r$ 定义为

$$j\begin{bmatrix} 1 & 0 & \cdots & 0 & \cdots & & 0 \\ & 1 & & & & & \\ \vdots & & \ddots & & & & \vdots \\ 0 & 0 & \cdots & \frac{1-\lambda}{2\cos\Delta\theta} & \lambda & \frac{1-\lambda}{2\cos\Delta\theta} & 0 \\ \vdots & & & & & \ddots & \vdots \\ 0 & 0 & & \cdots & 0 & & 1 \end{bmatrix} \tag{5-39}$$

$$j-1 \quad j \quad j+1$$

力补偿涉及磁极方位角，假设磁极对沿圆周均布，即 $\theta_{j+1} - \theta_j = \theta_j - \theta_{j-1} = \Delta\theta$。

2. 第二类失效状况及重构准则

第二类失效定义为磁极对 C_j 的两个线圈皆故障，即该磁极对已无法提供任何电磁力。重构准则：将磁极对 C_j 的期望电磁力平均分配到其相邻的磁极对，按磁极方位角关系执行力补偿策略。显然每个磁极能输出的极限电磁力受电流安全系数制约，因此，补偿策略存在两种情况。

（1）若满足

$$\frac{f_j}{2\cos\Delta\theta} + f_j < \eta^2 f_j \tag{5-40}$$

即

$$\eta > \sqrt{\frac{1}{2\cos\Delta\theta} + 1} \tag{5-41}$$

则仅通过磁极对 C_{j-1} 与磁极对 C_{j+1}，即可补偿因磁极对 C_j 失效而损失的电磁力，而不会导致磁极对 C_{j-1} 或 C_{j+1} 的电流输出饱和。力补偿矩阵 $\boldsymbol{F}_r$ 为

$$
\begin{array}{c}
j
\end{array}
\begin{bmatrix}
1 & 0 & \cdots & 0 & \cdots & & 0 \\
 & 1 & & & & & \\
\vdots & & \ddots & & & & \vdots \\
0 & 0 & \cdots & \dfrac{1}{2\cos\Delta\theta} & 0 & \dfrac{1}{2\cos\Delta\theta} & 0 \\
\vdots & & & & \ddots & & \vdots \\
0 & 0 & & & \cdots & 0 & 1
\end{bmatrix}
$$
$$
\qquad\qquad j-1 \quad j \quad j+1 \qquad\qquad\qquad (5\text{-}42)
$$

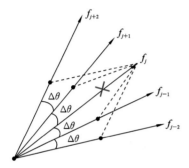

图 5-19　第二类失效的力补偿分解

（2）如果式(5-41)无法满足，则意味着电流安全系数太小，进行力补偿后磁极对 C_{j-1} 或磁极对 C_{j+1} 的期望作用力大于 f_{jm}，为了提高力承载效率，应尽可能使得磁极对 C_{j-1} 与磁极对 C_{j+1} 的输出饱和，而不足的部分由磁极对 C_{j-2} 或磁极对 C_{j+2} 来补偿，如图 5-19 所示。

力补偿矩阵 $\boldsymbol{F}_r$ 为

$$
\begin{array}{c}
j
\end{array}
\begin{bmatrix}
1 & \cdots & 0 & & 0 & \cdots & & 0 \\
 & & 1 & & & & & \\
\vdots & & & \ddots & & & & \vdots \\
0 & \cdots & \dfrac{1-2\lambda\cos\Delta\theta}{2\cos2\Delta\theta} & \lambda & 0 & \lambda & \dfrac{1-2\lambda\cos\Delta\theta}{2\cos2\Delta\theta} & 0 \\
\vdots & & & & & \ddots & & \vdots \\
0 & & 0 & & & \cdots & 0 & 1
\end{bmatrix}
$$
$$
\qquad j-2 \qquad j-1 \quad j \quad j+1 \qquad j+2 \qquad (5\text{-}43)
$$

按照该思路执行力补偿，先寻求失效磁极的相邻磁极对，直至其输出力饱和；再寻求失效磁极对的次相邻磁极对，甚至其次次相邻磁极对，直至期望电磁力可完全得到补偿。

上述思路描述了力补偿的一般实现形式，但实际应用中应考虑：① 对 $\Delta\theta$ 值有约束，如式(5-43)中 $\Delta\theta$ 若超过 45°，则其力分解系数为负值；② 磁极对数目越多，磁极对的布置角度越小，理论上能进行力补偿的组合就越多，但相应结构空间浪费越多，且磁极失效的总概率也越大；③ 应尽量避免采用式(5-43)描述的方式进行力补偿，因其补偿角度过大，补偿效率较低，而应增大线圈电流安全系数，使其满足式(5-41)；④ 上述方法忽略了电流的变化情况，仅仅考虑力生成的数值解析,而实际的电磁轴承控制中,因电磁线圈的惯性,电流实际的变化速率有限。

3. 混合失效状况及重构准则

混合失效定义为同时出现多个第一、二类失效状况。重构准则为:① 若多个第一、二类失效发生在间隔的磁极对,则等同于独立的第一、二类的磁通与力补偿方法的叠加;② 若第一、二类失效出现在相邻的磁极对,则选择最邻近的无故障磁极对进行力补偿。

考虑到 C_j 与 C_{j-1} 皆故障,二者的补偿皆通过 C_{j+1} 与 C_{j-2} 进行。C_{j-2} 的实际输出力应该为其自身的期望输出力与 f_j 的投影分量 f'_{j-2}(见式(5-44))、f_{j-1} 的投影分量 f''_{j-2}(见式(5-45))之和。

$$\begin{cases} f'_{j-2}=\dfrac{1}{\cos2\Delta\theta+2\cos^2\Delta\theta}f_j \\ f'_{j+1}=\dfrac{2\cos\Delta\theta}{\cos2\Delta\theta+2\cos^2\Delta\theta}f_j \end{cases} \tag{5-44}$$

$$\begin{cases} f''_{j-2}=\dfrac{2\cos\Delta\theta}{\cos2\Delta\theta+2\cos^2\Delta\theta}f_{j-1} \\ f''_{j+1}=\dfrac{1}{\cos2\Delta\theta+2\cos^2\Delta\theta}f_{j-1} \end{cases} \tag{5-45}$$

力补偿矩阵为

$$\begin{array}{c} \\ \\ \\ j-1 \\ \\ j \\ \\ \\ \\ \end{array} \begin{bmatrix} 1 & & \cdots & & & & 0 \\ & 1 & & & & & \\ & & \ddots & & & & \\ \vdots & \dfrac{2\cos\Delta\theta}{2\cos^2\Delta\theta+\cos2\Delta\theta} & 0 & 0 & \dfrac{1}{2\cos^2\Delta\theta+\cos2\Delta\theta} & & \vdots \\ & \dfrac{1}{2\cos^2\Delta\theta+\cos2\Delta\theta} & 0 & 0 & \dfrac{2\cos\Delta\theta}{2\cos^2\Delta\theta+\cos2\Delta\theta} & & \\ & & & & 1 & & \\ & & & & & \ddots & \\ 0 & & \cdots & & & & 1 \end{bmatrix}$$

$$\begin{array}{cccc} j-2 & j-1\ j & j+1 \end{array}$$

$$\tag{5-46}$$

其中同样存在磁极对布置角度约束,当磁极对夹角 $\Delta\theta$ 为 $60°$ 时,$2\cos^2\Delta\theta+\cos2\Delta\theta$ 为 0,这意味着补偿力在失效磁极上的投影值趋近无穷大,显然这是因磁极对布置角度过大,故即使补偿磁极输出饱和也无法产生足够的补偿力。12

磁极的弱耦合冗余支承结构对应着 60° 的磁极对夹角,该结构的混合失效出现在两个相邻的磁极对,不具备力补偿角度,承载力必然下降。其重构后的承载力取决于支承结构的冗余度。

例 5-2 以一个含 12 个磁极(6 个磁极对)的弱耦合径向冗余支承结构(见图 5-20)为例,验证前文所讨论的支承重构准则。12 磁极弱耦合径向冗余支承结构参数如表 5-3 所示,各磁极均匀布置。

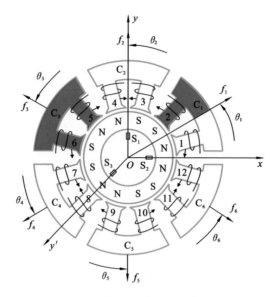

图 5-20 12 磁极弱耦合径向冗余支承结构

表 5-3 12 磁极弱耦合径向冗余支承结构参数

结构参数	数值	结构参数	数值
线圈匝数	85	磁极面积/mm²	57
磁路工作气隙/mm	0.4	磁极夹角/(°)	30
正常工作最大电流/A	1	磁极对布置夹角/(°)	60
偏置电流/A	0.5		

假设失效情况为 2、5、6 号磁极线圈(图 5-20 中红色部分)故障,这属于非相邻磁极对的混合失效。其中 2 号磁极线圈的失效为第一类失效;5、6 号磁极线圈属于同一磁极对 C_3,其失效属于第二类失效。上述混合失效的重构准则为独立的直接力补偿与磁通补偿策略的叠加。现讨论在不同电流安全系数下的冗

余支承重构实现方法,期望的电磁力为 $F_x = F_y = 150$ N。

(1) 若电流安全系数 $\eta \geq 2$,则可完全依赖磁通补偿实现支承重构,由前文分析,可得 $\boldsymbol{F}_r$ 与 $\boldsymbol{I}_r$ 分别为

$$
\boldsymbol{F}_r = \begin{bmatrix}
1 & 0 & & \cdots & & 0 \\
& 1 & 0 & & & \\
\vdots & 1 & 0 & 1 & & \vdots \\
& & 0 & 1 & & \\
& & & & 1 & 0 \\
0 & & \cdots & & 0 & 1
\end{bmatrix} \tag{5-47}
$$

$$
\boldsymbol{I}_r = \begin{bmatrix}
1 & 0 & & & \cdots & & & 0 \\
& 0.5 & 0.5 & & & & & \\
& & 0 & 0 & & & & \\
\vdots & & & & 0.5 & 0.5 & & \vdots \\
& & & & & & 0.5 & 0.5 \\
0 & & & \cdots & & & 0.5 & 0.5
\end{bmatrix} \tag{5-48}
$$

图 5-21 与图 5-22 分别描述了失效前后的电磁力与线圈电流的分布。可见:2 号线圈带来的磁通损失由 1 号线圈完全补偿(i_{11} 值为其期望值的 2 倍),f_1 达到了期望值;而 f_3 因 5、6 号电磁线圈同时失效变为 0,电磁力的损失由其相邻的电磁力 f_2、f_4 补偿,且支承重构后得到了期望的支承力。

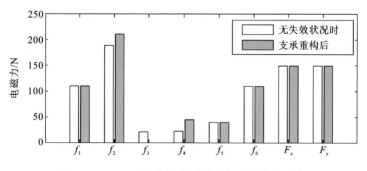

图 5-21　$\eta = 2$ 时,失效前后的磁极对输出电磁力

(2) 若 $\sqrt{2} < \eta < 2$,则力补偿矩阵 $\boldsymbol{F}_r$ 为式(5-39)与式(5-42)的叠加,电流补偿矩阵 $\boldsymbol{I}_r$ 不变。设线圈极限电流为 1.5 A,其他约束条件不变,即 $\eta = 1.5$,则 $\lambda = \eta^2/4 = 0.563$,可得 $\boldsymbol{F}_r$ 为

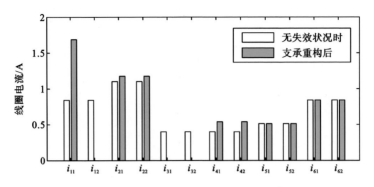

图 5-22 $\eta = 2$ 时，失效前后的磁极线圈电流

$$
\boldsymbol{F}_r =
\begin{bmatrix}
0.563 & 0.437 & & \cdots & & 0.437 \\
& 1 & 0 & & & \\
\vdots & 1 & 0 & 1 & & \vdots \\
& & 0 & 1 & & \\
& & & & 1 & 0 \\
0 & & \cdots & & 0 & 1
\end{bmatrix}
\tag{5-49}
$$

如图 5-23、图 5-24 所示，因为电流饱和约束，i_{11} 已无法独立产生该磁极对所需磁通势，所以采用力补偿与磁通补偿相结合的重构方式。f_1 输出值为 λf_{jm}，其余部分由 f_2、f_6 补偿；同时由 f_2、f_4 共同补偿 f_3。与图 5-22 相比，可看出图 5-24 中的电流皆未超过 1.5 A，其原因在于更多的支承结构参与了 f_1 的重构。

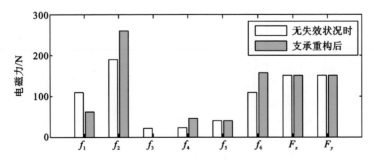

图 5-23 $\sqrt{2} < \eta < 2$ 时，失效前后的磁极对输出电磁力

（3）$\eta < \sqrt{2}$ 时，考虑到磁极对间的夹角为 $60°$，无法采用式（5-43）所描述的力补偿策略，已无法完全实现针对失效电磁力的补偿。因此，结构设计中应增

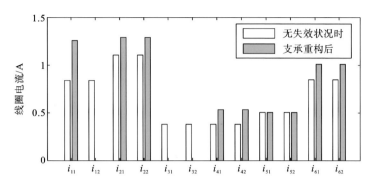

图 5-24　$\sqrt{2}<\eta<2$ 时,失效前后的磁极线圈电流

加电流裕量,避免该状况发生。

此外,磁极对布置角度与电流安全系数皆是影响重构后支承能力的关键因素。针对图 5-20 所示结构,第一、二类失效下重构支承能力与电流安全系数 η 的关系如图 5-25 所示。可见,应设计 $\eta>\sqrt{2}$,则可补偿任意独立的两类失效状况,而保持承载能力不降低。

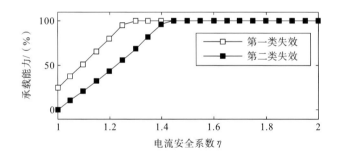

图 5-25　第一、二类失效重构后支承能力与电流安全系数 η 的关系

对于非连续磁极对的混合失效状况,某正常磁极对可能需要补偿左右相邻的失效磁极,其极限输出电磁力的约束决定了支承重构后的支承能力。图 5-26 描述了混合失效下重构支承能力与电流安全系数 η 的关系。曲线 A 与 B 分别表示非连续磁极对混合失效中发生第一、二类失效的磁极对的承载能力,若设计 $\eta>\sqrt{3}$,则可确保上述两种失效状况下承载能力不降低。

对于连续磁极对的混合失效状况,由于已不具备足够的力补偿角度,冗余支承结构的承载能力必定下降。将连续磁极对的混合失效分成三类:用曲线 C

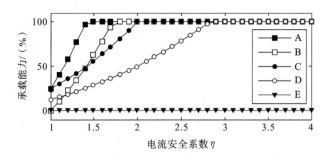

图 5-26　混合失效下重构支承能力与电流安全系数 η 的关系

表示相邻磁极对皆发生第一类失效时的承载能力;用曲线 D 表示相邻磁极对发生第一类与第二类失效时的承载能力;用曲线 E 表示相邻磁极对皆发生第二类失效时的承载能力。可见在上述失效状况下,必须设计较大的电流安全系数,才能保证承载能力。

5.3　本章小结

　　(1) 针对磁悬浮智能支承系统中的位移检测环路故障及电流控制环路故障进行了分类与分析,并提出了相关的容错控制方法。

　　(2) 针对执行器故障,依赖冗余结构进行重构以继续提供有效支承;对强、弱耦合结构下的冗余支承结构进行了分析,并介绍了相关的重构策略。

本章参考文献

[1] 吴华春. 磁力轴承支承的转子动态特性研究[D]. 武汉:武汉理工大学,2005.

[2] KIM S J , LEE C W. Diagnosis of sensor faults in active magnetic bearing system equipped with built-in force transducers[J]. IEEE/ASME Transactions on Mechatronics,1999,4 (2):180-186.

[3] MONTIE D,MASLEN E. Self-sensing in fault-tolerant magnetic bearings[J]. Journal of Engineering for Gas Turbines and Power,2001,123:864-870.

[4] LOESCH F. Detection and correction of actuator and sensor faults in ac-

tive magnetic bearing systems[C]//Proceedings of the 8th International Symposium on Magnetic Bearings. Mito，2002：113-118.

[5] 崔东辉,徐龙祥. 主动磁悬浮轴承位移传感器故障识别[J].中国机械工程，2009,20（23）：2880-2885.

[6] CHENG X，ZHANG L，ZHOU R G，et al. Analysis of output precision characteristics of digital switching power amplifier in active magnetic bearing system[J]. Automatika，2017，58(2)：205-215.

[7] CHENG X，WANG B，CHEN Q，et al. A unified design and the current ripple characteristic analysis of digital switching power amplifier in active magnetic-levitated bearings[J]. International Journal of Applied Electromagnetics and Mechanics，2017，55（3）：391-407.

[8] CHENG X，CHENG B X，LU M Q，et al. An online fault-diagnosis of electromagnetic actuator based on variation characteristics of load current [J]. Automatika，2020，61(1)：11-20.

[9] ZHOU R G，WANG X G，CHEN Q，et al. Reconfiguration rules for loosely-coupled redundant supporting structure in radial magnetic bearings [J]. International Journal of Applied Electromagnetics and Mechanics，2016，51(2)：91-106.

[10] CHENG X，LIU H，SONG S，et al. Reconfiguration of tightly-coupled redundant supporting structure in active magnetic bearings under the failures of electro-magnetic actuators[J].International Journal of Applied Electromagnetics and Mechanics，2017，54（3）：421-432.

[11] 曾红勇. 基于电流检测的磁悬浮冗余支承故障诊断与重构控制研究[D]. 武汉:武汉理工大学,2016.

[12] 王晓光,胡业发,江征风,等. 径向磁力轴承力耦合及其软件解耦方法研究 [J]. 武汉理工大学学报,2002,24(10):43-46.

[13] MEEKER D C,MASLEN E H. Fault tolerance of magnetic bearings by generalized bias current linearization[J]. IEEE Transaction on Magnetics,1995,31(3)：2304-2314.

[14] 韩辅君,房建成. 一种永磁偏置磁轴承容错方法的试验研究[J].机械工程学报,2010,46(20)：34-40.

[15] 曹广忠,潘剑飞,黄苏丹,等. 磁悬浮控制系统算法及实现[M]. 北京:清华

大学出版社,2013.

[16] 崔东辉. 高可靠磁悬浮轴承系统关键技术研究[D]. 南京:南京航空航天大学,2010.

[17] 崔东辉,徐龙祥. 基于坐标变换的径向主动磁轴承容错控制[J]. 控制与决策,2010,25(9):1420-1425,1430.

[18] 纪历,徐龙祥,唐文斌. 磁悬浮轴承数字控制器故障诊断与处理[J]. 中国机械工程,2010,21(3):289-295.

[19] 周海舰,谢振宇,肖鹏飞,等. 启动冗余磁轴承对磁悬浮轴承转子系统动态性能的影响[J]. 机械与电子,2011(8):3-6.

[20] SCHRODER P,CHIPPERFIELD A J, FLEMING P J, et al. Fault tolerant control of active magnetic bearings[J]. IEEE International Symposium on Industrial Electronics,1998(2):573-578.

[21] MASLEN E H,MEEKER D C. Fault tolerance of magnetic bearings by generalized bias current linearization[J]. IEEE Transaction on Magnetics,1995,31(3):2304-2314.

[22] NA U J,PALAZZOLO A. Optimized realization of fault-tolerant heteropolar magnetic bearings[J]. Journal of Vibration and Acoustics of the ASME,2000,122(3):209-221.

[23] PALAZZOLO A,LI M-H, KENNY A F, et al. Fault-tolerant homopolar magnetic bearings[J]. IEEE Transactions on Magnetics,2004,40(5):3308-3318.

[24] 吴步洲,孙岩桦,王世琥,等. 径向电磁轴承线圈容错控制研究[J]. 机械工程学报,2005,41(6):157-162.

[25] 景敏卿,周健,吴步洲,等. 基于电流重新分配的电磁轴承的线圈容错控制[J]. 系统仿真学报,2005,17(z2):121-124.

[26] 杨静,吴步洲,虞烈. 基于磁极电流分配的电磁轴承控制器设计[J]. 航空学报,2003,24(4):370-372.

[27] NOH M D,CHO S-R,KYUNG J-H,et al. Design and implementation of a fault-tolerant magnetic bearing system for turbo-molecular vacuum pump[J]. IEEE/ASME Transactions on Mechatronics,2005,10(6):626-631.

[28] 周祖德,库少平,胡业发. 电磁轴承多传感器故障诊断研究[J]. 中国机械

工程，2005，16（1）：57-59.

[29] SCHRODER P，CHIPPERFIELD A J，FLEMING P J，et al. Fault tol-
erant control of active magnetic bearings[J]. IEEE International Sympo-
sium on Industrial Electronics，1998：573-578.

第 6 章
磁悬浮直线支承

磁悬浮直线支承是指采用磁悬浮原理支承运动部件进行直线运动的支承，其应用形式有磁悬浮列车、磁悬浮机床导轨、磁悬浮电梯等。磁悬浮列车是磁悬浮支承技术在直线支承中最典型也是最成功的应用实例。

磁悬浮直线支承方式可分为电磁悬浮（electromagnetic suspension，EMS）、永磁悬浮（permanent magnet suspension，PMS）、电动悬浮（electrodynamic suspension，EDS）、高温超导悬浮（high temperature superconducting suspension，HTSS）。下面将对以上分类形式的应用进行阐述，其中，重点介绍常导磁悬浮列车、超导磁悬浮列车、真空管道磁悬浮列车等。

6.1 常导磁悬浮列车

6.1.1 EMS 式磁悬浮列车

EMS 式磁悬浮列车由德国人发明与开发，1922 年，德国工程师赫尔曼·肯佩尔首次提出了电磁悬浮列车构想；之后，德、日、美等国相继开始进行磁悬浮运输系统的研发。如图 6-1 所示，EMS 式磁悬浮列车的控制原理是在悬浮电磁铁中通入直流电流，使悬浮电磁铁与轨道中的铁芯（即图 6-1 中直线电动机的长定子铁芯）相吸引，从而使车体悬浮起来。需对电磁悬浮列车中的电流加以控制，才能使其稳定悬浮，不至于牢牢吸附在轨道上而无法行走。基本的控制过程是：将间隙传感器固定安装在悬浮电磁铁上，检测悬浮间隙的大小，并结合列车的速度、加速度等状态，通过间隙调节器控制励磁电流器，从而达到调节励磁电流（即磁悬浮电磁铁的电流）的目的，以保证列车稳定悬浮。一般情况下悬浮间隙保持在 10 mm 左右。励磁电流由列车蓄电池提供，列车蓄电池的电量由直线发电机保证。

经过几十年的发展，EMS 式磁悬浮列车已经形成一定的规模。德国从提

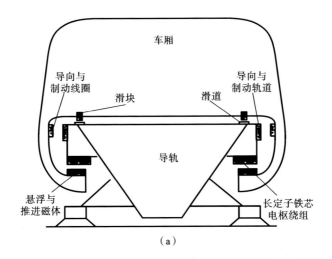

（a）

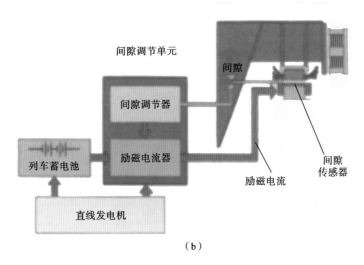

（b）

图 6-1 EMS 式磁悬浮列车结构简图与控制原理

出概念至试制研发,相继完成了多个 TransRapid(TR)型号的磁悬浮列车系统。日本于 1975 年从德国购买了技术专利,并在此基础上研制了一款低速磁悬浮列车 HSST-01,其悬浮原理如图 6-2 所示。此款列车属于常导电磁吸引型、短定子直线感应电动机驱动的磁悬浮列车。

我国在 1992 年正式将磁悬浮列车关键技术研究列入"八五"国家科技攻关计划。其中,上海浦东的高速磁悬浮列车使用的就是从德国引进的 EMS 式磁悬浮列车技术,如图 6-3 所示。该列车在 2009 年的测试速度最高达 550 km/h。

2014 年,中国第一个完全拥有自主知识产权的中低速磁悬浮列车工程项目

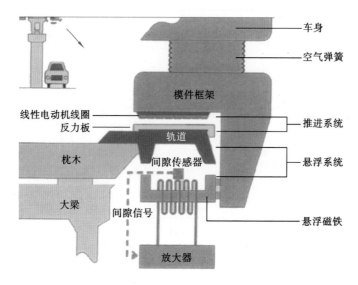

图 6-2　日本 HSST-01 悬浮原理示意图

图 6-3　上海浦东高速磁悬浮列车

图 6-4　长沙投入运营的磁悬浮列车

在长沙开工,并于 2016 年 5 月 6 日正式通车试运营,如图 6-4 所示。该线路西起长沙南站,东至长沙黄花国际机场,总长 18.55 km,列车运行单程耗时 19.5 min,最高速度达 80 km/h。

6.1.2　EDS 式磁悬浮列车

EDS 式磁悬浮列车的悬浮原理:当列车运动时,车载磁体的运动磁场在安装于线路上的悬浮线圈中产生感应电流,两者相互作用,产生一个向上的磁力,使列车悬浮于轨道上方一定高度处;列车一般悬浮高度为 100~150 mm,采用直线电动机牵引方式运行。EDS 式磁悬浮列车的原激励磁场可由常导电磁体、永磁体或超导磁体激发。

EDS 式磁悬浮列车由美国人发明,但其技术扎根与发展却在日本。EDS 式磁悬浮列车的主要代表有美国的 Magplane 永磁电动式磁悬浮列车(见图 6-5)、Inductrack 被动 EDS 磁悬浮系统和日本的低温超导电动式磁悬浮列车 MLU 与 MLX(日本的超导列车将在 6.2 节中阐述)。

美国麻省理工学院的一些专家提出 Magplane 方案,于 1970 年前后验证了其理论的可行性,并建造了 100 mm 模型实验线,进行了数百次实验。1992 年,美国投资 500 多万美元进行了一系列概念设计开发,并花费 200 万美元设计了一条长 300 m 的矿石运输系统。Magplane 永磁电动式磁悬浮列车采用永磁电动悬浮、直线同步电动机驱动和电磁道岔等技术,速度可达 250 km/h 的准高

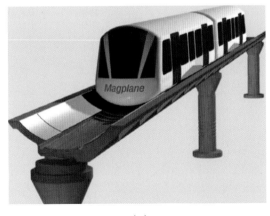

（a）

图 6-5　Magplane 永磁电动式磁悬浮列车

（a）效果图；（b）正视图

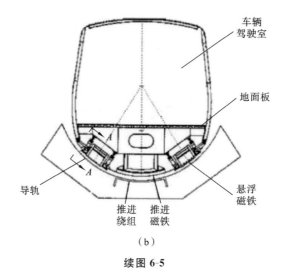

（b）

续图 6-5

速。2007 年我国内蒙古自治区与美国签署合作协议，将其应用到煤炭及矿山资源物流运输方面。

Inductrack 磁悬浮列车系统是由 General Atomics(GA)公司与美国劳伦斯利弗莫尔国家实验室(LLNL)合作开发的一款低速城市列车运输系统。从 20 世纪末至今，LLNL 共研发了三款 Inductrack 磁悬浮系统。如图 6-6 所示为 Inductrack 测试车辆底盘截面。2013 年，世界第一个货运磁悬浮系统在加州 Sandra Diego 的 GA 测试实验线上进行测试，如图 6-7 所示。

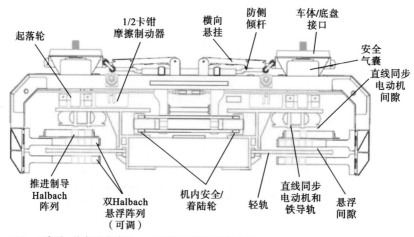

Halbach阵列：海尔贝克阵列，一种近似理想的磁体结构。

图 6-6　Inductrack 测试车辆底盘截面

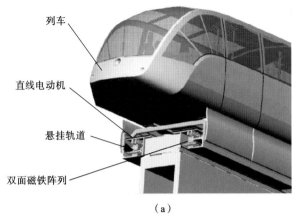

列车

直线电动机

悬挂轨道

双面磁铁阵列

（a）

（b）

图 6-7　货运磁悬浮系统

6.2　超导磁悬浮列车

超导磁悬浮是一种利用高温超导块材的钉扎特性实现不需控制的自稳定被动悬浮的技术。与低温超导电动式磁悬浮相比，高温超导磁悬浮使用液氮冷却，成本更低，更加环保，并且在静止状态下也能稳定悬浮，所以它也是一种关注度很高的候选悬浮方式。超导磁悬浮列车就是利用这一技术进行悬浮的，其主要由驱动系统、悬浮导向系统组成。对于高温超导磁悬浮列车而言，驱动系统一般由直线电动机组成，悬浮导向系统主要由地面永磁轨道与车载超导体及其冷却装置组成。目前已有的高温超导磁悬浮列车均使用 YBaCuO（钇钡铜氧）高温超导体作为车载超导体。

高温超导磁悬浮主要有以下特点：

（1）高温超导磁悬浮由于其独特的钉扎特性可实现自稳定悬浮，因此不需像电磁悬浮列车那样的复杂悬浮与导向控制系统；

（2）高温超导可工作于液氮温区，制冷成本低，低温系统相对简单，自重较轻；

（3）悬浮间隙一般为 8～20 mm，实际道路建设中为保证列车运行安全将对轨道平顺度、路基下沉量等有一定要求；

（4）轨道均使用稀土永磁体，材料成本高、后期维护和保养复杂；由于永磁体中包含稀土元素，因此对稀土资源需求巨大。

1969 年，美国麻省理工学院首次利用超导磁体悬浮导向、直线同步电动机推进，研制了超导磁悬浮列车小样机，并对其原理进行了验证性研究。1972 年，日本成功研制了超导磁悬浮列车，并成功验证了超导列车悬浮运行的可能性。

超导磁悬浮列车概念提出在美国，发展在日本。目前，日本有关高速磁悬浮方案均采用超导磁悬浮技术。自 20 世纪 70 年代确认超导磁悬浮方案至今，日本研发了 ML、MLU 和 MLX 系列方案，其中 MLU 方案采用超导、直线同步电动机驱动、磁力式电动悬浮系统，如图 6-8 所示。1977 年，日本完成了 7 km 超导磁悬浮列车试验线；1979 年，创造了不载人速度达 517 km/h 的世界纪录，并在 1987 年完成载人试验；1995 年，研制出准商业运行的超导磁悬浮列车；1997 年完成首条试验线的建造，并在 2000 年完成一期试验；2012 年，日本 JR 东海铁路公司公布了 L0 系列磁悬浮列车原型，其速度可达 500 km/h，可载人数达 16000 人。

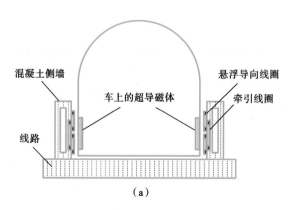

（a）

图 6-8　日本 MLU 磁悬浮列车方案

（a）MLU 磁悬浮列车截面图；（b）MLU 驱动原理示意图；（c）MLU 磁悬浮原理示意图

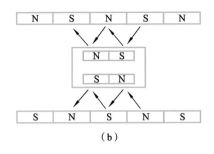
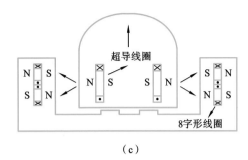

（b）　　　　　　　　　　　　　（c）

续图 6-8

6.3　真空管道磁悬浮列车

真空管道磁悬浮列车,本质上是将磁悬浮列车置于真空环境中运行,这样便使主要制约列车高速(超过 500 km/h)运行的空气阻力大大减小,显著提高了磁悬浮列车的运行速度。所以真空管道磁悬浮列车被认为在一定程度上可以取代飞机成为城际间交通运输的主要工具,并在世界范围内受到了广泛的关注,许多国家已经对其进行了初步的研究及探讨。

目前,真空管道磁悬浮列车的悬浮支承方案与常规环境下磁悬浮列车的支承方案并没有实质性的差异。按照磁悬浮原理,可分为常导电磁悬浮、永磁悬浮、电动悬浮、高温超导悬浮和混合磁悬浮这五种模式。

6.3.1　常导电磁悬浮

常导电磁悬浮是利用常导电磁体与强导磁体之间的吸引力实现悬浮的。虽然原理上该方式产生的吸引力不稳定,但可以通过控制电磁体电流的大小来使悬浮气隙保持动态稳定。瑞士超高速地铁项目 Swissmetro 就是采用这种悬浮方式的真空管道磁悬浮列车,如图 6-9 所示。Swissmetro 是一种完全设置在地下的交通设施,真空管道由两个直径 5 m 的隧道组成,其内真空度约为 0.1 个大气压(约与 18000 m 高空的气压相当)。列车以直线电动机驱动,在电磁力的作用下,以悬浮状态运动,其设计运行速度为 500 km/h。

Swissmetro 的磁悬浮支承通过直线单极同步电动机驱动,电动机的长动子固定于管壁上,定子装在车体上,其直线单极同步电动机长动子示意图如图 6-10 所示。该直线电动机除具有驱动功能外,其内侧表面与下表面还分别与安装在车体

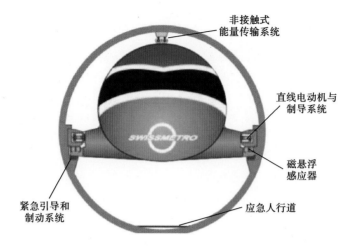

图 6-9　Swissmetro 系统结构简图

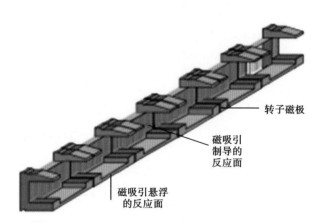

图 6-10　Swissmetro 直线单极同步电动机长动子示意图

上的导向电磁铁和悬浮电磁铁相互作用,起导向与悬浮支承作用。悬浮气隙初步设计为 20 mm。

6.3.2　永磁悬浮

永磁悬浮是利用永磁体之间的吸引力或排斥力实现悬浮的。但单纯的永磁悬浮不稳定,需加入约束或控制来使其保持稳定状态。大连磁谷科技研究所有限公司设计生产的磁悬浮列车"中华 06 号",所使用的正是永磁悬浮技术,这标志着我国高速永磁悬浮列车的诞生。

2003 年,大连磁谷科技研究所有限公司李岭群的发明专利"磁浮动力舱"获得授权,该发明涉及一种管道真空吊轨悬浮列车使用的磁浮动力舱,为悬吊式永磁悬浮列车提供悬吊支承与动力。该动力舱包括由永磁吸浮和斥浮机构组成的永磁悬吊部分和动力部分。动力舱安装在车体上部,使列车悬吊于真空管道内。装有磁浮动力舱的永磁悬浮列车及与之配合的弓形抱枕的结构布置示意图如图 6-11 所示。该专利利用永磁吸浮机构与永磁斥浮机构使列车悬浮,采用电磁导向机构实现列车控制,通过直线电动机产生驱动力及控制力使列车平稳运行。

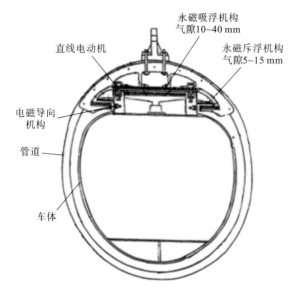

图 6-11　永磁悬浮列车及与之配合的弓形抱枕结构布置示意图

美国威斯康星大学麦迪逊分校的 BadgerLoop 团队研制了一种名为 BadgerLoop 的真空管道磁悬浮列车实验模型。如图 6-12 所示,它采用永磁

图 6-12　BadgerLoop 模型车示意图

Halbach 阵列作为原激励磁场,在铝轨上运动以产生排斥力使列车悬浮。列车所需的驱动力与导向力则由电动机带动轨道两侧的 Halbach 磁轮旋转提供,如图 6-13 所示。

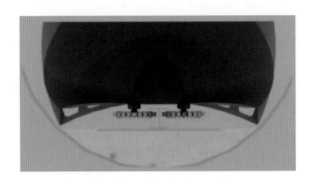

图 6-13　BadgerLoop 驱动导向轮

6.3.3　电动悬浮

电动悬浮的悬浮力是由两个物体之间的相对运动产生的,悬浮力随速度的增加而增加,所以在静止或低速情况下,悬浮力不足以抵消列车重力时,需要车轮来支撑车身。而当速度达到起浮速度时,只要速度恒定,则可以得到恒定的悬浮力并使悬浮气隙保持恒定,实现自稳定悬浮。

6.3.4　高温超导悬浮

美国 ET3 公司的 ETT 系统(evacuated tube transportation system)就是高温超导式真空管道磁悬浮列车。我国西南交通大学也在此方面开展了前期研究工作,于 2011 年研制出全球第一个同时结合真空管道、磁悬浮及线性驱动的完整真空管道试验设备,又于 2014 年建成了真空管道超高速磁悬浮列车原型测试平台。该测试平台如图 6-14 所示。

由于该测试平台的半径仅为 6 m,因此受限于离心力的作用,测试车辆的最高速度只能达到 50 km/h。为了有效解决轨道半径过小所带来的高速状态下离心力过大的问题,西南交通大学于 2015 年年底建成了第二代高速环线设备——侧挂式高温超导磁悬浮回旋系统。在该系统中,常压下的实验车平均速度提升至 82.5 km/h,并将管道真空的极限压强降到了 1335 Pa(约 0.01 个大气压),这相当于抽掉了管道中 99% 的空气。

图 6-14　真空管道超高速磁悬浮列车原型测试平台

6.3.5　混合磁悬浮

混合磁悬浮大致上可分为两种：电磁和永磁构成的混合磁悬浮系统，超导和常导构成的混合磁悬浮系统。电磁和永磁构成的混合磁悬浮系统，采用永磁材料产生悬浮所需要的主要吸力，由常导线圈产生的磁力进行控制，以保证系统的稳定悬浮。这种电磁和永磁混合的磁悬浮列车主要以美国 MagneMotion 公司的 M3 型混合磁悬浮列车为代表；而我国的国防科技大学等科研机构也对其开展了深入的研究。超导和常导构成的混合磁悬浮系统，是将超导线材和常导线材绕在 U 形铁芯上制成混合电磁铁，由超导线圈提供系统悬浮所需的电磁吸力，由常导线圈产生的电磁力起调节作用，以保证系统的稳定悬浮。美国 Grumman 公司完成了一种低温超导线圈和常导线圈混合的悬浮系统设计，并通过实验说明了设计和制造的超导线圈和常导线圈混合的磁悬浮系统是可行的。我国西南交通大学研究超导和常导构成的混合磁悬浮系统时，使用的超导线圈是高温超导线圈。混合磁悬浮系统在降低能量损耗、增大悬浮气隙等方面有较大的优势，将其作为悬浮支承系统应用于真空管道磁悬浮列车中，原理上也是可行的。

6.3.6　真空管道磁悬浮列车方面的研究

在真空管道磁悬浮列车方面，也有大量的研究，如悬浮支承研究，真空管道建设、真空管道排污以及真空管道信号监测等方面的研究。下面对这几个方面进行简单介绍。

1）磁悬浮支承研究

结合 EDS 和 EMS 两种悬浮方式的特征,设计了一种真空管道磁悬浮列车混合悬浮支承结构,并进行了实验验证,其结构如图 6-15 所示,包括管道、车体、EDS 悬浮支承系统、EMS 悬浮支承系统和支撑轮等。其中:EDS 悬浮支承系统由固定在车体上的双边直线型永磁 Halbach 阵列和固定在管道上的感应板组成;EMS 悬浮支承系统由固定在车体上的直线同步电动机动子和固定在管道上的直线同步电动机定子组成。

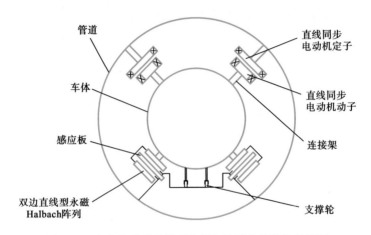

图 6-15　真空管道磁悬浮列车混合悬浮支承结构示意图

2）真空管道建设研究

在管道建设方面,采用碳纤维骨架和碳纤维蒙皮,使真空管道具有轻质高效、良好的气密性和减振降噪的特性。碳纤维真空管道示意图如图 6-16 所示。

3）真空管道排污研究

由于真空管道磁悬浮列车是全封闭形式的,因此排污系统也是一大重点。采用真空管道和废物收集装置通孔连接方式,在检测到列车信号时,通知列车减速和制动,使列车停留在指定排污位置,再采用电控装置打开通孔开关,实现排污功能。

4）真空管道信号监测研究

由于真空管道磁悬浮列车具有无接触、高速等特性,因此传统的有线信号传输方式是无用的,于是,真空管道磁悬浮列车信号传输采用无线通信方式。真空管道磁悬浮列车信号系统整体拓扑图如图 6-17 所示,控制中心、人

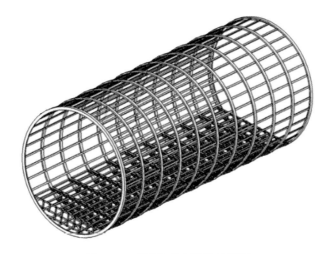

图 6-16　碳纤维真空管道示意图

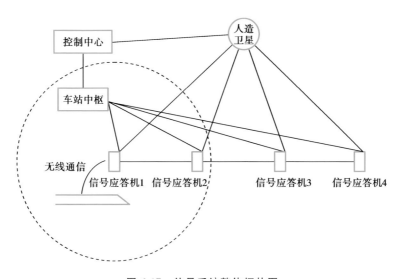

图 6-17　信号系统整体拓扑图

造卫星与多个设置在轨道旁的轨道信号应答机组合,人造卫星依次通过控制中心、车站中枢直接与各轨道信号应答机通信,实时将各列车位置信息发送到控制中心或各轨道信号应答机。磁悬浮列车内部控制系统简图如图 6-18所示。

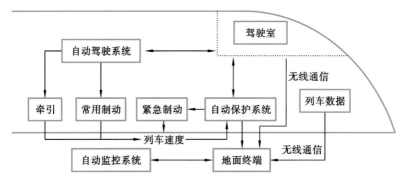

图 6-18　磁悬浮列车内部控制系统简图

6.4　磁悬浮列车的特点与悬浮模型

6.4.1　磁悬浮列车的特点

与轮轨列车相比,磁悬浮列车具有以下特点:

(1) 磁悬浮列车与轨道没有机械接触,消除了由此带来的机械摩擦,从而消除了列车与轨道之间的磨损,使列车和轨道寿命大大延长。

(2) 列车的行走部件之间没有相对运动,即没有轮轨列车的轮子、滚动轴承、轴、齿轮及其变速箱等传动部件,由此带来了三个方面的优势:其一,取消了列车机械行走传动部件,提高了列车的驱动效率;其二,大大减少了行走部件的维修工作量,节省了相关的维护维修费用;其三,行走部分没有相对运动,没有磨损,从而提高了列车的可靠性。

(3) 如果采用特殊的控制方法,可以取消轮轨列车的车架部分(目前的磁悬浮列车均按照轮轨列车的结构,保留了车架部分),即将一列车厢的两个车架支承改为若干个独立支承,使每一个支承承受的力相对减小。当然,这样做的代价是控制系统更复杂。

(4) 可以采用冗余支承的结构形式,实现列车磁悬浮支承的在线重构与自愈,实现具有智能控制的支承,使磁悬浮列车运行更平稳,更舒适,更可靠。

(5) 由于一般磁悬浮列车采用长定子(线圈安装在轨道上)、短动子(列车)的结构形式,所以列车是由安装在轨道上的直线电动机定子驱动的,列车只需要辅助电源(可以由电池提供)用于车厢照明与空调,因此磁悬浮列车不需要受电弓。目前受电弓价格一般在 10 万元以上,因此取消受电弓既节约了列车成本,又避免了受电弓损坏带来的问题。

6.4.2　磁悬浮列车的悬浮原理与悬浮模型

无论是常导磁悬浮列车、超导磁悬浮列车还是真空管道磁悬浮列车,其核心部分都是悬浮部分。永磁悬浮和电磁悬浮是最为经典的两种悬浮方式。因此本节详细介绍这两种悬浮方式的原理和模型。

1. 永磁悬浮原理与模型

永磁电动悬浮结构模型如图 6-19 所示。当永磁 Halbach 阵列与导体板存在相对运动时,会使导体中产生随永磁 Halbach 阵列运动的涡流,涡流磁场与永磁 Halbach 阵列磁场相互作用产生悬浮力和阻碍两者相对运动的磁阻力。导体板上产生的涡流对悬浮力与磁阻力有直接的影响,进而影响整个系统的悬浮性能。主要的结构参数有永磁 Halbach 阵列和导体板的尺寸、材料和气隙。图 6-19 所示为单边结构,若在导体板两侧均放置永磁 Halbach 阵列构成双边结构,则可增大浮阻比,更适合用于城市内的中低速交通系统。悬浮力与重力方向相反,记为 F_L,磁阻力与运动方向相反,记为 F_D。永磁体沿运动方向的长度为 l_p,沿悬浮力方向的厚度为 h_p,垂直于长度和厚度方向的宽度为 w_p;导体板沿悬浮力方向的厚度为 h_a,宽度为 w_a,永磁 Halbach 阵列在宽度方向上中心线与导体板中心线重合。

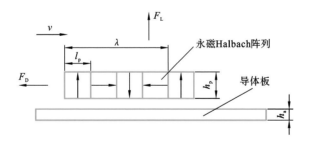

图 6-19　永磁电动悬浮结构模型

Halbach 阵列是一种工程磁体结构,广泛应用于永磁电动机、磁悬浮轴承、磁悬浮列车及核磁共振等领域。阵列由多块磁化强度相同的永磁体模块组成,相邻永磁体的充磁方向按照一定的角度旋转,可使磁场在阵列的一侧相互叠加,在另一侧相互抵消。阵列一般可分为直线形和环形结构,若无特殊说明,本书中的 Halbach 阵列均为直线形结构。Halbach 阵列能够使磁场能量集中在一侧,最大化地利用磁场能。Halbach 阵列加强侧磁场的最大磁通密度 B_1 为

$$B_1 = B_r (1 - e^{-kh_p}) \frac{\sin\left(\dfrac{\pi}{M}\right)}{\dfrac{\pi}{M}} \qquad (6\text{-}1)$$

式中：B_r 是永磁体的剩磁；M 是 Halbach 阵列的模块数；$k = \dfrac{2\pi}{\lambda}$，其中 λ 是波长。Halbach 阵列最基本的单元由 M 个永磁体构成，记为一个波长，每个永磁体的磁化方向相差 $\dfrac{2\pi}{M}$，永磁体的长度和模块数的乘积为波长的长度。每个波长的 Halbach 阵列均能达到单侧强化磁场的效果。其磁场效率高，气隙磁通大，非常适合作为电动悬浮的磁场源。距离阵列下表面（下侧为加强侧）z 处的磁通密度为

$$B_z = B_z e^{-kz} \qquad (6\text{-}2)$$

最大磁通密度主要与模块数、波长和厚度有关，且三个参数之间没有相互限制，因此可将公式(6-1)拆分成三部分的乘积进行分析，即 $B_1 = B_r r_1 r_2$。其中 B_r 取钕铁硼磁铁的剩磁，$B_r = 1.23$ T；系数 r_1 和 r_2 的曲线如图 6-20 所示。从图中可知，最大磁通密度与模块数和厚度与波长之比均正相关，且其大小不会超过永磁体的剩磁大小。但在实际工程中，由于加工装配条件的限制，模块数一般取 4 或 8，考虑单位体积产生的磁通密度大小，厚度与波长之比存在最优值。

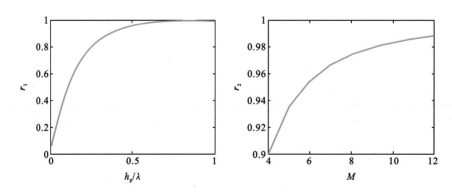

图 6-20　最大磁通密度的系数曲线

永磁 Halbach 阵列在导体板上方快速驶过，会在导体中产生高频磁场。频率很高的电流集中在导体表面很薄的一层，而在导体内部几乎没有电流流过，这种现象称为趋肤效应。交变电流能达到的深度称为趋肤深度，记为 δ，其与电

流频率、导体材料属性有关,计算公式为

$$\delta = \sqrt{\frac{2\rho}{\omega\mu_0}} \tag{6-3}$$

式中:ρ 为导体材料的电阻率;ω 为电流的角频率;μ_0 是真空磁导率。趋肤深度与导体电阻率正相关,而与角频率负相关,角频率与速度的关系为

$$\omega = kv = \frac{2\pi v}{\lambda} \tag{6-4}$$

将公式(6-4)代入公式(6-3)中,可得

$$\delta = \sqrt{\frac{\rho\lambda}{\pi v\mu_0}} \tag{6-5}$$

将铝的电阻率、$\lambda=1$ m 代入式(6-5)可得图 6-21 所示关系曲线。以图中的数据作为参考,速度小于 20 m/s 时,趋肤深度大于 20 mm,趋肤效应的影响很小,电流几乎存在于整个铝板的厚度方向。随着速度的继续增大,趋肤深度持续减小但幅度不大。因此可用 20 m/s 的速度来评估铝板所需的最小厚度。

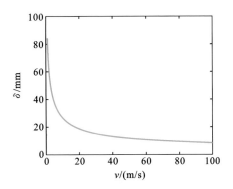

图 6-21　趋肤深度和速度的关系曲线

由永磁 Halbach 阵列和连续型轨道构成的永磁电动悬浮系统,其悬浮力 F_L 和磁阻力 F_D 计算公式如下:

$$F_{Lmax} = \frac{B_1^2 A_1}{\mu_0} e^{-k(2x_1+\Delta_c)} \tag{6-6}$$

$$F_L = F_{Lmax} \frac{\left(\sqrt{1+\frac{k^4\delta^4}{4}} - \frac{k^2\delta^2}{2}\right)^{\frac{3}{2}}}{k\delta + \left(\sqrt{1+\frac{k^4\delta^4}{4}} + \frac{k^2\delta^2}{2}\right)^{\frac{3}{2}}} \tag{6-7}$$

$$F_D = F_{Lmax} \frac{k\delta \left(\sqrt{1 + \frac{k^4\delta^4}{4}} - \frac{k^2\delta^2}{2} \right)}{k\delta + \left(\sqrt{1 + \frac{k^4\delta^4}{4}} + \frac{k^2\delta^2}{2} \right)^{\frac{3}{2}}} \tag{6-8}$$

式中：A_1 为永磁 Halbach 阵列在导体板上的投影面积；x_1 为永磁 Halbach 阵列与导体板的距离（悬浮气隙）；Δ_c 为导体板的有效厚度。由上述公式可知，最大悬浮力与结构尺寸以及气隙有关，而与速度无关。悬浮力与阵列的结构尺寸、气隙和相对速度有关，随着速度的增大而渐渐逼近最大悬浮力。上述公式只能近似计算永磁电动悬浮系统的悬浮力和磁阻力，在前期设计中起指导作用，其后还要通过有限元分析和实验来进一步验证。

影响最大悬浮力的主要指标为永磁 Halbach 阵列的最大磁通密度、永磁体投影面积和气隙。磁通密度可以通过永磁 Halbach 阵列的独立优化分析得到，悬浮气隙一般作为初始设计条件给出，而永磁体投影面积可以通过多个波长的形式增加，因此分析讨论只针对一个波长的情况。导体板的有效厚度根据趋肤深度和导体板的厚度确定：

$$\Delta_c = \begin{cases} h_a, & \delta \geqslant h_a \\ \delta, & \delta < h_a \end{cases} \tag{6-9}$$

根据公式(6-5)和图 6-21 可知，趋肤深度随速度增大而减小。列车启动时导体板有效厚度等于导体板厚度，但此时列车由辅助轮支承，因此悬浮性能不受影响；列车加速时趋肤深度逐渐小于导体板厚度，导体板有效厚度对悬浮性能的影响渐弱；列车达到额定速度后，导体板有效厚度相比于悬浮气隙可忽略不计。因此，有些研究忽略了导体板有效厚度，但在研究列车起浮速度及悬浮特性时，考虑导体板有效厚度可提高精度。如图 6-22 所示是悬浮力系数（$r_L = \frac{F_L}{F_{Lmax}}$）和磁阻力系数（$r_D = \frac{F_D}{F_{Lmax}}$）与速度的关系曲线，忽略导体板有效厚度（即认为最大悬浮力为定值），$\lambda = 1$ m，导体板的材料为铝。

从图 6-22 可知，悬浮力系数在低速时快速增大，中速时增长速度变慢，高速时缓慢增大趋于稳定，最终接近 1。磁阻力系数在低速时变化率最大，其趋势是先增后降，最后趋于稳定，但由于速度取值的问题，图中只反映了磁阻力系数降低并趋于稳定的状态。悬浮力和磁阻力的比值（浮阻比 r）是电动悬浮的重要指标之一，其不受导体板有效厚度的影响，可通过下式计算：

$$r = \frac{F_L}{F_D} = \frac{1}{k\delta} \left(\sqrt{1 + \frac{k^4\delta^4}{4}} - \frac{k^2\delta^2}{2} \right)^{\frac{1}{2}} \tag{6-10}$$

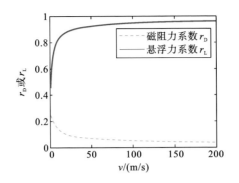

图 6-22　悬浮力系数和磁阻力系数与速度的关系曲线

图 6-23 所示为浮阻比与速度的关系曲线,浮阻比的上升速率随速度提升而降低,但在高速时仍保持较高,系统的结构参数确定以后,浮阻比与速度正相关。采用铝板轨道的单边电动悬浮,其浮阻比较低,Inductrack Ⅰ的浮阻比在 500 km/h 时可达到 200,虽然示例的浮阻比在 20 左右,但其磁阻力远小于高速情况下的空气阻力,因此其浮阻比是可以接受的。

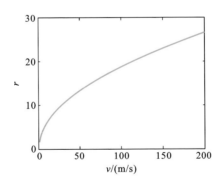

图 6-23　浮阻比与速度的关系曲线

采用永磁 Halbach 阵列和导体板构成的永磁电动模块,在低速时产生较大的磁阻力和较小的悬浮力,高速时可提供足够的悬浮力且磁阻力会降低到可接受的程度。

2. 电磁悬浮原理与模型

电磁悬浮结构模型如图 6-24 所示。轨道上的电动机初级绕组通入三相交流电产生行波磁场;列车上的电动机次级绕组通入直流电产生励磁磁场。励磁磁场与行波磁场相互作用产生牵引力;励磁磁场与初级铁芯相互作用产生悬浮力,悬浮力大小与气隙和磁极面积有关。此外,在悬浮电磁铁上开槽嵌入发电绕组,可实现无接触供电,更适合用于高速列车。

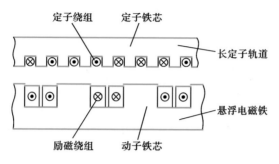

图 6-24　电磁悬浮结构模型

电磁悬浮的牵引力 F_x 和悬浮力 F_y 为

$$F_x = p\tau L_1 J_s J_r \mu_0 \pi \frac{1}{\sinh\frac{\pi}{\tau}x_2}\sin\theta \tag{6-11}$$

$$F_y = p\tau L_1 J_s J_r \mu_x \pi \frac{1}{\sinh\frac{\pi}{\tau}x_2}\cos\theta + \frac{1}{4}p\tau\frac{\mu_y-\mu_0}{\mu_y}\mu_0 L_z J_r^2 \pi^2 \frac{1}{\left(\sinh\frac{\pi}{\tau}x_2\right)^2} \tag{6-12}$$

式中:p 为磁极对数;τ 为极距;L_1 为定子绕组线圈有效长度;J_s 为定子电流密度;J_r 为动子电流密度;x_2 为动子和定子的气隙;μ_x 和 μ_y 分别为牵引力和悬浮力作用下的定子铁芯的等效磁导率;θ 为行波磁场基波与励磁磁场基波的空间相位角;L_z 为动子的磁极长度。

当 θ 为 90°时,牵引力的最大值和悬浮力的平均值为

$$F_x = p\tau L_1 J_s J_r \mu_0 \pi \frac{1}{\sinh\frac{\pi}{\tau}x_2} \tag{6-13}$$

$$F_y = \frac{1}{4}p\tau\frac{\mu_y-\mu_0}{\mu_y}\mu_0 L_z J_r^2 \pi^2 \frac{1}{\left(\sinh\frac{\pi}{\tau}x_2\right)^2} \tag{6-14}$$

从公式(6-13)和公式(6-14)可知:平均悬浮力与气隙的平方成反比,与动子电流密度的平方成正比;最大牵引力与气隙成反比,与动子和定子的电流密度成正比。而其他参数与材料属性、结构尺寸有关,一旦设计加工完成,属于不可调整

的参数。改变动子电流密度可同时调整平均悬浮力和最大牵引力的值,在最大电流密度范围内,若增大动子电流密度的同时减小定子电流密度(保证两个电流密度的乘积不变),则可增大平均悬浮力而使最大牵引力保持不变,且悬浮力波动的大小也保持不变。基于此,可对电磁悬浮模型进行简化,单独研究悬浮力。

6.5 磁悬浮直线支承的其他应用

由于磁悬浮直线支承的一系列优点,以及一些技术的重大攻关,目前磁悬浮直线支承技术在很多直线运动设备领域有所体现,并展现出其独有的性能和特点,如磁悬浮电梯、磁悬浮机床导轨、磁悬浮智能弹簧等。本节主要对磁悬浮直线支承在机床导轨和电梯上的应用进行介绍。

6.5.1 磁悬浮机床导轨

磁悬浮机床导轨利用电磁力实现床身导轨与工作台导轨之间的分离。机床导轨的导向精度决定了机床的加工精度,磁悬浮导轨具有无接触、无摩擦、定位精度高等优点,因此,磁悬浮机床导轨是目前或者未来机床导轨的发展趋势之一。在机床工作台和机床导轨上安装电磁铁和永磁铁组件,可使工作台和导轨在电磁力的作用下实现分离悬浮,并在一定条件下实现导向移动。目前,有关磁悬浮机床导轨的研究主要来自荷兰、美国、日本等国家,并且处于研发状态,没有太多实际有关磁悬浮机床产品的报道。

6.5.2 磁悬浮电梯

磁悬浮电梯的原理是将传动的电动机驱动换成磁悬浮驱动,类似于将磁悬浮列车竖起来开。不像传统电梯采用牵引机升降,磁悬浮电梯除去了传统电梯的钢缆、曳引机、钢丝导轨、配重、限速器、导向轮、配重轮等复杂的机械设备。磁悬浮电梯的轿厢外安装永磁铁,上下导轨装有电磁铁。在轿厢竖直运动时,电磁导轨中电磁线圈电流的变化使其与电磁导轨产生相互作用力,实现电梯"零接触"运行。由于无摩擦,磁悬浮电梯在性能上具有低能耗和高速等特性,在体验上具有安静、平稳和舒适等优点。

德国和日本等在磁悬浮电梯方面投入大量研究,并且成功研制出部分样机。日本东芝电梯株式会社在 2008 年中国国际电梯展览会上展示了磁悬浮电梯 MagSus,它是世界上首台磁悬浮电梯。如图 6-25 所示,该磁悬浮电梯长 1.75 m,宽 1.75 m,高 4.5 m,采用了永磁铁和电磁铁组合的复合型磁铁单元。

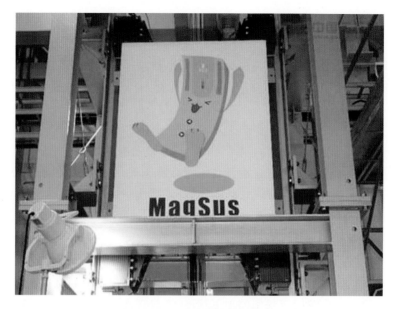

图 6-25　日本东芝磁悬浮电梯

2017 年 7 月在德国罗特维尔，德国电梯制造商蒂森克虏伯（Thyssen-Krupp）公布了本公司首台磁悬浮电梯，如图 6-26 所示，并搭建了磁悬浮电梯 Multi 试验塔。此款磁悬浮电梯也是世界首台可垂直水平双向移动的磁悬浮电梯，运行速度可达 72.4 km/h。

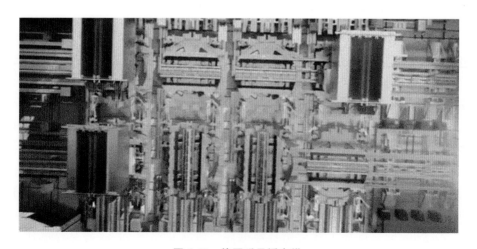

图 6-26　德国磁悬浮电梯

6.6 本章小结

本章主要对磁悬浮直线支承的实际应用进行了介绍。首先分别从常导磁悬浮列车、超导磁悬浮列车和真空管道磁悬浮列车这三个方向阐述磁悬浮直线支承在列车方面的应用,并阐述了三个方向的发展现状;其次总结了磁悬浮列车的特点,详细阐述了 EMS 方式和 EDS 方式的模型;最后介绍了磁悬浮直线支承在其他工程领域,主要是电梯领域的应用。

本章参考文献

[1] MEINS J,MILLER L,MAYER W J. The high speed maglev transport system TRANSRAPID[J]. IEEE Transactions on Magnetics,1988,24 (2):808-811.

[2] 吴帆. 真空管道列车混合磁悬浮支承设计及性能研究[D]. 武汉:武汉理工大学,2017.

[3] LUU THAI,NGUYEN DUNG. MagLev:the train of the future[C]// Fifth Annual Freshman Conference. 2005.

[4] 上海中低速磁浮试验线[EB/OL]. (2014-06-30)[2020-06-15]. https://nmtc. tongji. edu. cn/index. php? classid = 6832&newsid = 9159&t = show.

[5] 卢曙火. 独领风骚的上海磁悬浮列车——世界上第一条商业化运营磁悬浮列车示范线通车[J]. 科学 24 小时,2003(4):4-7.

[6] 长沙磁浮快线[EB/OL]. [2020-06-15]. https://baike. baidu. com/item/长沙磁浮快线/19186342.

[7] 陈小鸿. 城市轨道交通新技术、新系统——长沙磁浮机场快线工程[J]. 交通与运输,2016,32(3):1-3.

[8] GUROL S,BALDI B. Overview of the general atomics urban maglev technology development program[C]//Proceedings of the ASME/IEEE Joint Rail Conference. 2004.

[9] KRATZ R,POST R F. A null-current electro-dynamic levitation system [J]. IEEE Transactions on Applied Superconductivity,2002,12(1): 930-932.

[10] 万尚军,钱金根,倪光正,等. 电动悬浮型磁悬浮列车悬浮与导向技术剖析[J]. 中国电机工程学报,2000,20(9):23-25,31.

[11] 张瑞华,刘育红,徐善纲. 美国 Magplane 磁悬浮列车方案介绍[J]. 变流技术与电力牵引,2005(5):40-43.

[12] 武瑛,严陆光,徐善纲. Inductrack 磁浮技术及其在磁浮列车系统中的应用[J]. 电气应用,2006,25(1):1-3.

[13] History of magplane technology[EB/OL]. [2020-06-15]. http://www.magplane.com/about.

[14] Wikipedia. Inductrack[EB/OL]. [2020-06-15]. https://wikimili.com/en/Inductrack.

[15] 邓自刚,林群煦,王家素,等. 高温超导磁悬浮轴承选择与设计[J]. 低温与超导,2009,37(5):20-23,33.

[16] 杜怡东. 三峰永磁轨道侧挂式高温超导磁悬浮系统悬浮特性研究[D]. 成都:西南交通大学,2016.

[17] 马光同,杨文姣,王志涛,等. 超导磁浮交通研究进展[J]. 华南理工大学学报(自然科学版),2019,47(7):68-74,82.

[18] MIZUNO K, SUGINO M, TANAKA M, et al. Experimental production of a real-scale REBCO magnet aimed at its application to maglev[J]. IEEE Transactions on Applied Superconductivity,2017,27(4):1-5.

[19] KYOTANI Y. Development of superconducting levitated trains in Japan [J]. Cryogenics,1975,15(7):372-376.

[20] YIRKA B. New 311mph maglev train in Japan passes initial tests[EB/OL]. [2020-06-15]. https://phys.org/news/2013-06-311mph-maglev-japan.html.

[21] 刘卫东. 日本 Linimo 磁浮线的技术特点和运行情况[J]. 城市轨道交通研究,2014,17(4):133-136.

[22] 柳贺. 日本磁浮交通产业发展概览[EB/OL]. [2020-06-30]. http://www.istis.sh.cn/list/list.aspx?id=10217.

[23] ROSSEL P, MOSSI M. Swissmetro:a revolution in the high-speed passenger transport system[C]// Proceedings of the 1st Transport Research Conference. 2001.

[24] 张瑞华,严陆光,徐善纲,等. 一种新的高速磁悬浮列车——瑞士真空管

道高速磁悬浮列车方案[J]. 变流技术与电力牵引，2004(1):44-46.

[25] Swissmetro[EB/OL]. [2020-06-30]. http://www. swissmetro. ch/en/vision. html.

[26] GILBERT R. Full-size high-speed train prototype is on track[EB/OL]. [2020-06-30]. https://canada. constructconnect. com/joc/news/projects/2013/09/full-size-high-speed-train-prototype-is-on-track-joc056774w.

[27] 雷大双. 高温超导 EMS 混合悬浮试验车悬浮控制系统研究[D]. 成都:西南交通大学，2012.

[28] 李岭群，李领发. 磁浮动力舱:中国，CN1274659[P]. 2000-11-29.

[29] 刘同娟. 混合悬浮直线电机运输系统的原理与特性[M]. 北京:对外经济贸易大学出版社,2010.

[30] ZHANG Y. Vehicle scheme of evacuated tube transportation in the future logistics system[C]// The 2nd International Conference on Computer and Automation Engineering (ICCAE). 2010：190-192.

[31] 翟婉明，赵春发. 现代轨道交通工程科技前沿与挑战[J]. 西南交通大学学报，2016,51(2):209-226.

[32] 梁纲. 侧挂式高温超导磁悬浮回旋系统悬浮特性研究[D]. 成都:西南交通大学，2015.

[33] 人民日报海外版."超级高铁"竞赛谁能胜出？[EB/OL]. [2020-06-15]. http://paper. people. com. cn/rmrbhwb/html/2016-05/21/content_1680956. htm.

[34] THORNTON R，CLARK T，WIELER J,et al. MagneMotion urban maglev—FTA final report[J]. Guideways，2004.

[35] LIU S K, AN B, LIU S K,et al. Characteristic research of electromagnetic force for mixing suspension electromagnet used in low-speed maglev train[J]. IET Electric Power Applications，2015,9(3):223-228.

[36] 徐绍辉. 电磁永磁混合悬浮系统悬浮控制研究[D]. 北京:中国科学院研究生院(电工研究所)，2006.

[37] 徐正国，徐绍辉，史黎明,等. 电磁型混合磁极直接自适应模糊悬浮控制方案的研究[J]. 中国电机工程学报，2005，25(18):157-161.

[38] KALSI S，PROISE M，SCHULTHEISS T，et al. Iron-core superconducting magnet design and test results for maglev application[J]. IEEE

Transactions on Applied Superconductivity，1995，5(2)：964-967.

[39] 王莉，张昆仑，连级三. 用高温超导线圈和常导线圈构成的混合式电磁悬浮系统[J]. 铁道学报，2003，25(2)：30-33.

[40] 胡业发，周祖德，江征风. 磁力轴承的基础理论与应用[M]. 北京：机械工业出版社，2006.

[41] 陈殷，张昆仑. 板式双边永磁电动悬浮电磁力计算[J]. 电工技术学报，2016，31(24)：150-156.

[42] POST R F，RYUTOV D D. The inductrack：a simpler approach to magnetic levitation[J]. IEEE Transactions on Applied Superconductivity，2000，10(1)：901-904.

[43] 武瑛，严陆光，徐善纲. Inductrack 磁浮技术及其在磁浮列车系统中的应用[J]. 电气应用，2006，25(1)：1-3.

[44] 潘孟春. 高速磁浮列车波动特性及其抑制技术研究[D]. 长沙：国防科学技术大学，2009.

[45] 吴强，钱永明，马苏扬，等. 磁悬浮机床导向导轨直线度对导向磁场力的影响分析[J]. 制造业自动化，2013(14)：60-63.

[46] 黄祖尧. 从 CIMT2003 看数控机床功能部件的发展[J]. 机械工人(冷加工)，2003(6)：13-16.

[47] EISENHAURE D B，SLOCUN A，HOCKNEY R. Magnetic bearings for precision linear slides[J]. Magnetic Bearings，1989：67-79.

[48] 焦一帆. 磁悬浮技术在电梯中的应用前景[J]. 中国新技术新产品，2017(2)：18-19.

第 7 章
磁悬浮主动隔振技术

磁悬浮主动隔振技术是通过改变定子(电磁铁)和动子(衔铁)之间产生的磁力,实现无接触主动隔振的技术,简称为磁悬浮隔振技术,是磁悬浮智能支承的典型应用。利用磁悬浮主动隔振技术研制的磁悬浮隔振器是电磁隔振器的一种,具有工作频谱宽、响应快、承载力大、易于控制、无接触,以及电磁力、刚度与阻尼等支承参数易于调控的优势,且对周期激励和一些偶发噪声也具有很好的控制效果。

7.1 磁悬浮主动隔振技术原理

振动源激励信号一般是随机的,若要产生与激励反相位的主动电磁控制力以抵消或者减少振动信号,则单向力隔振器无法满足要求,需要能产生交变力的双向力隔振器。就磁悬浮隔振器而言,目前采用的机构形式主要有差动式,如图 7-1 所示。

磁悬浮隔振器主要由衔铁、电磁铁、线圈、位移传感器、控制器及功率放大器等组成。电磁铁固定在基座上,衔铁与隔振对象相连。安装在电磁铁上的位移传感器可检测衔铁的位置变化。位移传感器产生的信号反馈给控制器,控制器通过差动输出控制功率放大器,调节通过电磁铁线圈的电流大小,从而改变电磁力大小,以达到隔振的目的。当然,利用位移传感器信号反馈只是隔振控制的一种形式,还可以采用力传感器、加速度传感器及其他传感器产生的信号反馈来达到隔振控制的目的。图 7-1 所示的差动式磁悬浮隔振器中,位移传感器用来检测衔铁的位置变化,力传感器用来检测作用在衔铁上的电磁力,加速度传感器用来检测衔铁的加速度,然后将检测到的信号根据控制规则变换成控制信号;该控制信号通过功率放大器产生驱动电流,进而改变电磁铁产生的电磁力的大小,最终达到主动隔振的目的。

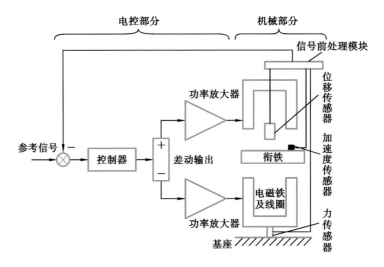

图 7-1　差动式磁悬浮隔振器的组成

7.2　差动式磁悬浮隔振器数学模型

图 7-2 所示为差动式磁悬浮隔振器结构示意图。

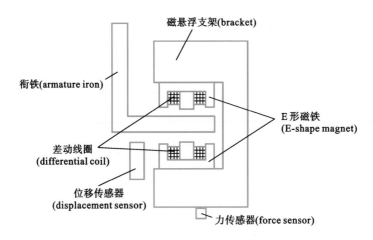

图 7-2　差动式磁悬浮隔振器结构示意图

由于磁性材料的非线性及磁性能的分散性,分析该模型的时候不可能对磁场进行精确的理论计算,因此提出以下三点假设:

① 定子、衔铁和气隙中磁场分布均匀;

② 铁芯不饱和;

③ 无漏磁与磁滞。

应用简化磁路方法得到磁悬浮隔振器的电磁力表达式(电磁力是气隙与线圈电流的函数,规定向下为正方向):

$$F = k \cdot \left[\frac{i_1^2}{(x_0 - x)^2} - \frac{i_2^2}{(x_0 + x)^2} \right] \tag{7-1}$$

式中:

$$k = \frac{\mu_0 N^2 A}{4} \tag{7-2}$$

其中:μ_0 为真空磁导率(H/m);N 为线圈匝数;A 为磁极面积(m²);x_0 为气隙;x 为气隙变化量;i_1 与 i_2 分别为下、上线圈电流。在磁悬浮隔振器结构参数一定的情况下,k 为常数。

电磁力初步计算是磁悬浮隔振器设计的基础。电磁力是反映系统能力的基本指标,能为进一步设计和分析磁悬浮隔振器的结构、控制及系统特性提供可靠的理论依据。

7.3 磁悬浮隔振器的设计与分析

7.3.1 结构设计及参数选择

图 7-3 所示为差动式磁悬浮隔振器设计图。磁悬浮支架固定在基础上,衔铁及其组件固定在隔振对象上,位移传感器测量衔铁和 E 形磁铁之间的气隙,力传感器测量衔铁与 E 形磁铁之间产生的电磁力。

磁悬浮隔振器的参数如表 7-1 所示,将这些参数代入式(7-1)可得

$$\begin{aligned}
F &= k \cdot \left[\frac{i_1^2}{(x_0 - x)^2} - \frac{i_2^2}{(x_0 + x)^2} \right] \\
&= \frac{4\pi \times 10^{-7} \times A \times N^2}{4} \left[\frac{i_1^2}{(0.005 - x)^2} - \frac{i_2^2}{(0.005 + x)^2} \right]
\end{aligned} \tag{7-3}$$

表 7-1　磁悬浮隔振器的参数

参数	线圈腔的面积/mm²	真空磁导率 μ_0/(H/m)	磁极面积 A/mm²	线圈匝数 N	最大电流 i_{max}/A	气隙 x_0/mm
值	2700	$4\pi \times 10^{-7}$	9000	470	10(5 长期)	5

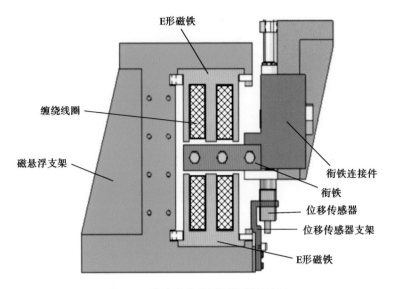

图 7-3　差动式磁悬浮隔振器设计图

根据式(7-3)得到不同电流下电磁力与气隙的关系曲线如图 7-4 所示(假设 $i_1 = i_2 = i$)。可通过改变磁悬浮隔振器参数来改变控制电流大小和平衡位置,从而改变支承刚度,进而改变磁悬浮隔振器刚度。

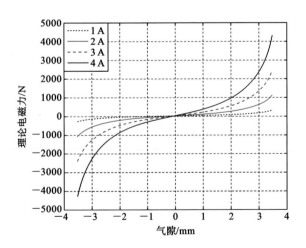

图 7-4　不同电流下电磁力与气隙的关系曲线

7.3.2　磁悬浮隔振器电磁场分析

磁悬浮隔振器电磁场模型由衔铁及其连接件、E 形磁铁及其支架、推力盘

组件和空气等组成。空气与 E 形磁铁及其支架的相对磁导率为 1.0;E 形磁铁
和衔铁由硅钢片叠成,其 B-H 曲线如图 7-5(a)所示;推力盘也由硅钢片叠成,
其 B-H 曲线如图 7-5(b)所示。

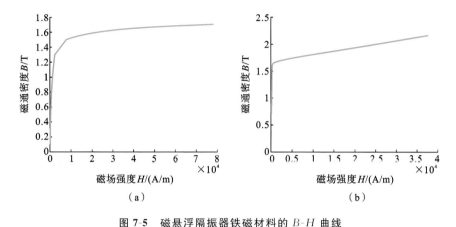

图 7-5　磁悬浮隔振器铁磁材料的 B-H 曲线
(a) E 形磁铁和衔铁的 B-H 曲线;(b) 推力盘的 B-H 曲线

这里选用 SOLID96 单元对磁悬浮隔振器的衔铁及其连接件、E 型电磁铁
及其支架和空气建立有限元模型,如图 7-6 所示,外层透明的为空气模型。线圈
电流由 RACE 命令产生,仅需输入实常数,包括电流元类型(XC、YC、RAD)、电
流(TCUR)、y 方向维度(DY)、z 方向维度(DZ)的数值,无须划分网格。

选用 ANSYS 软件中的智能分网工具划分有限元网格,形成的磁悬浮隔振
器网格如图 7-7 所示,该网格包含 22231 个节点、129750 个单元。图 7-8、图 7-9
分别为磁悬浮隔振器的磁场强度和磁通密度矢量图。图 7-10 为磁悬浮隔振器
的磁通密度云图。E 形磁铁与衔铁之间的气隙磁通密度,尤其是与衔铁工作面
垂直方向的气隙磁通密度,直接影响磁悬浮隔振器电磁力的大小,是决定磁悬
浮隔振器性能的关键因素,因此这里也对气隙磁通密度总分布(见图 7-11)进行
分析。气隙 z 向磁通密度分布如图 7-12 所示。图 7-13 为磁悬浮隔振器横截面
上的磁力线分布图。

通过对磁悬浮隔振器磁场强度与磁通密度进行分析,可知其磁路分布符合
设计要求,E 形磁铁的中间部分的磁场强度最大,约为 0.9 T,且未达到磁饱和,
满足设计要求;横截面上的磁力线分布也符合设计要求,没有严重的磁耦合现
象发生。

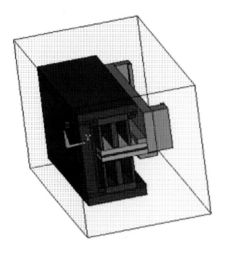

图 7-6　磁悬浮隔振器有限元模型

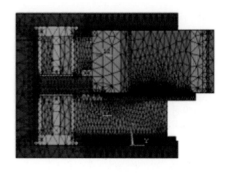

图 7-7　磁悬浮隔振器网格

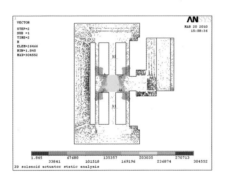

图 7-8　磁场强度矢量图

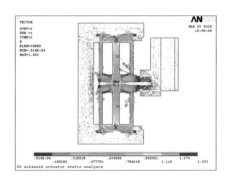

图 7-9　磁通密度矢量图

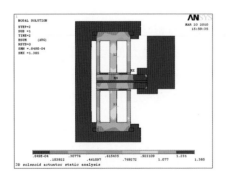

图 7-10　磁通密度云图

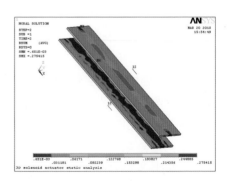

图 7-11　气隙磁通密度总分布

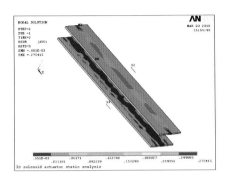

图 7-12 气隙 z 向磁通密度分布

图 7-13 磁悬浮隔振器横截面上的
磁力线分布图

7.3.3 电磁力模型辨识

通过上文分析可知,式(7-1)给出的电磁力表达式是基于三点假设提出的: ① 定子、衔铁和气隙中磁场分布均匀; ② 铁芯不饱和; ③ 无漏磁与磁滞。另外,此种结构的磁悬浮隔振器存在一定程度的磁耦合现象,但是式(7-1)没有考虑到上下线圈之间的磁场耦合对电磁力的影响,虽然 ANSYS 的分析可以考虑上述因素,但是也存在一定的误差。电磁力是决定磁悬浮隔振器性能的最重要的指标,为了能得到更准确的磁悬浮隔振器的电磁力与电流、气隙之间的表达式,本小节对磁悬浮隔振器的静、动态电磁力进行实际测量。气隙采用电涡流传感器测量,电磁力采用 MCL-Z 拉压力传感器(量程为 $-5000 \sim 5000$ N,精度为 2 N)测量,各种传感器信号通过 DAQ2204 采集卡同步采集,实验装置如图 7-14 所示。实验前测得实际磁悬浮隔振器衔铁的最大气隙为 8.6 mm。首先对磁悬浮隔振器电磁力进行测量,在气隙改变的条件下,给上下线圈分别同时通 1 A 和同时通 2 A 的电流,测量电磁力,结果如图 7-15(a)和图 7-15(b)所示(图中横坐标均为衔铁到下线圈的气隙,最大为 8.6 mm)。通过图中曲线可以看出,实际电磁力与理论电磁力基本趋于一致,但是也存在一定的差距,因此可以采用理论电磁力的公式形式,利用实验数据对实际电磁力与气隙、电流的关系进行拟合。

根据理论电磁力公式形式,采用基于最小二乘法的多项式拟合方法,利用实测电磁力数据,拟合可得差动式磁悬浮隔振器的电磁力表达式为

$$F = \frac{870 i_1^2}{x^2} - \frac{680 i_2^2}{(8.6 - x)^2} \tag{7-4}$$

式中: x 为衔铁到下线圈的气隙; i_1 与 i_2 分别为下、上线圈电流。

图 7-14　差动式磁悬浮隔振器实验装置

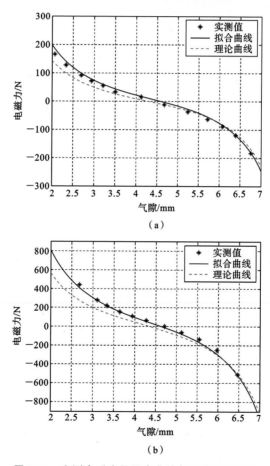

（a）

（b）

图 7-15　实测电磁力及拟合曲线与理论曲线对比

（a）上下线圈同时通 1 A 电流；（b）上下线圈同时通 2 A 电流

从图 7-15 中可以看出，不同电流下拟合曲线与实测值都具有很高的吻合度，因此利用此拟合曲线，可以很好地描述差动式磁悬浮隔振器的电磁力与电流、气隙之间的关系，为下一步研究提供可靠的依据。

7.4 磁悬浮主动隔振系统动力学特性

磁悬浮隔振技术是一种实用的、良好的主动控制振动的技术。将磁悬浮隔振器应用到各种被动隔振系统中，建立系统动力学模型，并选取适合的输入量和输出量，建立系统状态方程，从而进行控制研究。

7.4.1 磁悬浮单层隔振系统动力学特性

本小节主要研究磁悬浮单层隔振系统动力学特性。图 7-16 所示为磁悬浮

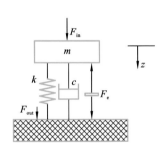

图 7-16 磁悬浮单层隔振系统模型

单层隔振系统模型。其中：m 为安置在隔振系统上的所有动力机械的质量总和；k 为普通弹簧的刚度；c 为普通弹簧的阻尼；F_{in} 为外界激振力；F_{out} 为传递到基础上的合力；F_e 为磁悬浮隔振器电磁力；z 为隔振机械的位移。

磁悬浮单层隔振系统的动力学方程可表示为

$$m\ddot{z} = -kz - c\dot{z} + F_{in} - F_e \qquad (7\text{-}5)$$

根据式(7-5)选取合适的输入量和输出量，建立系统状态方程。

状态变量：

$$\boldsymbol{X} = \begin{bmatrix} v_1 & v_2 \end{bmatrix}^T = \begin{bmatrix} z & \dot{z} \end{bmatrix}^T \qquad (7\text{-}6)$$

控制量：

$$\boldsymbol{U} = \begin{bmatrix} u \end{bmatrix} = \begin{bmatrix} F_e \end{bmatrix} \qquad (7\text{-}7)$$

输入量：

$$\boldsymbol{F} = \begin{bmatrix} F_{in} \end{bmatrix} \qquad (7\text{-}8)$$

输出量：

$$\boldsymbol{Y} = \begin{bmatrix} F_d & F_e \end{bmatrix}^T \qquad (7\text{-}9)$$

其中 F_d 为弹簧力。

状态方程：

$$\begin{cases} \dot{X} = AX + BU + EF \\ Y = CX + DU \end{cases} \tag{7-10}$$

式中：A、B、C、D 和 E 分别为

$$A = \begin{bmatrix} 0 & 1 \\ -\dfrac{k}{m} & -\dfrac{c}{m} \end{bmatrix}, \quad B = \begin{bmatrix} 0 \\ \dfrac{1}{m} \end{bmatrix}, \quad C = \begin{bmatrix} k & c \\ 0 & 0 \end{bmatrix}, \quad D = \begin{bmatrix} 0 \\ 1 \end{bmatrix}, \quad E = \begin{bmatrix} 0 \\ \dfrac{1}{m} \end{bmatrix}$$

$$\tag{7-11}$$

根据动力设备的隔振要求，建立相应的磁悬浮单层隔振实验平台，其模型如图 7-17 所示。隔振实验平台由激振电动机 1、隔振基座 2、差动式磁悬浮隔振器 3、普通弹簧 4、导向装置 5 及底座 7 等构成。磁悬浮隔振器与普通弹簧并联安装在隔振基座与底座之间。激振电动机与隔振基座刚性连接，共同构成隔振对象（簧载质量）。由于导向装置的作用，隔振实验平台只能在竖直方向运动，因此构成一个单自由度隔振系统。该隔振实验平台中安装了很多传感器，用来测量实验数据。其中：普通弹簧和磁悬浮隔振器下都安装了力传感器 6，用来测量弹簧力和磁悬浮隔振器的电磁力；位移传感器 8 用来测量隔振基座的绝对位移。

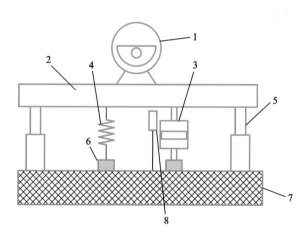

图 7-17　磁悬浮单层隔振实验平台模型

7.4.2　磁悬浮双层隔振系统动力学特性

1. 系统动力学模型

磁悬浮双层隔振系统包括隔振对象 M_A、中间质量 M_R、基础 M_b、上层弹簧

隔振器 I_1 和下层弹簧与磁悬浮隔振器的并联结构 I_2。系统有三个自由度,分别为沿 z 轴的平动自由度,绕 x 轴、y 轴的转动自由度。O_A-$x_Ay_Az_A$ 为隔振对象对应的笛卡儿坐标系,O_R-$x_Ry_Rz_R$ 为中间质量坐标系,O_b-$x_by_bz_b$ 为基础坐标系,如图 7-18 所示。图 7-19 所示为隔振对象和中间质量的隔振器布置图,其中 1、2、3、4 表示普通弹簧,Ⅰ、Ⅱ、Ⅲ、Ⅳ 表示磁悬浮隔振器,A_1、A_2、A_3、A_4 表示隔振对象隔振器,R_1、R_2、R_3、R_4 表示中间质量隔振器。

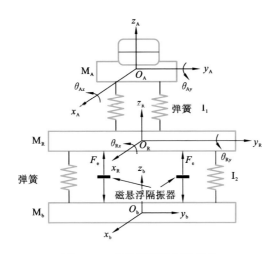

图 7-18　磁悬浮双层隔振系统

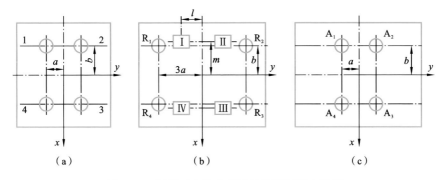

图 7-19　隔振对象和中间质量的隔振器布置图

　　在平台设计过程中,考虑到实际情况下 x 轴和 y 轴的转动角度很小($\leqslant 2°$),故可以近似认为 $\cos\theta_x \approx 1, \sin\theta_x \approx \theta_x, \cos\theta_y \approx 1, \sin\theta_y \approx \theta_y$。接下来分别建立系统各个部分的动力学方程。

1）隔振对象 M_A 的动力学方程

$$M_A \ddot{\boldsymbol{\delta}}_A = -A_a \left[k_A^u (A_b \boldsymbol{\delta}_A - A_c \boldsymbol{\delta}_R) + c_A^u \frac{\mathrm{d}}{\mathrm{d}t} (A_b \boldsymbol{\delta}_A - A_c \boldsymbol{\delta}_R) \right] + \boldsymbol{F}_A^d \quad (7\text{-}12)$$

式（7-12）涉及如下参数。

（1）隔振对象 M_A 的运动和质量参数：

$$\boldsymbol{\delta}_A = \begin{bmatrix} z_A & \theta_{Ax} & \theta_{Ay} \end{bmatrix}^T, \quad \boldsymbol{M}_A = \mathrm{diag}(m_A, J_{Ax}, J_{Ay})$$

其中：z_A 为隔振对象 M_A 沿 z 轴的平动位移；θ_{Ax}、θ_{Ay} 为隔振对象 M_A 绕 x 轴、y 轴的转角；m_A、J_{Ax}、J_{Ay} 分别为隔振对象 M_A 的质量和绕 x 轴、y 轴的转动惯量。

（2）中间质量 M_R 的运动和质量参数：

$$\boldsymbol{\delta}_R = \begin{bmatrix} z_R & \theta_{Rx} & \theta_{Ry} \end{bmatrix}^T, \quad \boldsymbol{M}_R = \mathrm{diag}(m_R, J_{Rx}, J_{Ry})$$

其中：z_R 为中间质量 M_R 沿 z 轴的平动位移；θ_{Rx}、θ_{Ry} 为中间质量 M_R 绕 x 轴、y 轴的转角；m_R、J_{Rx}、J_{Ry} 分别为中间质量 M_R 的质量和绕 x 轴、y 轴的转动惯量。

（3）M_A 上的干扰力：

$$\boldsymbol{F}_A^d = \begin{bmatrix} f_A^d & m_{Ax}^d & m_{Ay}^d \end{bmatrix}^T$$

其中：f_A^d 为干扰力；m_{Ax}^d、m_{Ay}^d 为绕 x 轴、y 轴的干扰力矩。

（4）隔振对象 M_A 弹簧阻尼器参数：k_A^u 为上层弹簧刚度；c_A^u 为上层弹簧阻尼。

（5）其他参数：

$$A_a = \begin{bmatrix} 1 & 1 & 1 & 1 \\ -a & a & a & -a \\ b & b & -b & -b \end{bmatrix}, \quad A_b = \begin{bmatrix} 1 & -a & b \\ 1 & a & b \\ 1 & a & -b \\ 1 & -a & -b \end{bmatrix}, \quad A_c = \begin{bmatrix} 1 & -a & b \\ 1 & a & b \\ 1 & a & -b \\ 1 & -a & -b \end{bmatrix}$$

其中：a、b 为图 7-19 中所示的距离。

2）中间质量 M_R 的动力学方程

$$M_R \ddot{\boldsymbol{\delta}}_R = \boldsymbol{R}_c \boldsymbol{F}_e + A_c \left[k_A^u (A_b \boldsymbol{\delta}_A - A_c \boldsymbol{\delta}_R) + c_A^u \frac{\mathrm{d}}{\mathrm{d}t} (A_b \boldsymbol{\delta}_A - A_c \boldsymbol{\delta}_R) \right]$$

$$- \boldsymbol{R}_a \left[k^d (\boldsymbol{R}_b \boldsymbol{\delta}_R - \boldsymbol{\delta}_b) + c^d \frac{\mathrm{d}}{\mathrm{d}t} (\boldsymbol{R}_b \boldsymbol{\delta}_R - \boldsymbol{\delta}_b) \right] \quad (7\text{-}13)$$

式（7-13）涉及如下参数。

（1）基础运动参数：

$$\boldsymbol{\delta}_b = \begin{bmatrix} z_{b1} & z_{b2} & z_{b3} & z_{b4} \end{bmatrix}^T$$

其中 $z_{bi}(i=1,2,3,4)$ 为基础 M_b 上对应弹簧支承点沿 z 轴的位移。

（2）下层弹簧参数：k^d 为下层弹簧刚度；c^d 为下层弹簧阻尼。

（3）系数矩阵：

$$\boldsymbol{R}_{\mathrm{a}}=\begin{bmatrix} 1 & 1 & 1 & 1 \\ -3a & 3a & 3a & -3a \\ b & b & -b & -b \end{bmatrix}, \quad \boldsymbol{R}_{\mathrm{b}}=\begin{bmatrix} 1 & -3a & b \\ 1 & 3a & b \\ 1 & 3a & -b \\ 1 & -3a & -b \end{bmatrix}$$

$$\boldsymbol{R}_{\mathrm{c}}=\begin{bmatrix} 1 & 1 & 1 & 1 \\ -l & l & l & -l \\ m & m & -m & -m \end{bmatrix}$$

其中 l、m 为图 7-19 中所示的距离。

（4）电磁力：

$$\boldsymbol{F}_{\mathrm{e}}=\begin{bmatrix} F_{\mathrm{I}\,\mathrm{e}} & F_{\mathrm{II}\,\mathrm{e}} & F_{\mathrm{III}\,\mathrm{e}} & F_{\mathrm{IV}\mathrm{e}} \end{bmatrix}^{\mathrm{T}}$$

其中 $F_{i\mathrm{e}}(i=\mathrm{I}、\mathrm{II}、\mathrm{III}、\mathrm{IV})$ 为磁悬浮隔振器电磁力。

（5）其余各个参数可参考式（7-12）的相关参数。

将相关参数代入式（7-12）、式（7-13）可得

$$\begin{cases} m_{\mathrm{A}}\ddot{z}_{\mathrm{A}}=-4k_{\mathrm{A}}^{\mathrm{u}}z_{\mathrm{A}}+4k_{\mathrm{A}}^{\mathrm{u}}z_{\mathrm{R}}-4c_{\mathrm{A}}^{\mathrm{u}}\dot{z}_{\mathrm{A}}+4c_{\mathrm{A}}^{\mathrm{u}}\dot{z}_{\mathrm{R}}+f_{\mathrm{A}}^{\mathrm{d}} \\ J_{\mathrm{A}x}\ddot{\theta}_{\mathrm{A}x}=-4a^{2}k_{\mathrm{A}}^{\mathrm{u}}\theta_{\mathrm{A}x}+4a^{2}k_{\mathrm{A}}^{\mathrm{u}}\theta_{\mathrm{R}x}-4a^{2}c_{\mathrm{A}}^{\mathrm{u}}\dot{\theta}_{\mathrm{A}x}+4a^{2}c_{\mathrm{A}}^{\mathrm{u}}\dot{\theta}_{\mathrm{R}x}+m_{\mathrm{A}x}^{\mathrm{d}} \\ J_{\mathrm{A}y}\ddot{\theta}_{\mathrm{A}y}=-4b^{2}k_{\mathrm{A}}^{\mathrm{u}}\theta_{\mathrm{A}y}+4b^{2}k_{\mathrm{A}}^{\mathrm{u}}\theta_{\mathrm{R}y}-4b^{2}c_{\mathrm{A}}^{\mathrm{u}}\dot{\theta}_{\mathrm{A}y}+4b^{2}c_{\mathrm{A}}^{\mathrm{u}}\dot{\theta}_{\mathrm{R}y}+m_{\mathrm{A}y}^{\mathrm{d}} \end{cases} \quad (7\text{-}14)$$

$$\begin{cases} m_{\mathrm{R}}\ddot{z}_{\mathrm{R}}=\displaystyle\sum_{i=\mathrm{I}}^{\mathrm{IV}}F_{i\mathrm{e}}+4k_{\mathrm{A}}^{\mathrm{u}}z_{\mathrm{A}}-4k_{\mathrm{A}}^{\mathrm{u}}z_{\mathrm{R}}+4c_{\mathrm{A}}^{\mathrm{u}}\dot{z}_{\mathrm{A}}-4c_{\mathrm{A}}^{\mathrm{u}}\dot{z}_{\mathrm{R}} \\ \qquad\quad -4k^{\mathrm{d}}z_{\mathrm{R}}+k^{\mathrm{d}}(z_{\mathrm{b}1}+z_{\mathrm{b}2}+z_{\mathrm{b}3}+z_{\mathrm{b}4}) \\ \qquad\quad -4c^{\mathrm{d}}\dot{z}_{\mathrm{R}}+c^{\mathrm{d}}(\dot{z}_{\mathrm{b}1}+\dot{z}_{\mathrm{b}2}+\dot{z}_{\mathrm{b}3}+\dot{z}_{\mathrm{b}4}) \\ J_{\mathrm{R}x}\ddot{\theta}_{\mathrm{R}x}=-l(F_{\mathrm{I}\,\mathrm{e}}-F_{\mathrm{II}\,\mathrm{e}}+F_{\mathrm{III}\,\mathrm{e}}-F_{\mathrm{IV}\mathrm{e}})+4a^{2}k_{\mathrm{A}}^{\mathrm{u}}\theta_{\mathrm{A}x} \\ \qquad\quad -4a^{2}k_{\mathrm{A}}^{\mathrm{u}}\theta_{\mathrm{R}x}+4a^{2}c_{\mathrm{A}}^{\mathrm{u}}\dot{\theta}_{\mathrm{A}x}-4a^{2}c_{\mathrm{A}}^{\mathrm{u}}\dot{\theta}_{\mathrm{R}x} \\ \qquad\quad -36a^{2}k^{\mathrm{d}}\theta_{\mathrm{R}x}-3ak^{\mathrm{d}}(z_{\mathrm{b}1}-z_{\mathrm{b}2}+z_{\mathrm{b}3}-z_{\mathrm{b}4}) \\ \qquad\quad -36a^{2}c^{\mathrm{d}}\dot{\theta}_{\mathrm{R}x}-3ac^{\mathrm{d}}(\dot{z}_{\mathrm{b}1}-\dot{z}_{\mathrm{b}2}+\dot{z}_{\mathrm{b}3}-\dot{z}_{\mathrm{b}4}) \\ J_{\mathrm{R}y}\ddot{\theta}_{\mathrm{R}y}=m(F_{\mathrm{I}\,\mathrm{e}}+F_{\mathrm{II}\,\mathrm{e}}-F_{\mathrm{III}\,\mathrm{e}}-F_{\mathrm{IV}\mathrm{e}})+4b^{2}k_{\mathrm{A}}^{\mathrm{u}}\theta_{\mathrm{A}y} \\ \qquad\quad -4b^{2}k_{\mathrm{A}}^{\mathrm{u}}\theta_{\mathrm{R}y}+4b^{2}c_{\mathrm{A}}^{\mathrm{u}}\dot{\theta}_{\mathrm{A}y}-4b^{2}c_{\mathrm{A}}^{\mathrm{u}}\dot{\theta}_{\mathrm{R}y}-4b^{2}k^{\mathrm{d}}\theta_{\mathrm{R}y} \\ \qquad\quad +bk^{\mathrm{d}}(z_{\mathrm{b}1}+z_{\mathrm{b}2}-z_{\mathrm{b}3}-z_{\mathrm{b}4})-4b^{2}c^{\mathrm{d}}\dot{\theta}_{\mathrm{R}y} \\ \qquad\quad +bc^{\mathrm{d}}(\dot{z}_{\mathrm{b}1}+\dot{z}_{\mathrm{b}2}-\dot{z}_{\mathrm{b}3}-\dot{z}_{\mathrm{b}4}) \end{cases} \quad (7\text{-}15)$$

2. 系统状态方程

由式（7-14）、式（7-15），根据隔振系统评价标准选取合适的输入量和输出量，建立系统状态方程。

（1）状态变量：

$$
\begin{cases}
\dot{v}_1 = v_4 \\
\dot{v}_2 = v_5 \\
\dot{v}_3 = \dot{v}_6 \\
\dot{v}_4 = \dfrac{1}{m_A}(-4k_A^u v_1 + 4k_A^u v_7 - 4c_A^u v_4 + 4c_A^u v_{10} + f_1) \\
\dot{v}_5 = \dfrac{1}{J_{Ax}}(-4a^2 k_A^u v_2 + 4a^2 k_A^u v_8 - 4a^2 c_A^u v_5 + 4a^2 c_A^u v_{11} + f_2) \\
\dot{v}_6 = \dfrac{1}{J_{Ay}}(-4b^2 k_A^u v_3 + 4b^2 k_A^u v_9 - 4b^2 c_A^u v_6 + 4b^2 c_A^u v_{12} + f_3) \\
\dot{v}_7 = v_{10} \\
\dot{v}_8 = v_{11} \\
\dot{v}_9 = v_{12} \\
\dot{v}_{10} = \dfrac{1}{m_R}(u_1 + u_2 + u_3 + u_4 + 4k_A^u v_1 - 4k_A^u v_7 \\
\qquad\quad + 4c_A^u v_4 - 4c_A^u v_{10} - 4k^d v_7 - 4c^d v_{10}) \\
\dot{v}_{11} = \dfrac{1}{J_{Rx}}[-l(u_1 - u_2 + u_3 - u_4) + 4a^2 k_A^u v_2 - 4a^2 k_A^u v_8 \\
\qquad\quad + 4a^2 c_A^u v_5 - 4a^2 c_A^u v_{11} - 36a^2 k^d v_8 - 36a^2 c^d v_{11}] \\
\dot{v}_{12} = \dfrac{1}{J_{Ry}}[m(u_1 + u_2 - u_3 - u_4) + 4b^2 k_A^u v_3 - 4b^2 k_A^u v_9 \\
\qquad\quad + 4b^2 c_A^u v_6 - 4b^2 c_A^u v_{12} - 4b^2 k^d v_9 - 4b^2 c^d v_{12}]
\end{cases}
$$

$$
\boldsymbol{X} = \begin{bmatrix} v_1 & v_2 & v_3 & v_4 & v_5 & v_6 & v_7 & v_8 & v_9 & v_{10} & v_{11} & v_{12} \end{bmatrix}^T
$$
$$
= \begin{bmatrix} z_A & \theta_{Ax} & \theta_{Ay} & \dot{z}_A & \dot{\theta}_{Ax} & \dot{\theta}_{Ay} & z_R & \theta_{Rx} & \theta_{Ry} & \dot{z}_R & \dot{\theta}_{Rx} & \dot{\theta}_{Ry} \end{bmatrix}^T
$$

（2）输入量：

$$
\boldsymbol{F} = \begin{bmatrix} f_1 & f_2 & f_3 \end{bmatrix} = \begin{bmatrix} f_A^d & m_{Ax}^d & m_{Ay}^d \end{bmatrix}
$$

（3）控制量：

$$
\boldsymbol{U} = \begin{bmatrix} u_1 & u_2 & u_3 & u_4 \end{bmatrix}^T = \begin{bmatrix} F_{\mathrm{I}e} & F_{\mathrm{II}e} & F_{\mathrm{III}e} & F_{\mathrm{IV}e} \end{bmatrix}^T
$$

（4）输出量为传递到基础上的力：

$$
\boldsymbol{Y} = \begin{bmatrix} F_{1d} & F_{2d} & F_{3d} & F_{4d} & F_{\mathrm{I}e} & F_{\mathrm{II}e} & F_{\mathrm{III}e} & F_{\mathrm{IV}e} \end{bmatrix}^T
$$

其中 $F_{id}(i=1,2,3,4)$ 为下层弹簧的弹簧力。

（5）状态方程：假设基础为大地，可不考虑基础运动，即 $\boldsymbol{\delta}_b = b\begin{bmatrix} z_{b1} & z_{b2} & z_{b3} & z_{b4} \end{bmatrix}^T = \boldsymbol{0}$，得到系统的状态方程为

$$\begin{cases} \dot{X} = AX + BU + EF \\ Y = CX + DU \end{cases} \tag{7-16}$$

式中

$$A = \begin{bmatrix}
0 & 0 & 0 & 1 & 0 & 0 & 0 & 0 & 0 & 0 & 0 & 0 \\
0 & 0 & 0 & 0 & 1 & 0 & 0 & 0 & 0 & 0 & 0 & 0 \\
0 & 0 & 0 & 0 & 0 & 1 & 0 & 0 & 0 & 0 & 0 & 0 \\
\dfrac{-4k_A^x}{m_A} & 0 & 0 & \dfrac{-4c_A^x}{m_A} & 0 & 0 & \dfrac{4k_A^x}{m_A} & 0 & 0 & \dfrac{4c_A^x}{m_A} & 0 & 0 \\
0 & \dfrac{-4a^2k_A^x}{J_{Ax}} & 0 & 0 & \dfrac{-4a^2c_A^x}{J_{Ax}} & 0 & 0 & \dfrac{4a^2k_A^x}{J_{Ax}} & 0 & 0 & \dfrac{4a^2c_A^x}{J_{Ax}} & 0 \\
0 & 0 & \dfrac{-4b^2k_A^x}{J_{Ay}} & 0 & 0 & \dfrac{-4b^2c_A^x}{J_{Ay}} & 0 & 0 & \dfrac{4b^2k_A^x}{J_{Ay}} & 0 & 0 & \dfrac{4b^2c_A^x}{J_{Ay}} \\
0 & 0 & 0 & 0 & 0 & 0 & 0 & 0 & 0 & 1 & 0 & 0 \\
0 & 0 & 0 & 0 & 0 & 0 & 0 & 0 & 0 & 0 & 1 & 0 \\
0 & 0 & 0 & 0 & 0 & 0 & 0 & 0 & 0 & 0 & 0 & 1 \\
\dfrac{4k_A^x}{m_R} & 0 & 0 & \dfrac{4c_A^x}{m_R} & 0 & 0 & \dfrac{-4(k_A^x+k^d)}{m_R} & 0 & 0 & \dfrac{-4(c_A^x+c^d)}{m_R} & 0 & 0 \\
0 & \dfrac{4a^2k_A^x}{J_{Rx}} & 0 & 0 & \dfrac{4a^2c_A^x}{J_{Rx}} & 0 & 0 & \dfrac{-4a^2k_A^x-36a^2k^d}{J_{Rx}} & 0 & 0 & \dfrac{-4a^2c_A^x-36a^2c^d}{J_{Rx}} & 0 \\
0 & 0 & \dfrac{4b^2k_A^x}{J_{Ry}} & 0 & 0 & \dfrac{4b^2c_A^x}{J_{Ry}} & 0 & 0 & \dfrac{-4b^2k_A^x-4b^2k^d}{J_{Ry}} & 0 & 0 & \dfrac{-4b^2c_A^x-4b^2c^d}{J_{Rz}}
\end{bmatrix}$$

$$B = \begin{bmatrix}
0 & 0 & 0 & 0 & 0 & 0 & 0 & 0 & 0 & \dfrac{1}{m_R} & \dfrac{-l}{J_{Rx}} & \dfrac{m}{J_{Ry}} \\
0 & 0 & 0 & 0 & 0 & 0 & 0 & 0 & 0 & \dfrac{1}{m_R} & \dfrac{l}{J_{Rx}} & \dfrac{m}{J_{Ry}} \\
0 & 0 & 0 & 0 & 0 & 0 & 0 & 0 & 0 & \dfrac{1}{m_R} & \dfrac{-l}{J_{Rx}} & \dfrac{-m}{J_{Ry}} \\
0 & 0 & 0 & 0 & 0 & 0 & 0 & 0 & 0 & \dfrac{1}{m_R} & \dfrac{l}{J_{Rx}} & \dfrac{-m}{J_{Ry}}
\end{bmatrix}^{\mathrm{T}}$$

$$C = \begin{bmatrix}
0 & 0 & 0 & 0 & 0 & 0 & k^d & -3a \cdot k^d & b \cdot k^d & c^d & -3a \cdot c^d & b \cdot c^d \\
0 & 0 & 0 & 0 & 0 & 0 & k^d & 3a \cdot k^d & b \cdot k^d & c^d & 3a \cdot c^d & b \cdot c^d \\
0 & 0 & 0 & 0 & 0 & 0 & k^d & 3a \cdot k^d & -b \cdot k^d & c^d & 3a \cdot c^d & -b \cdot c^d \\
0 & 0 & 0 & 0 & 0 & 0 & k^d & -3a \cdot k^d & -b \cdot k^d & c^d & -3a \cdot c^d & -b \cdot c^d \\
0 & 0 & 0 & 0 & 0 & 0 & 0 & 0 & 0 & 0 & 0 & 0 \\
0 & 0 & 0 & 0 & 0 & 0 & 0 & 0 & 0 & 0 & 0 & 0 \\
0 & 0 & 0 & 0 & 0 & 0 & 0 & 0 & 0 & 0 & 0 & 0 \\
0 & 0 & 0 & 0 & 0 & 0 & 0 & 0 & 0 & 0 & 0 & 0
\end{bmatrix}$$

$$\boldsymbol{D} = \begin{bmatrix} 0 & 0 & 0 & 0 \\ 0 & 0 & 0 & 0 \\ 0 & 0 & 0 & 0 \\ 0 & 0 & 0 & 0 \\ 1 & 0 & 0 & 0 \\ 0 & 1 & 0 & 0 \\ 0 & 0 & 1 & 0 \\ 0 & 0 & 0 & 1 \end{bmatrix}$$

$$\boldsymbol{E} = \begin{bmatrix} 0 & 0 & 0 & \dfrac{1}{m_A} & 0 & 0 & 0 & 0 & 0 & 0 & 0 & 0 \\ 0 & 0 & 0 & 0 & \dfrac{1}{J_{Ax}} & 0 & 0 & 0 & 0 & 0 & 0 & 0 \\ 0 & 0 & 0 & 0 & 0 & \dfrac{1}{J_{Ay}} & 0 & 0 & 0 & 0 & 0 & 0 \end{bmatrix}^T$$

3. 系统实验平台模型

根据动力设备的隔振要求,建立相应的磁悬浮双层隔振实验平台,其模型如图 7-20 所示。隔振实验平台由激振电动机 1、隔振基座 2、中间质量 3、磁悬浮隔振器 4、普通弹簧 5、导向装置 6、底座 7、加速度传感器 8、位移传感器 9 和力传感器 10 构成。激振电动机与隔振基座刚性连接,共同构成隔振对象(簧载

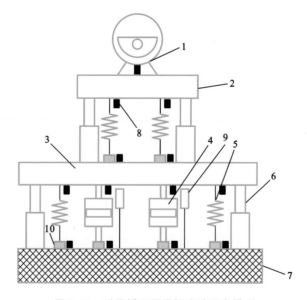

图 7-20　磁悬浮双层隔振实验平台模型

质量)。磁悬浮隔振器与下层普通弹簧并联安装在中间质量与底座之间。由于导向装置的作用,隔振实验平台只能沿竖直方向平动及其他两方向转动,因此该平台有三个自由度,与数学模型一致。

该隔振实验平台中安装了很多传感器,用来测量实验数据。普通弹簧和磁悬浮隔振器下都安装了力传感器,用来测量弹簧力及磁悬浮隔振器的电磁力。位移传感器用来测量隔振基座的绝对位移,在相应的位置安装有加速度传感器,用来测量各点的加速度。

7.4.3 磁悬浮浮筏隔振系统动力学特性

1. 系统动力模型

本小节研究多自由度磁悬浮浮筏隔振系统,将浮筏筏架及隔振对象都简化为刚体。该系统包括隔振对象 M_A、M_B,中间筏架 M_R,基础 M_b,上层弹簧 I_A、I_B,下层弹簧和磁悬浮隔振器的并联结构 I_2。总系统有三个自由度,沿 z 轴的平动自由度及绕 x 轴、y 轴的转动自由度。O_A-$x_A y_A z_A$、O_B-$x_B y_B z_B$ 为隔振对象坐标系,O_R-$x_R y_R z_R$ 为中间筏架坐标系,O_b-$x_b y_b z_b$ 为基础坐标系,如图 7-21 所示。图 7-22 为隔振对象和中间筏架的隔振器布置图,其中 1、2、3、4 表示普通弹簧,Ⅰ、Ⅱ、Ⅲ、Ⅳ表示磁悬浮隔振器。

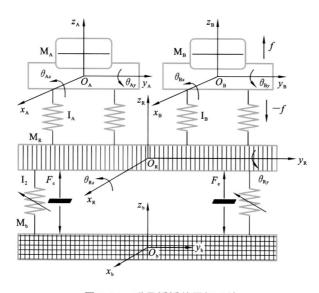

图 7-21 磁悬浮浮筏隔振系统

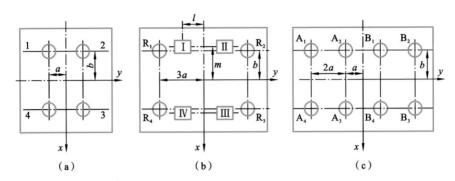

（a） （b） （c）

图 7-22 隔振对象和中间筏架的隔振器布置图

在实验平台设计过程中,考虑到实际情况下 x 轴和 y 轴的转动角很小（$\leqslant 2°$）,故可以近似认为 $\cos\theta_x \approx 1$,$\sin\theta_x \approx \theta_x$,$\cos\theta_y \approx 1$,$\sin\theta_y \approx \theta_y$。下面给出系统各部分的动力学方程。

1）隔振对象 M_A 的动力学方程

$$M_A \ddot{\boldsymbol{\delta}}_A = -\boldsymbol{A}_a \left[k_A^u (\boldsymbol{A}_b \boldsymbol{\delta}_A - \boldsymbol{A}_c \boldsymbol{\delta}_R) + c_A^u \frac{\mathrm{d}}{\mathrm{d}t} (\boldsymbol{A}_b \boldsymbol{\delta}_A - \boldsymbol{A}_c \boldsymbol{\delta}_R) \right] + \boldsymbol{F}_A^d \qquad (7\text{-}17)$$

式（7-17）涉及以下参数。

（1）隔振对象 M_A 的运动和质量参数：

$$\boldsymbol{\delta}_A = \begin{bmatrix} z_A & \theta_{Ax} & \theta_{Ay} \end{bmatrix}^T, \quad \boldsymbol{M}_A = \mathrm{diag}(m_A, J_{Ax}, J_{Ay})$$

（2）中间筏架 M_R 的运动和质量参数：

$$\boldsymbol{\delta}_R = \begin{bmatrix} z_R & \theta_{Rx} & \theta_{Ry} \end{bmatrix}^T, \quad \boldsymbol{M}_R = \mathrm{diag}(m_R, J_{Rx}, J_{Ry})$$

（3）M_A 上的干扰力：

$$\boldsymbol{F}_A^d = \begin{bmatrix} f_A^d & m_{Ax}^d & m_{Ay}^d \end{bmatrix}^T$$

（4）弹簧 I_A 的刚度与阻尼参数：k_A^u 为弹簧刚度；c_A^u 为弹簧阻尼。

（5）其他参数：

$$\boldsymbol{A}_a = \begin{bmatrix} 1 & 1 & 1 & 1 \\ -a & a & a & -a \\ b & b & -b & -b \end{bmatrix}, \quad \boldsymbol{A}_b = \begin{bmatrix} 1 & -a & b \\ 1 & a & b \\ 1 & a & -b \\ 1 & -a & -b \end{bmatrix}, \quad \boldsymbol{A}_c = \begin{bmatrix} 1 & -3a & b \\ 1 & -a & b \\ 1 & -a & -b \\ 1 & -3a & -b \end{bmatrix}$$

将各参数代入式（7-17）得

$$\begin{cases} m_A \ddot{z}_A = -4k_A^u z_A + 4k_A^u (z_R - 2a\theta_{Rx}) - 4c_A^u \dot{z}_A + 4c_A^u (\dot{z}_R - 2a\dot{\theta}_{Rx}) + f_A^d \\ J_{Ax} \ddot{\theta}_{Ax} = -4a^2 k_A^u \theta_{Ax} + 4a^2 k_A^u \theta_{Rx} - 4a^2 c_A^u \dot{\theta}_{Ax} + 4a^2 c_A^u \dot{\theta}_{Rx} + m_{Ax}^d \\ J_{Ay} \ddot{\theta}_{Ay} = -4b^2 k_A^u \theta_{Ay} + 4b^2 k_A^u \theta_{Ry} - 4b^2 c_A^u \dot{\theta}_{Ay} + 4b^2 c_A^u \dot{\theta}_{Ry} + m_{Ay}^d \end{cases} \qquad (7\text{-}18)$$

2）隔振对象 M_B 的动力学方程

$$M_B \ddot{\boldsymbol{\delta}}_B = -\boldsymbol{B}_a \left[k_B^u (\boldsymbol{B}_b \boldsymbol{\delta}_B - \boldsymbol{B}_c \boldsymbol{\delta}_R) + c_B^u \frac{\mathrm{d}}{\mathrm{d}t}(\boldsymbol{B}_b \boldsymbol{\delta}_B - \boldsymbol{B}_c \boldsymbol{\delta}_R) \right] + \boldsymbol{F}_B^d \qquad (7\text{-}19)$$

其中：

$$\boldsymbol{B}_a = \begin{bmatrix} 1 & 1 & 1 & 1 \\ -a & a & a & -a \\ b & b & -b & -b \end{bmatrix}, \quad \boldsymbol{B}_b = \begin{bmatrix} 1 & -a & b \\ 1 & a & b \\ 1 & a & -b \\ 1 & -a & -b \end{bmatrix}, \quad \boldsymbol{B}_c = \begin{bmatrix} 1 & a & b \\ 1 & 3a & b \\ 1 & 3a & -b \\ 1 & a & -b \end{bmatrix}$$

其他参数参考式(7-17)中的。

将各参数代入式(7-19)得

$$\begin{cases} m_B \ddot{z}_B = -4k_B^u z_B + 4k_B^u (z_R + 2a\theta_{Rr}) - 4c_B^u \dot{z}_B + 4c_B^u (\dot{z}_R + 2a\dot{\theta}_{Rr}) + f_B^d \\ J_{Bx} \ddot{\theta}_{Br} = -4a^2 k_B^u \theta_{Br} + 4a^2 k_B^u \theta_{Rr} - 4a^2 c_B^u \dot{\theta}_{Br} + 4a^2 c_B^u \dot{\theta}_{Rr} + m_{Bx}^d \\ J_{By} \ddot{\theta}_{By} = -4b^2 k_B^u \theta_{By} + 4b^2 k_B^u \theta_{Ry} - 4b^2 c_B^u \dot{\theta}_{By} + 4b^2 c_B^u \dot{\theta}_{Ry} + m_{By}^d \end{cases}$$

3）中间筏架 M_R 的动力学方程

$$\boldsymbol{M}_R \ddot{\boldsymbol{\delta}}_R = \boldsymbol{R}_c \boldsymbol{F}_e + \boldsymbol{A}_a \left(k_A^u + c_A^u \frac{\mathrm{d}}{\mathrm{d}t} \right) (\boldsymbol{A}_b \boldsymbol{\delta}_A - \boldsymbol{A}_c \boldsymbol{\delta}_R)$$

$$+ \boldsymbol{B}_a \left(k_B^u + c_B^u \frac{\mathrm{d}}{\mathrm{d}t} \right) (\boldsymbol{B}_b \boldsymbol{\delta}_B - \boldsymbol{B}_c \boldsymbol{\delta}_R) - \boldsymbol{R}_a \left(k^d + c^d \frac{\mathrm{d}}{\mathrm{d}t} \right) (\boldsymbol{R}_b \boldsymbol{\delta}_R - \boldsymbol{\delta}_b) \qquad (7\text{-}20)$$

式(7-20)涉及如下参数。

(1) 基础的运动参数：

$$\boldsymbol{\delta}_b = \begin{bmatrix} z_{b1} & z_{b2} & z_{b3} & z_{b4} \end{bmatrix}^T$$

(2) 下层弹簧 I_2 的参数：k^d 为下层弹簧刚度；c^d 为下层弹簧阻尼。

(3) 磁悬浮隔振器的电磁力：

$$\boldsymbol{F}_e = \begin{bmatrix} F_{Ie} & F_{IIe} & F_{IIIe} & F_{IVe} \end{bmatrix}^T$$

(4) 其他参数：

$$\boldsymbol{R}_a = \begin{bmatrix} 1 & 1 & 1 & 1 \\ -3a & 3a & 3a & -3a \\ b & b & -b & -b \end{bmatrix}, \quad \boldsymbol{R}_b = \begin{bmatrix} 1 & -3a & b \\ 1 & 3a & b \\ 1 & 3a & -b \\ 1 & -3a & -b \end{bmatrix}$$

$$\boldsymbol{R}_c = \begin{bmatrix} 1 & 1 & 1 & 1 \\ -l & l & l & -l \\ m & m & -m & -m \end{bmatrix}$$

将各参数代入式(7-20)可得

$$\begin{cases} m_{R}\ddot{z}_{R} = \sum_{i=I}^{IV} F_{ie} + 4k_{A}^{u}z_{A} - 4k_{A}^{u}(z_{R} - 2a\theta_{Rx}) + 4c_{A}^{u}\dot{z}_{A} - 4c_{A}^{u}(\dot{z}_{R} - 2a\dot{\theta}_{Rx}) \\ \qquad + 4k_{B}^{u}z_{B} - 4k_{B}^{u}(z_{R} + 2a\theta_{Rx}) + 4c_{B}^{u}\dot{z}_{B} - 4c_{B}^{u}(\dot{z}_{R} + 2a\dot{\theta}_{Rx}) - 4k^{d}z_{R} \\ \qquad + k^{d}(z_{b1} + z_{b2} + z_{b3} + z_{b4}) - 4c^{d}\dot{z}_{R} + c^{d}(\dot{z}_{b1} + \dot{z}_{b2} + \dot{z}_{b3} + \dot{z}_{b4}) \\ J_{Rx}\ddot{\theta}_{Rx} = -l(F_{Ie} - F_{IIe} + F_{IIIe} - F_{IVe}) - 8a^{2}k_{A}^{u}z_{A} + 4a^{2}k_{A}^{u}\theta_{Ax} + 8ak_{A}^{u}z_{R} \\ \qquad - 20a^{2}k_{A}^{u}\theta_{Rx} - 8ac_{A}^{u}\dot{z}_{A} + 4a^{2}c_{A}^{u}\dot{\theta}_{Ax} + 8ac_{A}^{u}\dot{z}_{R} - 20a^{2}c_{A}^{u}\dot{\theta}_{Rx} \\ \qquad + 8ak_{B}^{u}z_{B} - 4a^{2}k_{B}^{u}\theta_{Bx} - 8ak_{B}^{u}z_{R} - 20a^{2}k_{B}^{u}\theta_{Rx} + 8ac_{B}^{u}\dot{z}_{B} - 4a^{2}c_{B}^{u}\dot{\theta}_{Bx} \\ \qquad - 8ac_{B}^{u}\dot{z}_{R} - 20a^{2}c_{B}^{u}\dot{\theta}_{Rx} - 36a^{2}k^{d}\theta_{Rx} - 3ak^{d}(z_{b1} - z_{b2} + z_{b3} - z_{b4}) \\ \qquad - 36a^{2}c^{d}\dot{\theta}_{Rx} - 3ac^{d}(\dot{z}_{b1} - \dot{z}_{b2} + \dot{z}_{b3} - \dot{z}_{b4}) \\ J_{Ry}\ddot{\theta}_{Ry} = m(F_{Ie} + F_{IIe} - F_{IIIe} - F_{IVe}) + 4b^{2}k_{A}^{u}\theta_{Ay} - 4b^{2}k_{A}^{u}\theta_{Ry} + 4b^{2}c_{A}^{u}\dot{\theta}_{Ay} \\ \qquad - 4b^{2}c_{A}^{u}\dot{\theta}_{Ry} + 4b^{2}k_{B}^{u}\theta_{By} - 4b^{2}k_{B}^{u}\theta_{Ry} + 4b^{2}c_{B}^{u}\dot{\theta}_{By} - 4b^{2}c_{B}^{u}\dot{\theta}_{Ry} - 4b^{2}k^{d}\theta_{Ry} \\ \qquad + bk^{d}(z_{b1} + z_{b2} - z_{b3} - z_{b4}) - 4b^{2}c^{d}\dot{\theta}_{Ry} + bc^{d}(\dot{z}_{b1} + \dot{z}_{b2} - \dot{z}_{b3} - \dot{z}_{b4}) \end{cases}$$

$$(7\text{-}21)$$

2. 系统状态方程

（1）考虑基础为大地，设状态变量为

$$\begin{cases} \dot{v}_{1} = v_{4} \\ \dot{v}_{2} = v_{5} \\ \dot{v}_{3} = \dot{v}_{6} \\ \dot{v}_{4} = \dfrac{1}{m_{A}}\big[-4k_{A}^{u}v_{1} + 4k_{A}^{u}(v_{13} - 2av_{14}) - 4c_{A}^{u}v_{4} + 4c_{A}^{u}(v_{16} - 2av_{17}) + f_{1}\big] \\ \dot{v}_{5} = \dfrac{1}{J_{Ax}}(-4a^{2}k_{A}^{u}v_{2} + 4a^{2}k_{A}^{u}v_{14} - 4a^{2}c_{A}^{u}v_{5} + 4a^{2}c_{A}^{u}v_{17} + f_{2}) \\ \dot{v}_{6} = \dfrac{1}{J_{Ay}}(-4b^{2}k_{A}^{u}v_{3} + 4b^{2}k_{A}^{u}v_{15} - 4b^{2}c_{A}^{u}v_{6} + 4b^{2}c_{A}^{u}v_{18} + f_{3}) \\ \dot{v}_{7} = v_{10} \\ \dot{v}_{8} = v_{11} \\ \dot{v}_{9} = v_{12} \\ \dot{v}_{10} = \dfrac{1}{m_{B}}(-4k_{B}^{u}v_{7} + 4k_{B}^{u}(v_{13} + 2av_{14}) - 4c_{B}^{u}v_{10} + 4c_{B}^{u}(v_{16} + 2av_{17}) + f_{4}) \\ \dot{v}_{11} = \dfrac{1}{J_{Bx}}(-4a^{2}k_{B}^{u}v_{8} + 4a^{2}k_{B}^{u}v_{14} - 4a^{2}c_{B}^{u}v_{11} + 4a^{2}c_{B}^{u}v_{17} + f_{5}) \\ \dot{v}_{12} = \dfrac{1}{J_{By}}(-4b^{2}k_{B}^{u}v_{9} + 4b^{2}k_{B}^{u}v_{15} - 4b^{2}c_{B}^{u}v_{12} + 4b^{2}c_{B}^{u}v_{18} + f_{6}) \end{cases}$$

$$
\begin{cases}
\dot{v}_{13} = v_{16} \\
\dot{v}_{14} = v_{17} \\
\dot{v}_{15} = v_{18} \\
\dot{v}_{16} = \dfrac{1}{m_R}\big[u_1 + u_2 + u_3 + u_4 + 4k_A^u v_1 - 4k_A^u(v_{13} - 2av_{14}) + 4c_A^u v_4 - 4c_A^u(v_{16} - 2av_{17}) \\
\qquad\quad + 4k_B^u v_7 - 4k_B^u(v_{13} + 2av_{14}) + 4c_B^u v_{10} - 4c_B^u(v_{16} + 2av_{17}) - 4k^d v_{13} - 4c^d v_{16} \big] \\
\dot{v}_{17} = \dfrac{1}{J_{Rx}}\big[-l(u_1 - u_2 + u_3 - u_4) - 8ak_A^u v_1 + 4a^2 k_A^u v_2 + 8ak_A^u v_{13} - 20a^2 k_A^u v_{14} \\
\qquad\quad - 8ac_A^u v_4 + 4a^2 c_A^u v_5 + 8ac_A^u v_{16} - 20a^2 c_A^u v_{17} + 8ak_B^u v_7 - 4a^2 k_B^u v_8 - 8ak_B^u v_{13} \\
\qquad\quad - 20a^2 k_B^u v_{14} + 8ac_B^u v_{10} - 4a^2 c_B^u v_{11} - 8ac_B^u v_{16} - 20a^2 c_B^u v_{17} - 36a^2 k^d v_{14} \\
\qquad\quad - 36a^2 c^d v_{17} \big] \\
\dot{v}_{18} = \dfrac{1}{J_{Ry}}\big[m(u_1 + u_2 - u_3 - u_4) + 4b^2 k_A^u v_3 - 4b^2 k_A^u v_{15} + 4b^2 c_A^u v_6 - 4b^2 c_A^u v_{18} \\
\qquad\quad + 4b^2 k_B^u v_9 - 4b^2 k_B^u v_{15} + 4b^2 c_B^u v_{12} - 4b^2 c_B^u v_{18} - 4b^2 k^d v_{15} - 4b^2 c^d v_{18} \big]
\end{cases}
$$

即

$$
\begin{aligned}
\boldsymbol{X} &= \begin{bmatrix} v_1 & v_2 & v_3 & v_4 & v_5 & v_6 & v_7 & v_8 & v_9 & v_{10} & v_{11} & v_{12} & v_{13} & v_{14} & v_{15} & v_{16} & v_{17} & v_{18} \end{bmatrix}^T \\
&= \begin{bmatrix} z_A & \theta_{Ax} & \theta_{Ay} & \dot{z}_A & \dot{\theta}_{Ax} & \dot{\theta}_{Ay} & z_B & \theta_{Bx} & \theta_{By} & \dot{z}_B & \dot{\theta}_{Bx} \\
\dot{\theta}_{By} & z_R & \theta_{Rx} & \theta_{Ry} & \dot{z}_R & \dot{\theta}_{Rx} & \dot{\theta}_{Ry} \end{bmatrix}^T
\end{aligned}
$$

（2）输入量为 M_A 与 M_B 上的干扰力与干扰力矩：

$$
\boldsymbol{F} = \begin{bmatrix} f_1 & f_2 & f_3 & f_4 & f_5 & f_6 \end{bmatrix}^T = \begin{bmatrix} f_A^d & m_{Ax}^d & m_{Ay}^d & f_B^d & m_{Bx}^d & m_{By}^d \end{bmatrix}^T
$$

（3）控制量为磁悬浮隔振器的电磁力：

$$
\boldsymbol{U} = \begin{bmatrix} u_1 & u_2 & u_3 & u_4 \end{bmatrix}^T = \begin{bmatrix} F_{\mathrm{I}e} & F_{\mathrm{II}e} & F_{\mathrm{III}e} & F_{\mathrm{IV}e} \end{bmatrix}^T
$$

（4）输出量为传递到基础上的力，分为弹簧力和电磁力两部分：

$$
\boldsymbol{Y} = \begin{bmatrix} F_{1d} & F_{2d} & F_{3d} & F_{4d} & F_{\mathrm{I}e} & F_{\mathrm{II}e} & F_{\mathrm{III}e} & F_{\mathrm{IV}e} \end{bmatrix}^T
$$

其中 $F_{id}(i = 1, 2, 3, 4)$ 为下层弹簧的弹簧力。

（5）状态方程：假设基础为大地，可不考虑基础运动，即 $\boldsymbol{\delta}_b = \begin{bmatrix} z_{b1} & z_{b2} & z_{b3} \\ z_{b4} \end{bmatrix}^T = \boldsymbol{0}$，得到系统的状态方程为

$$
\begin{cases}
\dot{\boldsymbol{X}} = \boldsymbol{AX} + \boldsymbol{BU} + \boldsymbol{EF} \\
\boldsymbol{Y} = \boldsymbol{CX} + \boldsymbol{DU}
\end{cases}
\tag{7-22}
$$

式中

$\boldsymbol{A} =$

$$\begin{bmatrix}
0 & 0 & 0 & 1 & 0 & 0 & 0 & 0 & 0 & 0 & 0 & 0 & 0 & 0 & 0 & 0 & 0 \\
0 & 0 & 0 & 0 & 1 & 0 & 0 & 0 & 0 & 0 & 0 & 0 & 0 & 0 & 0 & 0 & 0 \\
0 & 0 & 0 & 0 & 0 & 1 & 0 & 0 & 0 & 0 & 0 & 0 & 0 & 0 & 0 & 0 & 0 \\
\frac{-4k_A^e}{m_b} & 0 & \frac{-4c_A^e}{m_b} & 0 & 0 & 0 & 0 & 0 & 0 & 0 & \frac{4k_b^e}{m_b} & \frac{-8ak_b^e}{m_b} & 0 & \frac{4c_b^e}{m_b} & \frac{-8ac_b^e}{m_b} & 0 \\
0 & \frac{-4a^2k_A^e}{J_{bx}} & 0 & \frac{-4a^2c_A^e}{J_{bx}} & 0 & 0 & 0 & 0 & 0 & 0 & 0 & \frac{4a^2k_b^e}{J_{bx}} & 0 & 0 & \frac{4a^2c_b^e}{J_{bx}} & 0 \\
0 & 0 & \frac{-4b^2k_A^e}{J_{by}} & 0 & \frac{-4b^2c_A^e}{J_{by}} & 0 & 0 & 0 & 0 & 0 & 0 & \frac{4b^2c_b^e}{J_{by}} & 0 & 0 & \frac{4b^2c_b^e}{J_{by}} \\
0 & 0 & 0 & 0 & 0 & 0 & 0 & 0 & 0 & 1 & 0 & 0 & 0 & 0 & 0 & 0 \\
0 & 0 & 0 & 0 & 0 & 0 & 0 & 0 & 0 & 0 & 1 & 0 & 0 & 0 & 0 & 0 \\
0 & 0 & 0 & 0 & 0 & 0 & 0 & 0 & 0 & 0 & 0 & 1 & 0 & 0 & 0 & 0 \\
0 & 0 & 0 & 0 & \frac{-4k_b^e}{M_b} & 0 & \frac{-4c_b^e}{m_b} & 0 & \frac{4k_b^e}{m_b} & \frac{8ak_b^e}{m_b} & 0 & \frac{4c_b^e}{m_b} & \frac{8ac_b^e}{m_b} & 0 \\
0 & 0 & 0 & 0 & \frac{-4a^2k_b^e}{J_{bx}} & 0 & \frac{-4a^2c_b^e}{J_{bx}} & 0 & 0 & \frac{-4a^2k_b^e}{J_{bx}} & 0 & 0 & \frac{4a^2c_b^e}{J_{bx}} & 0 \\
0 & 0 & 0 & 0 & 0 & 0 & \frac{-4b^2k_b^e}{J_{by}} & 0 & \frac{4b^2c_b^e}{J_{by}} & 0 & 0 & \frac{-4b^2c_b^e}{J_{by}} & 0 & 0 & \frac{4b^2c_b^e}{J_{by}} \\
0 & 0 & 0 & 0 & 0 & 0 & 0 & 0 & 0 & 0 & 0 & 0 & 1 & 0 & 0 \\
0 & 0 & 0 & 0 & 0 & 0 & 0 & 0 & 0 & 0 & 0 & 0 & 0 & 1 & 0 \\
0 & 0 & 0 & 0 & 0 & 0 & 0 & 0 & 0 & 0 & 0 & 0 & 0 & 0 & 1 \\
\frac{4c_A^e}{m_R} & 0 & \frac{4c_A^e}{m_R} & 0 & \frac{4k_b^e}{m_R} & 0 & \frac{4c_b^e}{m_R} & 0 & \frac{-4(k_A^e+k_b^e+k^d)}{m_R} & \frac{8a(k_A^e-k_b^e)}{m_R} & 0 & \frac{-4(c_A^e+c_b^e+c^d)}{m_R} & \frac{8a(c_A^e-k_b^e)}{m_R} & 0 \\
\frac{-8ak_A^e}{J_{Rx}} & \frac{4a^2k_A^e}{J_{Rx}} & 0 & \frac{-8ac_A^e}{J_{Rx}} & \frac{4a^2c_A^e}{J_{Rx}} & 0 & \frac{8ak_b^e}{J_{Rx}} & \frac{-4a^2k_b^e}{J_{Rx}} & 0 & \frac{8ac_b^e}{J_{Rx}} & \frac{-4a^2c_b^e}{J_{Rx}} & \frac{8a(k_A^e-k_b^e)}{J_{Rx}} & \frac{-20a^2(k_A^e+k_b^e)-36a^2k^d}{J_{Rx}} & 0 & \frac{8a(c_A^e-c_b^e)}{J_{Rx}} & \frac{-20a^2(c_A^e+c_b^e)-36a^2c^d}{J_{Rx}} & 0 \\
0 & 0 & \frac{-4b^2k_A^e}{J_{Ry}} & 0 & \frac{-4b^2c_A^e}{J_{Ry}} & 0 & \frac{4b^2k_b^e}{J_{Ry}} & 0 & \frac{4b^2c_b^e}{J_{Ry}} & 0 & 0 & \frac{-b^2(k_A^e-k_b^e)-4b^2k^d}{J_{Ry}} & 0 & 0 & \frac{-4b^2(c_A^e-c_b^e)-4b^2c^d}{J_{Ry}}
\end{bmatrix}$$

$$\boldsymbol{B}=\begin{bmatrix}
0 & 0 & 0 & 0 \\
0 & 0 & 0 & 0 \\
0 & 0 & 0 & 0 \\
0 & 0 & 0 & 0 \\
0 & 0 & 0 & 0 \\
0 & 0 & 0 & 0 \\
0 & 0 & 0 & 0 \\
0 & 0 & 0 & 0 \\
0 & 0 & 0 & 0 \\
0 & 0 & 0 & 0 \\
0 & 0 & 0 & 0 \\
0 & 0 & 0 & 0 \\
0 & 0 & 0 & 0 \\
0 & 0 & 0 & 0 \\
\dfrac{1}{m_R} & \dfrac{1}{m_R} & \dfrac{1}{m_R} & \dfrac{1}{m_R} \\
\dfrac{-l}{J_{Rx}} & \dfrac{l}{J_{Rx}} & \dfrac{-l}{J_{Rx}} & \dfrac{l}{J_{Rx}} \\
\dfrac{m}{J_{Ry}} & \dfrac{m}{J_{Ry}} & \dfrac{-m}{J_{Ry}} & \dfrac{-m}{J_{Ry}}
\end{bmatrix}$$

$$C=\begin{bmatrix} 0 & 0 & 0 & 0 & 0 & 0 & 0 & 0 & 0 & 0 & 0 & 0 & k^{d} & -3ak^{d} & bk^{d} & c^{d} & -3ac^{d} & bc^{d} \\ 0 & 0 & 0 & 0 & 0 & 0 & 0 & 0 & 0 & 0 & 0 & 0 & k^{d} & 3ak^{d} & bk^{d} & c^{d} & 3ac^{d} & bc^{d} \\ 0 & 0 & 0 & 0 & 0 & 0 & 0 & 0 & 0 & 0 & 0 & 0 & k^{d} & 3ak^{d} & -bk^{d} & c^{d} & 3ac^{d} & bc^{d} \\ 0 & 0 & 0 & 0 & 0 & 0 & 0 & 0 & 0 & 0 & 0 & 0 & k^{d} & -3ak^{d} & -bk^{d} & c^{d} & -3ac^{d} & -bc^{d} \\ 0 & 0 & 0 & 0 & 0 & 0 & 0 & 0 & 0 & 0 & 0 & 0 & 0 & 0 & 0 & 0 & 0 & 0 \\ 0 & 0 & 0 & 0 & 0 & 0 & 0 & 0 & 0 & 0 & 0 & 0 & 0 & 0 & 0 & 0 & 0 & 0 \\ 0 & 0 & 0 & 0 & 0 & 0 & 0 & 0 & 0 & 0 & 0 & 0 & 0 & 0 & 0 & 0 & 0 & 0 \\ 0 & 0 & 0 & 0 & 0 & 0 & 0 & 0 & 0 & 0 & 0 & 0 & 0 & 0 & 0 & 0 & 0 & 0 \end{bmatrix}$$

$$D=\begin{bmatrix} 0 & 0 & 0 & 0 \\ 0 & 0 & 0 & 0 \\ 0 & 0 & 0 & 0 \\ 0 & 0 & 0 & 0 \\ 1 & 0 & 0 & 0 \\ 0 & 1 & 0 & 0 \\ 0 & 0 & 1 & 0 \\ 0 & 0 & 0 & 1 \end{bmatrix},\quad E=\begin{bmatrix} 0 & 0 & 0 & 0 & 0 & 0 \\ 0 & 0 & 0 & 0 & 0 & 0 \\ 0 & 0 & 0 & 0 & 0 & 0 \\ \dfrac{1}{m_{A}} & 0 & 0 & 0 & 0 & 0 \\ 0 & \dfrac{1}{J_{Ax}} & 0 & 0 & 0 & 0 \\ 0 & 0 & \dfrac{1}{J_{Ay}} & 0 & 0 & 0 \\ 0 & 0 & 0 & 0 & 0 & 0 \\ 0 & 0 & 0 & 0 & 0 & 0 \\ 0 & 0 & 0 & 0 & 0 & 0 \\ 0 & 0 & 0 & \dfrac{1}{m_{B}} & 0 & 0 \\ 0 & 0 & 0 & 0 & \dfrac{1}{J_{Bx}} & 0 \\ 0 & 0 & 0 & 0 & 0 & \dfrac{1}{J_{Bx}} \\ 0 & 0 & 0 & 0 & 0 & 0 \\ 0 & 0 & 0 & 0 & 0 & 0 \\ 0 & 0 & 0 & 0 & 0 & 0 \\ 0 & 0 & 0 & 0 & 0 & 0 \\ 0 & 0 & 0 & 0 & 0 & 0 \\ 0 & 0 & 0 & 0 & 0 & 0 \end{bmatrix}$$

3. 系统实验平台模型

根据动力设备的隔振要求,建立相应的磁悬浮浮筏隔振实验平台,其模型如图 7-23 所示。隔振实验平台由两个激振电动机 1、两个隔振基座 2、筏架 3、磁悬浮隔振器 4、普通弹簧 5、导向装置 6、底座 7、加速度传感器 8、位移传感器 9 和力传感器 10 构成。磁悬浮隔振器与普通弹簧并联安装在筏架与底座之间。激振电动机与隔振基座刚性连接,共同构成隔振对象(簧载质量)。由于导向装置的作用,每个隔振实验平台只能沿竖直方向平动及其他两个方向转动,因此该平台具有三个自由度,与数学模型一致。该隔振实验平台安装了很多传感器,如加速度传感器、位移传感器、力传感器,用来测量实验数据,具体参考图 7-20 相应部分的说明。

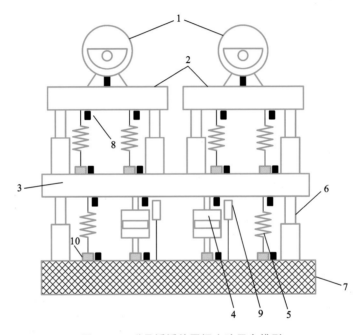

图 7-23　磁悬浮浮筏隔振实验平台模型

7.5　磁悬浮隔振系统的控制系统

7.5.1　控制策略

采用力的传递率作为隔振系统的指标,即采用主动控制的目的是尽可能减少系统传递到基础上的力。考虑到力的正负关系,为了更准确地表达力的大小,这里选取传递到基础上的力的平方和作为系统的控制目标的性能指标函数。

7.5.2　控制模型

分析 7.4 节所建立的各种磁悬浮主动隔振系统可知,传递到基础上的力(输出力),无一例外都是由两部分组成的,一为普通弹簧的弹簧力(包括弹簧弹力和阻尼力)F_d,二为主动磁悬浮隔振器产生的电磁力 F_e。因此,传递到基础上的力可以表示为

$$F_{\text{out}} = \sum_{i=1}^{N_D} F_{id}(t) + \sum_{j=1}^{N_{MD}} F_{je}(t) \tag{7-23}$$

式中:N_D、N_{MD} 分别为基础与筏架(中间质量)间的普通弹簧和磁悬浮隔振器的数量。

由于采用的是使力的传递率最小的控制策略,因此根据式(7-23)可以推出系统的性能指标函数,表示为

$$\begin{aligned}
J = \int_0^\infty \big[& q_1 \left(F_{1d}\right)^2 + q_2 \left(F_{2d}\right)^2 + \cdots + q_i \left(F_{id}\right)^2 + \cdots + q_{N_D} \left(F_{N_D d}\right)^2 \\
& + q_{N_D+1} \left(F_{1e}\right)^2 + q_{N_D+2} \left(F_{2e}\right)^2 + \cdots + q_{N_D+j} \left(F_{je}\right)^2 + \cdots \\
& + q_{N_D+N_{MD}} \left(F_{N_{MD}e}\right)^2 \big] \mathrm{d}t
\end{aligned} \tag{7-24}$$

式中:$q_1, q_2, \cdots, q_i, \cdots, q_{N_D}, q_{N_D+1}, q_{N_D+2}, \cdots, q_{N_D+j}, \cdots, q_{N_D+N_{MD}}$ 为输出加权系数。

然而由于实际系统的磁悬浮隔振器所能提供的主动控制力有一定范围,考虑到主动隔振器的能力及系统的稳定性,需要对式(7-24)给出的性能指标函数进行修正,得到

$$\begin{aligned}
J' = \int_0^\infty \big[& q_1 \left(F_{1d}\right)^2 + q_2 \left(F_{2d}\right)^2 + \cdots + q_i \left(F_{id}\right)^2 + \cdots + q_{N_D} \left(F_{N_D d}\right)^2 \\
& + q_{N_D+1} \left(F_{1e}\right)^2 + q_{N_D+2} \left(F_{2e}\right)^2 + \cdots + q_{N_D+j} \left(F_{je}\right)^2 + \cdots \\
& + q_{N_D+N_{MD}} \left(F_{N_{MD}e}\right)^2 + r_1 U_1^2 + r_2 U_2^2 + \cdots \\
& + r_j U_j^2 + \cdots + r_{N_{MD}} U_{MD}^2 \big] \mathrm{d}t
\end{aligned} \tag{7-25}$$

式中:$r_1, r_2, \cdots, r_j, \cdots, r_{N_{MD}}$ 为主动控制加权系数;U_j 为控制力。

主动控制加权系数根据主动隔振器的能力,可选取合适的值。其值越大,代表主动隔振器的输出力越大,反之越小。

记 $\boldsymbol{Q}_1 = \mathrm{diag}\,(q_1, q_2, \cdots, q_i, \cdots, q_{N_D}, q_{N_D+1}, q_{N_D+2}, \cdots, q_{N_D+j}, \cdots, q_{N_D+N_{MD}})$,$\boldsymbol{R}_1 = \mathrm{diag}\,(r_1, r_2, \cdots, r_j, \cdots, r_{N_{MD}})$。根据式(7-10)、式(7-16)、式(7-22)、式(7-24)和式(7-25)可得

$$\left\{ \begin{aligned}
& q_1 \left(F_{1d}\right)^2 + q_2 \left(F_{2d}\right)^2 + \cdots + q_i \left(F_{id}\right)^2 + \cdots + q_{N_D} \left(F_{N_D d}\right)^2 + q_{N_D+1} \left(F_{1e}\right)^2 \\
& \quad + q_{N_D+2} \left(F_{2e}\right)^2 + \cdots + q_{N_D+j} \left(F_{je}\right)^2 + \cdots + q_{N_D+N_{MD}} \left(F_{N_{MD}e}\right)^2 = \boldsymbol{Y}^{\mathrm{T}} \boldsymbol{Q}_1 \boldsymbol{Y} \\
& r_1 U_1^2 + r_2 U_2^2 + \cdots + r_j U_j^2 + \cdots + r_{N_{MD}} U_{MD}^2 = \boldsymbol{U}^{\mathrm{T}} \boldsymbol{R}_1 \boldsymbol{U}
\end{aligned} \right. \tag{7-26}$$

$$Y^{\mathrm{T}}Q_1Y+U^{\mathrm{T}}R_1U=X^{\mathrm{T}}C^{\mathrm{T}}Q_1CX+2X^{\mathrm{T}}C^{\mathrm{T}}Q_1DU+U^{\mathrm{T}}(R_1+D^{\mathrm{T}}Q_1D)U$$

$$(7\text{-}27)$$

即

$$Y^{\mathrm{T}}Q_1Y+U^{\mathrm{T}}R_1U=X^{\mathrm{T}}QX+2X^{\mathrm{T}}NU+U^{\mathrm{T}}RU$$

其中：$Q=C^{\mathrm{T}}Q_1C$；$N=C^{\mathrm{T}}Q_1D$；$R=R_1+D^{\mathrm{T}}Q_1D$。

式(7-27)可变换为

$$J' = \int_0^{\infty} (X^{\mathrm{T}}QX + 2X^{\mathrm{T}}NU + U^{\mathrm{T}}RU)\mathrm{d}t \qquad (7\text{-}28)$$

根据极值原理，很容易求得性能指标函数 J' 取极小值时的理想控制力：

$$U=-R^{-1}(N^{\mathrm{T}}+B^{\mathrm{T}}P)X=-GX \qquad (7\text{-}29)$$

式中：G 为最优反馈增益矩阵；P 为 Riccati 矩阵代数方程 $PA+A^{\mathrm{T}}P-PBR^{-1}B^{\mathrm{T}}P+Q=0$ 的解。

7.6 LQR 控制系统仿真

7.6.1 磁悬浮单层隔振系统

LQR(linear quadratic regulator)即线性二次型调节器，控制方法简单，便于实现，同时利用 MATLAB 强大的功能体系容易对系统实现仿真。本节利用 MATLAB 的 Simulink 工具箱进行 LQR 隔振控制仿真分析。磁悬浮单层隔振实验平台动力机械总质量约为 818.9 kg，刚度约为 1.8×10^6 N/m，阻尼约为 6.38×10^3 N/m。计算得到无磁悬浮主动控制条件下谐振频率约为 7.5 Hz。为了便于分析系统在不同频率下的隔振效果，且使仿真数据能与实验数据进行对比，设置仿真参数与实际实验台的参数一致。激振力采用扫频信号，激振力频率为 0～40 Hz，幅值为 400 N。根据实测磁悬浮隔振器的电磁力数据，以及隔振系统参数对隔振性能的影响程度，取 $Q_1=\mathrm{diag}(1,1)$，仿真时间为 4 s。

通过仿真得到在同等输入力下，有控制(主动系统)和无控制(被动系统)的输出力时域曲线，如图 7-24 所示。主动控制下，低频段输出力与无控制的情况相比明显减小，尤其在原系统谐振频率 7.5 Hz 附近，力的幅值减小了近 60%，有明显的隔振效果。通过图 7-25 所示力传递率曲线也可以看出：主动控制下，低频段隔振效果提高(即力传递率降低)了 1～3 dB，7.5 Hz 处无明显谐振区，隔振效果提高了 8～10 dB；高频段也能充分发挥被动隔振的优势，具有较好的隔振效果。因此该平台在整个频率范围内具有良好的隔振效果。

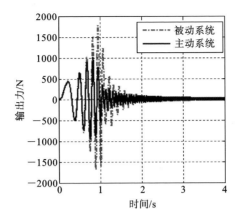

图 7-24　主被动单层系统输出力时域曲线

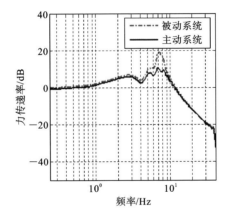

图 7-25　主被动单层系统力传递率曲线

7.6.2　磁悬浮浮筏隔振系统

运用 Simulink 对磁悬浮浮筏隔振系统进行仿真,仿真的相关数据如下:m_A $=105.2$ kg,$J_{Ax}=7.00$ kg·m^2,$J_{Ay}=8.02$ kg·m^2;$m_B=105.2$ kg,$J_{Bx}=7.00$ kg·m^2,$J_{By}=8.02$ kg·m^2;$m_R=675.7$ kg,$J_{Rx}=129.73$ kg·m^2,$J_{Ry}=69.15$ kg·m^2;$k_A^u=120$ N/mm,$c_A^u=50.24$ N·s/m,$k_B^u=60$ N/mm,$c_B^u=35.53$ N·s/m,$k^d=450$ N/mm,$c^d=243.3$ N·s/m,$l=0.6$,$m=0.4$,$a=0.3$,$b=$ 0.3.计算出系统的几个主要谐振频率约为:6.4 Hz,8.3 Hz 和 12.0 Hz。

隔振对象 M_A 的激振力与力矩如下:$f_A^d=400×\mathrm{chirp}(t,0.01,4,40)$ N,

$m_{Ax}^d = 40 \text{ N} \cdot \text{m}, m_{Ay}^d = 100 \text{ N} \cdot \text{m}$。扫描信号:激振力频率为 $0.01 \sim 40$ Hz,幅值为 400 N,时间为 4 s。

隔振对象 M_B 的激振力与力矩如下: $f_B^d = 200 \times \text{chirp}(t, 0.01, 4, 40)$ N, $m_{Bx}^d = 20 \text{ N} \cdot \text{m}, m_{Ay}^d = 80 \text{ N} \cdot \text{m}$。扫描信号:激振力频率为 $0.01 \sim 40$ Hz,幅值为 200 N,时间为 4 s。

取 $Q_1 = \text{diag}(5,5,5,5,30,30,30,30), R_1 = \text{diag}(10,10,10,10)$,仿真时间为 4 s。

通过仿真可得有无主动隔振两个系统在相同输入情况下的输出力时域曲线,如图 7-26 所示。从曲线中可以看出: $0.5 \sim 1.5$ s 区间内,主动控制下输出力较无控制的明显减小,力的幅值减小了近一半,说明系统有明显的隔振效果;在 $1.5 \sim 4$ s 区间内,主动系统的隔振效果也非常明显。为了更深入地分析隔振效果,图 7-27 给出了两个系统的力传递率曲线,通过对比可以看出:主动控制下,低频段隔振效果提高(即力传递率降低)了近 2 dB,被动系统在 6.4 Hz、8.3 Hz 和 12.0 Hz 附近的谐振波峰基本消失,波峰处的隔振效果提高了约 15 dB。主动隔振系统在 15 Hz 以上的高频段也具有很好的隔振效果,因此在整个频率范围内具有良好的隔振效果。

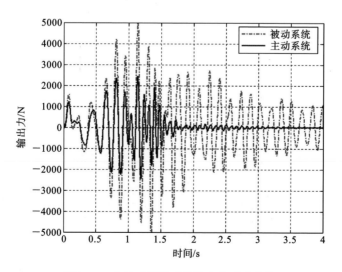

图 7-26 主被动浮筏系统输出力时域曲线

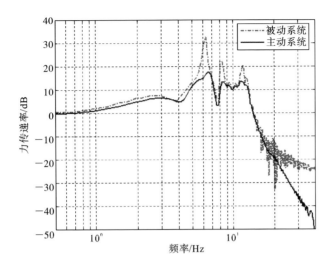

图 7-27 主被动浮筏系统输出力传递率曲线

7.7 实验分析

7.7.1 隔振系统结构设计

构建磁悬浮主动隔振实验装置，如图 7-28 和图 7-29 所示。该装置由上层基座、激振电动机、中间层、锁死支承杆、导向装置、磁悬浮隔振器、普通弹簧、力传感器、位移传感器、基础等部分组成。下面对各组成部分进行说明。

图 7-28 磁悬浮主动隔振系统实验装置

图 7-29 磁悬浮浮筏隔振系统实验装置

上层基座:主要用于固定激振电动机,并与激振电动机刚性固定在一起共同构成簧载质量。上层基座可设两个,目的是既可以研究磁悬浮单(双)层隔振系统的特性,又可以研究磁悬浮浮筏系统的隔振特性。图 7-28 所示为安装一个上层基座及相应激振电动机的磁悬浮单(双)层隔振系统;图 7-29 所示为安装两个上层基座及相应激振电动机的磁悬浮浮筏系统。

激振电动机:激振电动机为 TZDXZ 系列振动电动机,如图 7-30(a)所示。振动电动机通过双侧偏心块得到激振力。电动机偏心质量为 0.8 kg,偏心距为 0.06 m。实验时,根据不同的需求利用变频器(见图 7-30(b))调频。激振力与频率的关系如图 7-30(c)所示。

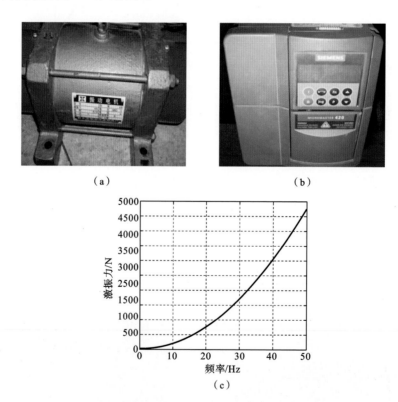

图 7-30　激振电动机、变频器及激振力与频率的关系

(a)激振电动机;(b)变频器;(c)激振力与频率的关系

中间层:在磁悬浮单层隔振系统中,中间层通过锁死支承杆与隔振基座刚性连接在一起,构成下层弹簧的簧载质量;在磁悬浮双层或者浮筏隔振系统中,中间层分别作为中间质量或者筏架。中间层上下都有弹性支承。

锁死支承杆:用于将中间层与上层基座固定在一起,构成单层隔振系统。其余时候可以作为辅助件,方便系统安装调试。

导向装置:用于导向和限制系统的自由度,由导柱和关节轴承等构成,图 7-31 所示为其中一个直杆球头杆端关节轴承,为浙江丽水精久轴承有限公司的 SQZ12-RS 自润滑直杆球头杆端关节轴承。

图 7-31　直杆球头杆端关节轴承

磁悬浮隔振器为自制设备,前文已经介绍,这里不赘述。磁悬浮隔振器共 4 个。

普通弹簧:弹簧分上下两组。上层弹簧安装在上层基座与中间层之间,每个上层基座上可以安装 4 个,刚度为 120 N/mm,阻尼比为 0.045 或 0.01。下层弹簧安装在中间层与底座之间,最多可以安装 6 个(这里选择安装 4 个),刚度有 300 N/mm 和 450 N/mm 两种,阻尼比为 0.045 或 0.01。

力传感器与位移传感器前文已经介绍,图 7-32 所示为位移传感器、力传感器及加速度传感器安装图。

基础:基础为刚性结构,与大地固定在一起,不考虑其弹性振动与运动位移。

（a）　　　　　　　　　　　　　　　　（b）

图 7-32　位移传感器、力传感器及加速度传感器安装图

（a）位移传感器；(b) 力传感器及加速传感器

为了分析多种激励下磁悬浮隔振器的响应特性,该实验在设计的时候充分考虑所用激振器,除了采用激振电动机激振外,也可采用 B&K 4824 激振器(见图 7-33(a))进行激振,B&K 4824 激振器的总体安装图如图 7-33(b)所示,详细安装图如图 7-33(c)所示。

图 7-33　B&K 4824 激振器及其在实验台上的安装图

(a) B&K 4824 激振器;(b) 总体安装图;(c) 详细安装图

7.7.2　磁悬浮单层隔振系统实验分析

下面研究磁悬浮单层隔振系统在主动控制下,主动系统与被动系统的隔振效果对比,通过数据分析得到,在同等输入力条件下,主被动单层系统的输出力曲线如图 7-34 所示。通过曲线可以看到,有主动控制时,输出力整体较被动系统的小,尤其在无控制的谐振频率 7.5 Hz 附近输出力大小不足被动系统输出力大小的 40%,与仿真结果基本一致。进而对力传递率曲线进行了对比分析,如图 7-35 所示。通过曲线可以看出:主动控制条件下,原系统谐振频率 7.5 Hz 附近系统的隔振效果提高(即力传递率降低)了近 8 dB,与仿真结果极为接近。

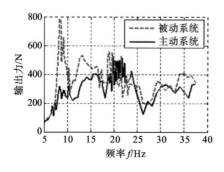

图 7-34　主被动单层系统输出力曲线

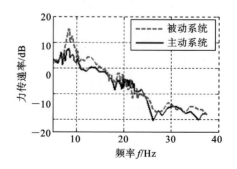

图 7-35　主被动单层系统力传递率曲线

7.7.3　磁悬浮浮筏隔振系统实验分析

在研究被动系统的基础上,加入主动控制,在同等输入力条件下,主被动浮筏系统的力传递率曲线如图 7-36 所示。有主动控制时,隔振效果几乎在全频域内提高,其中在系统两个典型固有频率 6.5 Hz 与 12.2 Hz 的谐振峰处,力传递率分别降低了约 17 dB 和 8 dB,隔振效果有很大提高。

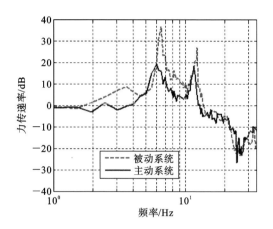

图 7-36　主被动浮筏隔振系统的力传递率曲线

7.8　本章小结

本章建立了磁悬浮隔振器的数学模型,选择适当的参数,设计了磁悬浮隔振器。根据实际工况,考虑衔铁和 E 形磁铁的铁磁材料的磁饱和、漏磁、磁场耦合等因素,建立了磁悬浮隔振系统的三维静态电磁场有限元模型,计算了电磁场分布。对磁悬浮隔振器的电磁力进行实际测量,进而对理论电磁力公式参数进行修正,得到了实际的磁悬浮隔振器电磁力与位移、电流之间的关系;将磁悬浮隔振器应用于被动隔振系统,建立了磁悬浮隔振系统主动系统动力学方程及对应的状态方程,选用最小输出力作为磁悬浮隔振系统隔振控制指标,建立了控制模型,推导出了性能指标函数表达式,考虑磁悬浮隔振器的实际能力,对此性能指标函数进行修正,得到修正的性能指标函数。搭建仿真控制程序,最后进行了实验分析。经过仿真和实验分析发现:在浮筏隔振系统的两个典型固有频率 6.5 Hz 与 12.2 Hz 处,力传递率分别降低了约 17 dB 和 8 dB。因此,在浮

筏隔振系统的振动峰值处，LQR 控制系统具有很好的隔振效果。

本章参考文献

[1] 胡业发,周祖德,江征风.磁力轴承的基础理论与应用[M].北京:机械工业出版社,2006.

[2] 宋春生.柔性浮筏系统的磁悬浮主动隔振理论与控制技术研究[D].武汉:武汉理工大学,2011.

[3] 宋春生,胡业发,周祖德.差动式磁悬浮隔振系统的主动控制机理研究[J].振动与冲击,2010,29 (7):24-27,104.

第8章
磁悬浮微重力隔振系统

8.1 空间微重力环境与磁悬浮隔振装置

8.1.1 空间微重力环境与空间科学实验

近年来,我国的空间探索活动蓬勃发展。对于在轨航天飞行器而言,其所受的重力与运动所产生的惯性离心力平衡,处于"失重"状态。此时,诸如对流、沉降、流体静压力等物理现象会消失,这对材料加工、生物学实验等研究很有意义。

航天飞行器在轨运行期间会受到内部振动和外部环境引起的干扰,从而达不到完全失重状态,处在一种"微重力"环境,该"微重力"大小通过加速度来度量,也称为微重力加速度。根据航天飞行器所受干扰的来源和性质不同,微重力加速度分为三类(见表 8-1),分别为准稳态加速度、振动加速度和瞬变加速度。这些扰动源具有幅值小、频率分布范围广、振动形式多样等特点,会严重影响有效载荷的微重力加速度水平。

表 8-1 微重力加速度分类

分类	频率范围	加速度量级	持续时间	作用力来源
准稳态加速度	<0.01 Hz	峰值在 $10^{-6}g$ 以下	很长	大气阻力、潮汐力、太阳辐射压等
振动加速度	$0.01\sim300$ Hz	均方根值为 $10^{-5}g\sim10^{-4}g$ 量级	较长	泵、风扇、电动机、离心机、压缩机等
瞬变加速度	频带较宽	峰值达 $10^{-2}g$ 量级	不定	变轨、姿轨控、航天员动作,机械设备的启动等

注:g 为地球表面重力加速度,取 9.8 m/s²。

研究对象不同,空间科学研究所涉及的各学科对微重力环境的要求也不同。美国国家航空航天局(NASA)的科学家根据不同的实验类型和项目系统地分析了各学科微重力科学实验研究对微重力扰动的敏感程度,得到各类微重力科学实验所要满足的微重力水平要求,如图 8-1 所示。从中可以发现,在极低频(<0.01 Hz)时,像航天飞机、和平号空间站和国际空间站这样的空间平台,可以提供一个满足要求的近似无重力($10^{-6}g$)的空间环境,在这个环境里可以进行材料科学、流体物理和蛋白质生长等多种科学实验。当频率大于 0.1 Hz时,实际环境超出设计要求,空间站的微重力环境就会影响空间科学实验。比如蛋白质晶体的生长需要一个振动频率低于 0.1 Hz 的准静环境,加速度大于 $10^{-6}g$ 的扰动会破坏流场和结晶过程,使实验不能达到预期的结果,甚至严重歪曲,导致实验失败。因此,良好的微重力水平是高水平微重力科学研究得以成功的重要保障。

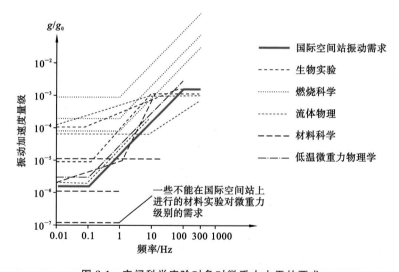

图 8-1 空间科学实验对象对微重力水平的要求

国际空间站规划建设初期就考虑到空间科学实验微重力环境需求,为满足多数空间科学实验对微重力的要求,空间站要满足的微重力环境要求如下:

(1) 对于 0.01~0.1 Hz 的扰动,空间站上的微重力加速度在 $1.6 \times 10^{-6}g$以下;

(2) 对于 0.1~100 Hz 的扰动,空间站上的振动加速度不超过 $f \times 1.6 \times 10^{-6}g$,即加速度上限随振动频率 f 线性变化;

(3) 对于 100~300 Hz 的扰动,空间站上的微重力加速度在 $1.6 \times 10^{-3}g$ 以下。

但是通过典型的微重力环境评估可以发现,空间站的微重力环境并没有完全满足设计之初的加速度要求,如图8-2所示。其中,分析振动加速度和瞬变加速度对微重力实验的影响很难,而且振动加速度和瞬变加速度已在各种飞行任务中被大量测试,属于隔振的重点研究对象。显然,如果不采取特殊措施,空间站的环境很难满足科学实验的要求。为保证微重力科学实验的真实有效,需要对科学实验载荷进行振动隔离。

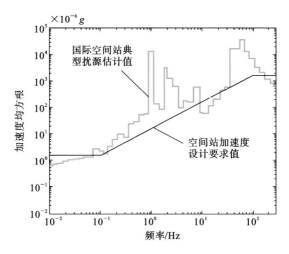

图 8-2 空间站典型微重力环境评估

8.1.2 空间微重力隔振装置

为了将科学实验载荷从载人空间站上存在的各种振动中隔离出来,载人空间站会配备微重力隔振平台。国外由于高精密航天飞行器的研发起步较早,因此对空间微振动的研究也比较深入,对微振动产生的机理及其对敏感设备产生的影响进行了大量的地面和在轨测试及理论分析工作;而我国还没有成熟可靠的微重力隔振系统。

目前,隔振技术按照振动控制机理的不同分为被动隔振和主动隔振两种方式。被动隔振主要依靠各类阻尼器件(如弹簧、橡胶等)进行隔振,由于不需要外界能源,装置结构简单,隔振效果与可靠性较好,因此在许多航天设备隔振中都有研究应用。由于被动隔振主要用于消减10 Hz以上的高频振动,其对低频(0.01~1 Hz)振动的抑制不明显,且不能抑制载荷自身产生的扰动,同时考虑到科学实验对低频段振动的敏感性,因此需要采用主动隔振方式(隔离小至

0.01 Hz 的振动），使系统具有较低的支承刚度以隔离外扰动，同时使系统具有较高的支承刚度抑制实验载荷产生的惯性扰动。

主动隔振指在振动控制过程中，根据传感器检测到的载荷振动，应用一定的控制策略，经过实时计算，驱动作动器对载荷施加一定反作用力或力矩来抑制载荷振动，从而达到隔振目的。依据隔离对象的不同，微重力主动隔振系统可分为整柜级（rack-load）微重力主动隔振系统和载荷级（pay-load）微重力主动隔振系统两类。

1. 整柜级微重力主动隔振系统

整柜级微重力主动隔振系统的应用对象是国际标准载荷柜，该载荷柜可容纳多套科学实验载荷。由于国际标准载荷柜的体积与质量较大，隔振系统需要对载荷柜进行固定，并且需要足够大的空间和作用力，因此整柜级微重力主动隔振系统均使用接触式作动器进行主动隔振，其隔振装置主要包括美国波音公司开发的主动机架隔离系统（active rack isolation system，ARIS）和加拿大开发的微重力隔振系统（microgravity vibration isolation subsystem，MVIS）。其中 ARIS 主要由 8 个磁悬浮作动器组件、3 个加速度计组件、4 组二维位置敏感器（position sensitive detector，PSD）组件、4 组缓冲器组件等组成，并配置了实验载荷、多媒体显示、电源控制和电气控制等设备模块，如图 8-3 所示。实验载荷可放置在中心实验载荷模块中进行独立工作，并受到来自空间站和地面中心的

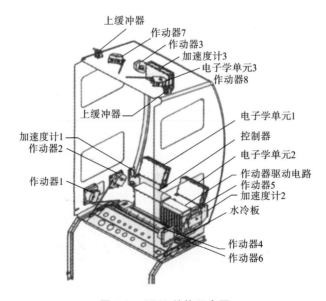

图 8-3　ARIS 结构示意图

控制。ARIS 装置于 1996 年上天,经过 1700 多次测试,于 2001 年完成测试,后续应用于流体科学实验与材料科学研究。MVIS 是加拿大专门为国际空间站哥伦布舱流体科学实验装置研制的一套主动隔振系统,体积略小于 ARIS,已于 2008 年 2 月随哥伦布舱进入国际空间站。MVIS 在 5～200 Hz 范围内设计减振指标为 20 dB,最大的特点是通用性较好,但是并没有设计定向功能。其实物图如图 8-4 所示。

图 8-4 MVIS 实物图

2. 载荷级微重力主动隔振系统

载荷级微重力主动隔振系统则直接针对单个科学实验载荷进行隔振。由于隔振对象质量和体积较小,无国际标准载荷柜的结构限制,载荷级微重力主动隔振系统的结构形式更加多样化,均采用非接触式电磁作动器。载荷级微重力主动隔振装置包括美国在 1995 年和 2002 年开发的 STABLE(suppression of transient accelerations by levitation evaluation,磁悬浮评估瞬态加速度抑制)系统(见图 8-5)和 g-LIMIT(glove box integrated microgravity isolation technology,微重力隔振技术集成手套箱)系统(见图 8-6),分别应用于流体力学实验和燃烧实验。其中,g-LIMIT 是 NASA 在 STABLE

图 8-5 STABLE 系统实物图

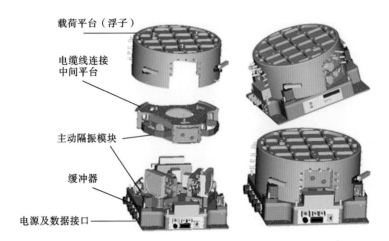

载荷平台（浮子）

电缆线连接
中间平台

主动隔振模块

缓冲器

电源及数据接口

图 8-6　g-LIMIT 系统结构示意图

系统的基础上设计的隔振装置，主要用于微重力科学手套箱（microgravity sci-ence glove box），具有较高的集成度和模块化水平。它将作动器和测量系统分成三个相同的单元，每个单元都有一个双轴洛伦兹力作动器、两轴加速度计组合和一套二维位置测量系统，大大简化了加工工艺和装配复杂度。作动器没有冗余，通电线圈和磁铁组件采用分体式设计，避免两者物理接触，减少了扰动传输途径。

　　另外，加拿大开发的 MIM（microgravity-vibration isolation mount）系列隔振系统，包括 MIM-1、MIM-2 和双层隔振系统 MIM-BU（见图 8-7 至图 8-9），主要应用于流体科学实验。其中，为国际空间站实验柜 express rack 研制的载荷

图 8-7　MIM-1 系统实物图

图 8-8　MIM-2 系统实物图

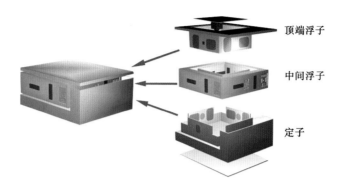

图 8-9　MIM-BU 系统结构示意图

顶端浮子

中间浮子

定子

级隔振装置 MIM-BU 的技术水平最高,它的最大特点是采用双浮子结构。中间浮子当作反应质量块,可以阻止外界传递给顶端浮子的扰动。在纯隔振模式下,该装置可以获得更大的衰减幅值,隔振性能得到很大的提升,对于 0.01～300 Hz 的振动能够实现 60 dB 的振动衰减。该装置主要用于研究重力抖动对不同类型空间科学实验的影响,在隔离太空飞船随机振荡的同时,它也可以驱动顶端浮子对实验载荷激发 0.01～50 Hz 的可控振荡,其加速度幅值可以达到 $50 \times 10^{-6} g \sim 1 \times 10^{-3} g$。

目前,国内的哈尔滨工业大学和中国科学院主要针对载荷级隔振装置的作动器结构设计、测量模型、系统动力学建模、主动控制,以及作动器驱动电路等进行研究。图 8-10 和图 8-11 所示分别是其微重力主动隔振系统。系统由定子和浮子两部分组成,定子是系统的支承单元,由底板和四块侧板构成,而浮子是科学实验载荷的定位安装台,在浮子上面可以完成微重力环境下的科学实验。

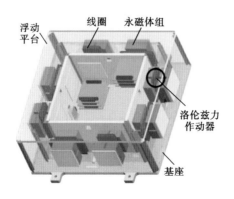

浮动平台

线圈　永磁体组

洛伦兹力作动器

基座

图 8-10　哈尔滨工业大学的微重力主动隔振系统

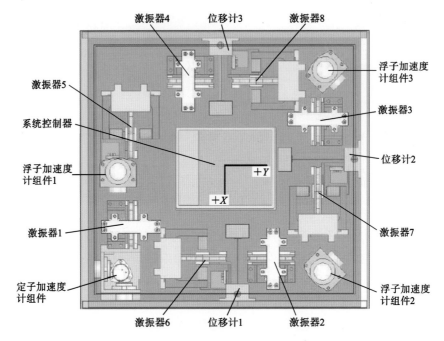

图 8-11 中国科学院的微重力主动隔振系统

浮子和定子之间通过脐带线相连,脐带线是定子给浮子传递扰动的唯一途径。载荷级微重力主动隔振系统结构框图如图 8-12 所示。

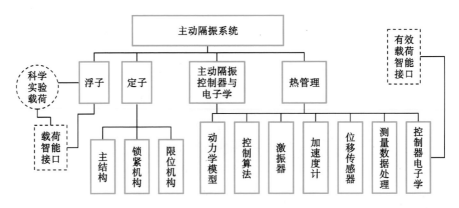

图 8-12 载荷级微重力主动隔振系统结构框图

(1) 定子 包括以下几部分:

① 主结构;

② 锁紧机构 用于在发射及在轨操作时有效定位浮子;

③ 限位机构　用于在瞬态扰动造成浮子位移过大时对浮子进行安全限位,保护浮子载荷免受过大冲击,保证系统稳定性;

④ 各类支撑结构;

⑤ 脐带线　用于在浮子、定子之间实现电子学连接,提供电源和数据通信通道。

(2) 浮子　包括以下几部分:

① 浮子支撑板;

② 载荷智能接口　标准的应用系统微重力科学实验载荷集成支持设备,提供实验载荷和科学实验系统控制器的标准接口,实现对实验载荷的能源、数据及进程管理的支持。

(3) 主动隔振控制器与电子学　包括以下几部分:

① 主动隔振控制器　实现测量数据处理、管理和系统控制;

② 加速度计　实时测量定子、浮子的微重力环境水平,满足主动隔振控制需要;

③ 位移传感器　实时测量浮子相对于定子的位移,满足主动隔振控制需要;

④ 载荷智能接口。

(4) 热管理　提供标准的热控接口界面,采用"液体循环冷板＋结构件导热＋表面热辐射"方案实现对实验系统的热管理,完成热量排散及设备温控工作;为实现精密温控,以满足高精度微重力测量需求,采用"密封隔热＋漏热补偿"技术,对加速度表和温控板进行恒温控制;为减小气体流动对浮子单元微重力水平的影响,热控系统不采用强迫空气对流循环散热方案,而使用热传导和热辐射等散热技术,并采取必要的隔热与扩热措施,完成浮子热量排放及设备温控工作。

(5) 有效载荷智能接口　有效载荷智能接口是正在研制的空间科学实验有效载荷集成支持系统所定义的标准载荷接口,预提供科学实验所需的电源、数据管理、通信,以及实验进程管理功能。主动隔振系统向上可与应用系统有效载荷集成支持技术提供的有效载荷智能接口对接,提供标准的载荷进程调度、数据(含图像及高速视频数据)管理、传输能力,也可以与其他类型的上级设备进行对接。

综上所述,空间微重力隔振系统主要采用主动隔振和被动隔振两种方式。依据隔离对象的质量和大小不同,隔振系统又可分为整柜级和载荷级两大类。

不同隔振系统的特点如表 8-2 所示。

表 8-2　不同隔振系统的特点

隔振类型	优　点	缺　点
整柜级被动隔振系统	成本低 维护费用低 可靠性高 无维修费用	削减频率范围(1～10 Hz) 不能削减由机柜上单元引起的振动 共振与衰减相互制衡
整柜级主动隔振系统	适用于低频隔振 单位体积耗费的能源较少 标准用户界面	不能削减由载荷引起的振动 对载荷的要求比较严格 对航天员的活动比较敏感 维护费用高
载荷级主动隔振系统	适用于低频衰减 能削减由机柜上单元引起的振动 可对单个载荷隔振	单位体积能耗较大

8.1.3　磁悬浮微重力主动隔振系统面临的基础理论问题

在空间的微重力环境下,扰动源具有幅值小、频率分布范围广、振动形式多样、随机性强、复杂多变等特点,要将空间微重力磁悬浮超低频主动隔振系统应用于空间站,还面临如下基础理论问题。

1. 需要设计大行程高精度的磁悬浮作动器

在主动隔振系统中,作动器是微重力磁悬浮隔振系统的关键部件,其性能好坏直接影响振动控制的效果。系统的隔振频率越低,所需要的作动器的行程越大,作动器在磁场中所需要的气隙也就越大。为了能够隔离频率低至 0.01 Hz 的振动,作动器的行程至少需要大于 10 mm。这会导致作动器内部磁场不均匀现象凸显,且大行程运动导致的漏磁现象会影响作动器的动态输出特性。因此,需要根据隔振系统的总体要求对作动器的磁路和线圈结构进行优化设计,在气隙处提供磁场强度较大且较为均匀的磁场并减少漏磁;需要研究其动态特性,在有限行程内获得大行程高精度的控制效果;同时还要满足微重力磁悬浮隔振系统质轻、功耗低和结构简单的设计要求。

2. 高精度的加速度以及位移测量模型的建立和精度分析

鉴于国际空间站要满足的微重力环境要求,而且准稳态加速度量值微弱,变化缓慢,对测量技术的性能要求非常高,在空间(质量和体积)和能耗约束的条件下,设计方案需要采用高分辨率的传感器来建立高精度的加速度和位移测量模型,需要特别考虑加速度计和位移传感器如何优化布局,以减少传感器测量噪声、系统误差(安装和测量误差)和温漂等因素对系统的影响,从而提高测量模型的信噪比和解算精度,保证隔振系统的控制效果。

3. 脐带线具有明显的时变性、非线性和迟滞特性

微重力磁悬浮隔振系统主要由浮子和定子组成,浮子和定子仅通过脐带线相连。脐带线主要有三种类型,分别具有为空间科学实验载荷提供电力、流体和数据采集等功能。由于重力耦合的影响,脐带线的刚度和阻尼矩阵无法在地面进行准确的测量,且三种类型的脐带线混合在一起,理论建模困难,其结构参数具有时变性、非线性和迟滞性(大幅值运动时脐带线刚度变小,小幅值运动时脐带线刚度变大),也无法进行参数辨识。脐带线的固有特性和安装点位置偏差都会使系统产生六个自由度的耦合,严重影响微重力磁悬浮隔振系统的性能和稳定性。如何消除或减小脐带线的时变性、非线性和迟滞特性造成的影响,是一个亟待解决的问题。

8.2 磁悬浮微重力隔振系统建模

8.2.1 隔振控制系统基本原理

主动隔振控制系统主要由控制器、作动器、位移传感器、加速度计和隔振平台及实验载荷组成。为了对隔振平台进行有效的振动隔离,给科学实验载荷提供所需的微重力环境,隔振控制系统多采用惯性加速度和相对位置反馈双回路主动控制方案,隔振原理如图 8-13 所示。该方案采用高频加速度测量回路,通过浮子上的六个单轴加速度计测量隔振对象的惯性运动,同时采用低频相对位置测量回路,通过三套分体位移传感器(采用 PSD)感知隔振对象与定子之间的相对运动,并将这些测量结果反馈给控制器;然后控制器按照一定控制策略驱动作动器提供作动力,抵消隔振单元的运动,满足主动隔振系统的要求。

8.2.2 磁悬浮微重力隔振结构设计

为了给实验载荷提供良好的微重力环境,满足多种学科(例如流体物理与燃烧、空间基础物理、空间材料科学、空间生命科学)的科学实验需求,本着通用化、标准化、模块化的原则,借鉴国内外先进技术和研究成果,本小节主要针对空间科学实验载荷介绍一种载荷级微重力主动隔振系统方案,隔振平台结构示

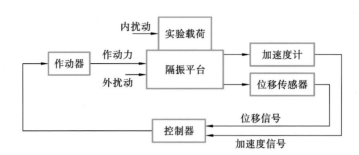

图 8-13　隔振原理

意图如图 8-14 所示。该隔振平台由定子和浮子两部分组成,定子由底板和一块圆环形侧板组成,也称基台,而浮子是实验载荷的定位安装台,也称浮台。浮子和定子之间通过脐带线(主要是电缆线)相连。所使用的洛伦兹力作动器,主要包括线圈组件和磁轭组件。其中,线圈组件有两个相互正交的线圈,分别在水平和竖直方向提供作动力。基台分别安装 3 个光电位置传感器 PSD 和 3 个作动器的线圈组件。浮台底部安装 3 个作动器的磁轭组件和 3 个传感器模块,每个传感器模块主要包括 1 个激光源和 2 个正交布置的加速度计。下面对隔振平台的控制器、作动器、位移传感器、加速度计进行简要说明。

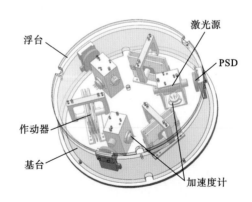

图 8-14　载荷级微重力主动隔振平台结构示意图

(1) 控制器　为了实现浮子对定子惯性加速度及外干扰力的主动衰减,主动隔振采用惯性加速度和相对位置反馈双回路主动控制方案。控制方法以经典控制理论设计的 PID 控制器为主,鲁棒控制和自适应控制备选。PID 控制器系统设计简单,参数易于调整,具有较强的鲁棒性,能够在较大范围内适应不同的工作条件。

（2）作动器　主动隔振系统是以洛伦兹力作动器为基础的磁悬浮平台。一般的磁悬浮作动器有两种原理：电磁力原理（变化的电流产生可控磁场，对其中的导磁材料产生作用）和洛伦兹力原理（永磁体或电磁铁产生稳定磁场，该磁场对其中的通电导线产生作用力）。电磁力原理具有显著的缺点：气隙间隙过小，不能满足隔振的行程要求，且具有明显的非线性，电流不能控制受力方向。在多作动器组成的多自由度平台中，多磁路间存在着叠加耦合的相互影响，而在隔振系统中，多个作动器间距较大，多磁路的相互影响较小，因此，隔振系统的作动器优先选用洛伦兹力原理，即稳恒磁场由永磁体产生。根据隔振平台整体结构，基于洛伦兹力原理的作动器结构选用支架式。

（3）位移传感器　为保障实验载荷的微重力水平不被破坏，需要对载荷进行位置测量，以便在较长的时间里控制浮子在运动行程中免于碰撞定子内壁，即需要对浮子和定子之间的相对位移和相对转角进行测量。由于主动隔振系统的结构限制（浮子与定子通过脐带线连接，没有直接接触），要采用非接触式传感器。非接触式传感器一般基于光学原理，如采用 CCD（电荷耦合器件）或 PSD 器件等制成。由于 PSD 传感器具有灵敏度高、位置分辨率高和瞬态响应良好的特性，且考虑到节省安装空间与降低系统的复杂性，因此隔振系统采用了三个两轴的 PSD 位移传感器来测量浮子与定子的相对位移和相对转角。

（4）加速度计　主动隔振系统需要对浮子的微重力水平进行测量，并将测量值输入控制系统中进行隔振控制，为了满足隔振要求，加速度计需要能测量频率低至 0.01 Hz 时的振动加速度。目前，NASA 的空间加速度测量系统中采用的 QA3100 型高性能加速度计可以满足隔振系统的设计要求，但其参数尚处于保密阶段，由于技术禁运，国内市场还没有此类型产品，所以隔振系统一般选用性能指标与 QA3100 型接近的国产自主研发的加速度计。

8.2.3　微重力隔振装置测量模型建立

为了对隔振平台进行有效的振动隔离，给科学实验载荷提供所需的微重力环境，隔振控制系统主要采用惯性加速度和相对位置的双回路主动控制方案。隔振系统采用三个位移传感器（PSD）和六个加速度计分别进行位移和加速度的测量，得到浮子相对定子运动（三个平动和三个转动）的相对位移和绝对加速度值，然后基于刚体动力学原理建立隔振平台的位移测量模型和加速度测量模型，为控制器提供平台的运动信息。

1. 位移测量模型

为保障实验载荷的微重力水平不被破坏，需要对载荷进行位置测量，以便在较长的时间里控制浮子在运动行程中免于碰撞定子内壁，即需要对浮子和定子之间的相对位移和相对转角进行测量。在本结构中采用三个二维 PSD 位移传感器进行测量。三个 PSD 互成 $120°$ 角固定安装在定子侧壁上，三个激光光源固定安装在浮子下部。随着浮子的运动，光源照射到 PSD 上的光点位置会发生变化，PSD 四个引出电极的输出电流对这种变化作出响应；经过信号采集和数据处理后，可以得到光点的运动位移，再通过三维位置测量模型即可求得浮子变化的位置和转动的角度。

为了分析浮子相对于定子的运动，如图 8-15 所示，建立与浮子固连的浮子坐标系 F，其 x 轴、y 轴与光源的出射光线重合；建立与定子固连的定子坐标系 S，其坐标轴 x、y 与位置探测器 T_1、T_2 和 T_3 的光敏面垂直且穿过其形心；建立 PSD 上的光敏面坐标系 T_1、T_2 和 T_3，坐标系原点位于各光敏面形心且 y 轴、z 轴在光敏面内，三个光敏面坐标系的 z 轴方向与定子坐标系的 z 轴方向一致。

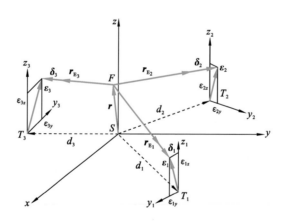

图 8-15　三维位置测量矢量图

浮子坐标系 F 与定子坐标系 S 的关系可以用坐标变换矩阵 $^{F/S}Q$ 表示，即 $e_F = {}^{F/S}Q \cdot e_S$，其中 e_F、e_S 分别表示浮子坐标系和定子坐标系的单位矢量（行向量）；光敏面坐标系 T_1、T_2 和 T_3 与定子坐标系的关系可以用坐标变换矩阵 $^{S/T_i}Q$ 表示，即 $e_S = {}^{S/T_i}Q \cdot e_{T_i} (i=1,2,3)$，其中 e_{T_i} 表示光敏面坐标系的单位矢量（行向量）。

假设浮子坐标系 F 与定子坐标系 S 重合的位置状态为初始基准状态。

PSD 的光敏面形心距定子坐标系原点的位置矢量为 $\boldsymbol{R}_{T_i}$ $(i=1,2,3)$(用 $^{(S)}\boldsymbol{R}_{T_i}$ 表示其在定子坐标系下的坐标列阵),一段时间后浮子坐标系原点距定子坐标系原点的位置矢量变为 $\boldsymbol{r}$(用 $^{(S)}\boldsymbol{r}$ 表示其在定子坐标系下的坐标列阵),光源到 PSD 光敏面上照射光点的位置矢量为 $\boldsymbol{\delta}_i$ $(i=1,2,3)$(用 $^{(F)}\boldsymbol{\delta}_i$ 表示其在浮子坐标系下的坐标列阵),光源 E_i 距浮子坐标系原点的位置矢量为 $\boldsymbol{r}_{E_i}$(用 $^{(F)}\boldsymbol{r}_{E_i}$ 表示其在浮子坐标系下的坐标列阵),光点距 PSD 光敏面坐标系原点的位置矢量为 $\boldsymbol{\varepsilon}_i$ $(i=1,2,3)$(用 $^{(T_i)}\boldsymbol{\varepsilon}_i$ 表示其在光敏面坐标系下的坐标列阵)。

根据上述描述及图 8-15,可以得到光源到 PSD 光敏面上照射光点的位置矢量 $\boldsymbol{\delta}_i$ 为

$$\boldsymbol{\delta}_i = \boldsymbol{\varepsilon}_i + \boldsymbol{R}_{T_i} - \boldsymbol{r} - \boldsymbol{r}_{E_i}, \quad i=1,2,3 \tag{8-1}$$

则 $\boldsymbol{\delta}_i$ 在浮子坐标系下的坐标列阵表示为

$$^{(F)}\boldsymbol{\delta}_i = {}^{F/S}\boldsymbol{Q}\,{}^{(S/T_i)}\boldsymbol{Q}\,{}^{(T_i)}\boldsymbol{\varepsilon}_i + {}^{(S)}\boldsymbol{R}_{T_i} - {}^{(S)}\boldsymbol{r} - {}^{(F)}\boldsymbol{r}_{E_i}, \quad i=1,2,3 \tag{8-2}$$

式中:

$$\begin{bmatrix} ^{(S)}\boldsymbol{R}_{T_1} & ^{(S)}\boldsymbol{R}_{T_2} & ^{(S)}\boldsymbol{R}_{T_3} \end{bmatrix} = \begin{bmatrix} \dfrac{\sqrt{3}}{2}d_1 & -\dfrac{\sqrt{3}}{2}d_2 & 0 \\[2mm] \dfrac{1}{2}d_1 & \dfrac{1}{2}d_2 & -d_3 \\[2mm] h & h & h \end{bmatrix} \tag{8-3}$$

其中:d_1、d_2、d_3 分别为坐标系 T_1、T_2、T_3 的原点到定子坐标系原点的距离,包含符号;h 表示 PSD 光敏面坐标系原点在定子坐标系下的垂直高度。

$$\begin{bmatrix} ^{(F)}\boldsymbol{\delta}_1 & ^{(F)}\boldsymbol{\delta}_2 & ^{(F)}\boldsymbol{\delta}_3 \end{bmatrix} = \begin{bmatrix} \dfrac{\sqrt{3}}{2}\delta_1 & -\dfrac{\sqrt{3}}{2}\delta_2 & 0 \\[2mm] \dfrac{1}{2}\delta_1 & \dfrac{1}{2}\delta_2 & -\delta_3 \\[2mm] 0 & 0 & 0 \end{bmatrix} \tag{8-4}$$

其中:δ_1、δ_2、δ_3 分别为三个激光光源到各自对应位置探测器 T_1、T_2、T_3 上照射点的距离,包含符号。

$$\begin{bmatrix} ^{(F)}\boldsymbol{r}_{E_1} & ^{(F)}\boldsymbol{r}_{E_2} & ^{(F)}\boldsymbol{r}_{E_3} \end{bmatrix} = \begin{bmatrix} \dfrac{\sqrt{3}}{2}a & -\dfrac{\sqrt{3}}{2}b & 0 \\[2mm] \dfrac{1}{2}a & \dfrac{1}{2}b & -c \\[2mm] h & h & h \end{bmatrix} \tag{8-5}$$

其中:a、b、c 分别为三个光源到浮子坐标系原点的距离,包含符号。

$$\begin{bmatrix} ^{(T_1)}\boldsymbol{\varepsilon}_1 & ^{(T_2)}\boldsymbol{\varepsilon}_2 & ^{(T_3)}\boldsymbol{\varepsilon}_3 \end{bmatrix} = \begin{bmatrix} 0 & 0 & 0 \\ \varepsilon_{1y} & \varepsilon_{2y} & \varepsilon_{3y} \\ \varepsilon_{1z} & \varepsilon_{2z} & \varepsilon_{3z} \end{bmatrix} \tag{8-6}$$

其中：ε_{iy}、ε_{iz}（$i=1,2,3$）为光源照射点在探测器坐标系中的坐标值，包含符号，$\varepsilon_{iz}=0$。

$$^{S/T_1}\boldsymbol{Q} = \begin{bmatrix} -\dfrac{\sqrt{3}}{2} & \dfrac{1}{2} & 0 \\ -\dfrac{1}{2} & -\dfrac{\sqrt{3}}{2} & 0 \\ 0 & 0 & 1 \end{bmatrix} \tag{8-7}$$

$$^{S/T_2}\boldsymbol{Q} = \begin{bmatrix} \dfrac{\sqrt{3}}{2} & \dfrac{1}{2} & 0 \\ -\dfrac{1}{2} & \dfrac{\sqrt{3}}{2} & 0 \\ 0 & 0 & 1 \end{bmatrix} \tag{8-8}$$

$$^{S/T_3}\boldsymbol{Q} = \begin{bmatrix} 0 & -1 & 0 \\ 1 & 0 & 0 \\ 0 & 0 & 1 \end{bmatrix} \tag{8-9}$$

$$^{(S)}\boldsymbol{r} = \begin{bmatrix} x & y & z \end{bmatrix}^{\mathrm{T}} \tag{8-10}$$

根据式(8-2)至式(8-10)得到

$$\begin{bmatrix} \dfrac{\sqrt{3}}{2}(a+\delta_1) \\ \dfrac{1}{2}(a+\delta_1) \\ h \end{bmatrix} = {}^{F/S}\boldsymbol{Q} \begin{bmatrix} \dfrac{\sqrt{3}}{2}d_1 + \dfrac{1}{2}\varepsilon_{1y} - x \\ \dfrac{1}{2}d_1 - \dfrac{\sqrt{3}}{2}\varepsilon_{1y} - y \\ h + \varepsilon_{1z} - z \end{bmatrix} \tag{8-11}$$

$$\begin{bmatrix} -\dfrac{\sqrt{3}}{2}(b+\delta_1) \\ \dfrac{1}{2}(b+\delta_1) \\ h \end{bmatrix} = {}^{F/S}\boldsymbol{Q} \begin{bmatrix} -\dfrac{\sqrt{3}}{2}d_2 + \dfrac{1}{2}\varepsilon_{2y} - x \\ \dfrac{1}{2}d_2 + \dfrac{\sqrt{3}}{2}\varepsilon_{2y} - y \\ h + \varepsilon_{2z} - z \end{bmatrix} \tag{8-12}$$

$$\begin{bmatrix} 0 \\ -(c+\delta_1) \\ h \end{bmatrix} = {}^{F/S}\boldsymbol{Q} \begin{bmatrix} -\varepsilon_{3y} - x \\ -d_3 - y \\ h + \varepsilon_{3z} - z \end{bmatrix} \tag{8-13}$$

设浮子坐标系相对定子坐标系转动的欧拉角为 θ_x、θ_y、θ_z，根据欧拉公式，有

$$
{}^{F/S}\boldsymbol{Q} = \begin{bmatrix} \cos\theta_y\cos\theta_z & \sin\theta_x\sin\theta_y\cos\theta_z+\cos\theta_x\sin\theta_z & -\cos\theta_x\sin\theta_y\cos\theta_z+\sin\theta_x\sin\theta_z \\ -\cos\theta_y\sin\theta_z & -\sin\theta_x\sin\theta_y\sin\theta_z+\cos\theta_x\cos\theta_z & \cos\theta_x\sin\theta_y\sin\theta_z+\sin\theta_x\cos\theta_z \\ \sin\theta_y & -\sin\theta_x\cos\theta_y & \cos\theta_x\cos\theta_y \end{bmatrix}
$$

$$(8\text{-}14)$$

考虑浮子小角度转动，将式(8-14)线性化得到

$$
{}^{F/S}\boldsymbol{Q} = \begin{bmatrix} 1 & \theta_z & -\theta_y \\ -\theta_z & 1 & \theta_x \\ \theta_y & -\theta_x & 1 \end{bmatrix} \tag{8-15}
$$

将式(8-15)代入式(8-11)、式(8-12)、式(8-13)中得到

$$
\begin{cases}
\dfrac{\sqrt{3}}{2}d_1+\dfrac{1}{2}\varepsilon_{1y}-x+\dfrac{1}{2}d_1\theta_z-\dfrac{\sqrt{3}}{2}\varepsilon_{1y}\theta_z-y\theta_z-h\theta_y-\varepsilon_{1z}\theta_y+z\theta_y=\dfrac{\sqrt{3}}{2}(a+\delta_1) \\[2mm]
-\dfrac{\sqrt{3}}{2}d_1\theta_z-\dfrac{1}{2}\varepsilon_{1y}\theta_z+x\theta_z+\dfrac{1}{2}d_1-\dfrac{\sqrt{3}}{2}\varepsilon_{1y}-y+h\theta_x+\varepsilon_{1z}\theta_x-z\theta_x=\dfrac{1}{2}(a+\delta_1) \\[2mm]
\dfrac{\sqrt{3}}{2}d_1\theta_y+\dfrac{1}{2}\varepsilon_{1y}\theta_y-x\theta_y-\dfrac{1}{2}d_1\theta_x+\dfrac{\sqrt{3}}{2}\varepsilon_{1y}\theta_x+y\theta_x+h+\varepsilon_{1z}-z=h \\[2mm]
-\dfrac{\sqrt{3}}{2}d_2+\dfrac{1}{2}\varepsilon_{2y}-x+\dfrac{1}{2}d_2\theta_z+\dfrac{\sqrt{3}}{2}\varepsilon_{2y}\theta_z-y\theta_z-h\theta_y-\varepsilon_{2z}\theta_y+z\theta_y=\dfrac{\sqrt{3}}{2}(b+\delta_1) \\[2mm]
-\dfrac{\sqrt{3}}{2}d_2\theta_z-\dfrac{1}{2}\varepsilon_{2y}\theta_z+x\theta_z+\dfrac{1}{2}d_2+\dfrac{\sqrt{3}}{2}\varepsilon_{2y}-y+h\theta_x+\varepsilon_{2z}\theta_x-z\theta_x=\dfrac{1}{2}(b+\delta_1) \\[2mm]
-\dfrac{\sqrt{3}}{2}d_2\theta_y+\dfrac{1}{2}\varepsilon_{2y}\theta_y-x\theta_y-\dfrac{1}{2}d_2\theta_x-\dfrac{\sqrt{3}}{2}\varepsilon_{2y}\theta_x+y\theta_x+h+\varepsilon_{2z}-z=h \\[2mm]
-\varepsilon_{3y}-x-d_3\theta_z-y\theta_z-h\theta_y-\varepsilon_{3z}\theta_y+z\theta_y=0 \\[2mm]
\varepsilon_{3y}\theta_z+x\theta_z-d_3-y+h\theta_x+\varepsilon_{3z}\theta_x-z\theta_x=-(c+\delta_1) \\[2mm]
-\varepsilon_{3y}\theta_y-x\theta_y+d_3\theta_x+y\theta_x+h+\varepsilon_{3z}-z=h
\end{cases} \tag{8-16}
$$

整理后得到

$$
\begin{cases}
\dfrac{1}{2}\theta_y\left[\sqrt{3}(d_1+d_2)+\varepsilon_{1y}-\varepsilon_{2y}\right]+\dfrac{1}{2}\theta_x\left[\sqrt{3}(\varepsilon_{1y}+\varepsilon_{2y})-d_1+d_2\right]+\varepsilon_{1z}-\varepsilon_{2z}=0 \\[3mm]
-\dfrac{\sqrt{3}}{2}\theta_x(\varepsilon_{1z}-\varepsilon_{2z})-\dfrac{1}{2}\theta_y(\varepsilon_{1z}+\varepsilon_{2z}-2\varepsilon_{3z}) \\[2mm]
\quad +\theta_z(d_1+d_2+d_3)+\varepsilon_{1y}+\varepsilon_{2y}+\varepsilon_{3y}=0 \\[3mm]
\theta_y\left(\dfrac{1}{2}\varepsilon_{2y}-\dfrac{\sqrt{3}}{2}d_2+\varepsilon_{3y}\right)-\theta_x\left(\dfrac{1}{2}d_2+\dfrac{\sqrt{3}}{2}\varepsilon_{2y}+d_3\right)+\varepsilon_{2z}-\varepsilon_{3z}=0
\end{cases}
$$

$$(8\text{-}17)$$

设

$$\begin{cases} m=\dfrac{1}{2}\big[\sqrt{3}(d_1+d_2)+\varepsilon_{1y}-\varepsilon_{2y}\big] \\[2mm] n=\dfrac{1}{2}\big[\sqrt{3}(\varepsilon_{1y}+\varepsilon_{2y})-d_1+d_2\big] \\[2mm] p=\dfrac{1}{2}\varepsilon_{2y}-\dfrac{\sqrt{3}}{2}d_2+\varepsilon_{3y} \\[2mm] q=\dfrac{1}{2}d_2+\dfrac{\sqrt{3}}{2}\varepsilon_{2y}+d_3 \\[2mm] s=\dfrac{1}{2}(\varepsilon_{1z}+\varepsilon_{2z}-2\varepsilon_{3z}) \\[2mm] t=\dfrac{\sqrt{3}}{2}(\varepsilon_{1z}-\varepsilon_{2z}) \\[2mm] u=d_1+d_2+d_3 \end{cases} \tag{8-18}$$

可以解得浮子坐标系 F 各轴向旋转的欧拉角为

$$\begin{cases} \theta_x=\dfrac{-m\varepsilon_{3z}+(p+m)\varepsilon_{2z}-p\varepsilon_{1z}}{mq+np} \\[3mm] \theta_y=\dfrac{n\varepsilon_{3z}+(q-n)\varepsilon_{2z}-q\varepsilon_{1z}}{mq+np} \\[3mm] \theta_z=\big[t\theta_x+s\theta_y-(\varepsilon_{1y}+\varepsilon_{2y}+\varepsilon_{3y})\big]/u \end{cases} \tag{8-19}$$

设

$$\begin{cases} k_1=\varepsilon_{1y}+\varepsilon_{2y}+\theta_z(d_1+d_2)-\dfrac{1}{2}\theta_y(\varepsilon_{1z}+\varepsilon_{2z}+2h)-\dfrac{\sqrt{3}}{2}\theta_x(\varepsilon_{1z}-\varepsilon_{2z}) \\[3mm] k_2=\dfrac{1}{2}\theta_x(\varepsilon_{1z}+\varepsilon_{2z}+2h)+\dfrac{\sqrt{3}}{6}\theta_y(\varepsilon_{1z}-\varepsilon_{2z}) \\[3mm] \qquad -\dfrac{\sqrt{3}}{3}\theta_z(d_1-d_2)-\dfrac{\sqrt{3}}{3}\theta_x(\varepsilon_{1y}-\varepsilon_{2y}) \\[3mm] k_3=d_3\theta_x+\varepsilon_{3z}-\varepsilon_{3y}\theta_y \end{cases} \tag{8-20}$$

则由式(8-16)得

$$\begin{cases} x+y\theta_z-z\theta_y=k_1 \\ -x\theta_z+y+z\theta_x=k_2 \\ x\theta_y-y\theta_x+z=k_3 \end{cases} \tag{8-21}$$

解式(8-21),得到浮子相对定子运动的位移 x、y、z 的表达式：

$$\begin{bmatrix} x \\ y \\ z \end{bmatrix}=\begin{bmatrix} 1 & \theta_z & -\theta_y \\ -\theta_z & 1 & \theta_x \\ \theta_y & -\theta_x & 1 \end{bmatrix}^{-1}\begin{bmatrix} k_1 \\ k_2 \\ k_3 \end{bmatrix} \tag{8-22}$$

式中：

$$\begin{vmatrix} 1 & \theta_z & -\theta_y \\ -\theta_z & 1 & \theta_x \\ \theta_y & -\theta_x & 1 \end{vmatrix} \neq 0 \qquad (8\text{-}23)$$

2. 加速度测量模型

为了实现微重力主动隔振平台的主动隔振性能，需要精确测量平台振动。在本结构中，基于动力学原理采用线加速度计来测量浮子的角加速度与线加速度。

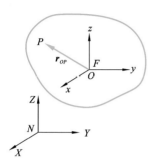

如图 8-16 所示，利用刚体动力学原理，设 P 为刚体上的一个固定点，它在刚体坐标系 F 下的位置矢量为 $\boldsymbol{r}_{OP}$，刚体坐标系 F 相对惯性坐标系 N 的转动角速度和角加速度矢量分别为 $\boldsymbol{\omega}$ 和 $\dot{\boldsymbol{\omega}}$。根据刚体力学原理：

$$\boldsymbol{a}_P = \boldsymbol{a}_O + \dot{\boldsymbol{\omega}} \times \boldsymbol{r}_{OP} + \boldsymbol{\omega} \times (\boldsymbol{\omega} \times \boldsymbol{r}_{OP}) \qquad (8\text{-}24)$$

式中：$\boldsymbol{a}_P$ 表示点 P 在惯性坐标系 N 下的线加速度矢量；$\boldsymbol{a}_O$ 表示刚体坐标系 F 的原点 O（可以取在质心）在惯性坐标系 N 下的线加速度矢量。

图 8-16　刚体运动示意图

如果在点 P 处安装一个线加速度计，那么沿加速度计敏感轴方向 $\hat{\boldsymbol{\theta}}$ 的输出值 A 可表示为

$$A = [\boldsymbol{a}_O + \dot{\boldsymbol{\omega}} \times \boldsymbol{r}_{OP} + \boldsymbol{\omega} \times (\boldsymbol{\omega} \times \boldsymbol{r}_{OP})] \cdot \hat{\boldsymbol{\theta}} \qquad (8\text{-}25)$$

如果在刚体上不同位置处安装多个加速度计，就可以同时测量这几个不同位置处沿加速度计敏感轴方向的加速度值。假如加速度计数目足够而且布局合理，就可以根据式(8-25)算出刚体坐标系原点 O 的线加速度 $\boldsymbol{a}_O$ 及刚体的角速度 $\boldsymbol{\omega}$ 和角加速度 $\dot{\boldsymbol{\omega}}$，再根据式(8-24)即可求得刚体上任意固定点的线加速度。

通过分析，我们选用圆形配置方式，加速度计在浮子上的布局如图 8-17 所示，浮子坐标系的原点位于圆心 O 处，z 轴垂直于半径为 R 的圆所在平面。六个加速度计两两一组互成 $120°$ 分布在该圆上，同时加速度计敏感轴方向与浮子坐标系 F 的 z 轴平行或者在圆所在平面内沿着圆的切线方向。

这样，我们可以得到六个加速度计在浮

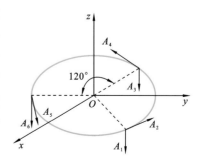

图 8-17　六加速度计圆形布局

子坐标系下的坐标列阵为

$$
\begin{bmatrix} \boldsymbol{r}_1 & \boldsymbol{r}_2 & \boldsymbol{r}_3 & \boldsymbol{r}_4 & \boldsymbol{r}_5 & \boldsymbol{r}_6 \end{bmatrix} = \begin{bmatrix} \dfrac{\sqrt{3}}{2}R & \dfrac{\sqrt{3}}{2}R & -\dfrac{\sqrt{3}}{2}R & -\dfrac{\sqrt{3}}{2}R & 0 & 0 \\[2mm] \dfrac{1}{2}R & \dfrac{1}{2}R & \dfrac{1}{2}R & \dfrac{1}{2}R & -R & -R \\[2mm] h & h & h & h & h & h \end{bmatrix}
$$

$$(8\text{-}26)$$

六个加速度计敏感轴方向 $\hat{\boldsymbol{\theta}}_i$ 在浮子坐标系下的坐标列阵为

$$
\begin{bmatrix} \hat{\boldsymbol{\theta}}_1 & \hat{\boldsymbol{\theta}}_2 & \hat{\boldsymbol{\theta}}_3 & \hat{\boldsymbol{\theta}}_4 & \hat{\boldsymbol{\theta}}_5 & \hat{\boldsymbol{\theta}}_6 \end{bmatrix} = \begin{bmatrix} 0 & -\dfrac{1}{2} & 0 & -\dfrac{1}{2} & 0 & 1 \\[2mm] 0 & \dfrac{\sqrt{3}}{2} & 0 & -\dfrac{\sqrt{3}}{2} & 0 & 0 \\[2mm] -1 & 0 & -1 & 0 & -1 & 0 \end{bmatrix} \quad (8\text{-}27)
$$

设浮子坐标系绕惯性坐标系转动的角速度 $\boldsymbol{\omega}$ 和角加速度 $\dot{\boldsymbol{\omega}}$ 在浮子坐标系下的坐标列阵分别为 $[\,\omega_x \quad \omega_y \quad \omega_z\,]^{\mathrm{T}}$ 和 $[\,\dot{\omega}_x \quad \dot{\omega}_y \quad \dot{\omega}_z\,]^{\mathrm{T}}$。设浮子坐标系原点 O 处的线加速度矢量 $\boldsymbol{a}_O$ 在浮子坐标系 F 下的坐标列阵为 $[\,a_x \quad a_y \quad a_z\,]^{\mathrm{T}}$。根据式(8-25)可得

$$
\begin{cases}
A_1 = -a_z - \dfrac{1}{2}R\dot{\omega}_x + \dfrac{\sqrt{3}}{2}R\dot{\omega}_y - \dfrac{\sqrt{3}}{2}R\omega_x\omega_z + h(\omega_x^2 + \omega_y^2) - \dfrac{1}{2}R\omega_y\omega_z \\[2mm]
A_2 = -\dfrac{1}{2}a_x - \dfrac{1}{2}h\dot{\omega}_y + \dfrac{\sqrt{3}}{2}a_y + R\dot{\omega}_z - \dfrac{1}{2}h\omega_x\omega_z \\[2mm]
\qquad + \dfrac{1}{2}R\omega_x\omega_y - \dfrac{\sqrt{3}}{4}R(\omega_x^2 - \omega_y^2) - \dfrac{\sqrt{3}}{2}h\dot{\omega}_x + \dfrac{\sqrt{3}}{2}h\omega_y\omega_z \\[2mm]
A_3 = -a_z - \dfrac{1}{2}R\dot{\omega}_x - \dfrac{\sqrt{3}}{2}R\dot{\omega}_y + \dfrac{\sqrt{3}}{2}R\omega_x\omega_z + h(\omega_x^2 + \omega_y^2) - \dfrac{1}{2}R\omega_y\omega_z \quad (8\text{-}28) \\[2mm]
A_4 = -\dfrac{1}{2}a_x - \dfrac{1}{2}h\dot{\omega}_y - \dfrac{\sqrt{3}}{2}a_y + R\dot{\omega}_z - \dfrac{1}{2}h\omega_x\omega_z \\[2mm]
\qquad + \dfrac{1}{2}R\omega_x\omega_y + \dfrac{\sqrt{3}}{4}R(\omega_x^2 - \omega_y^2) + \dfrac{\sqrt{3}}{2}h\dot{\omega}_x - \dfrac{\sqrt{3}}{2}h\omega_y\omega_z \\[2mm]
A_5 = -a_z + R\dot{\omega}_x + R\omega_y\omega_z + h(\omega_x^2 + \omega_y^2) \\[2mm]
A_6 = a_z + R\dot{\omega}_x - R\omega_y\omega_z + h\dot{\omega}_y + h\omega_x\omega_z
\end{cases}
$$

考虑到浮子小角度扰动,角速度也很小(量级为 10^{-3} rad/s),与加速度量级 $(10^{-5} \sim 10^{-3}$ m/s^2)相比较,角速度的平方项和角速度交叉乘积项可以忽略,这样,将式(8-28)线性化处理后,可以得出 $\boldsymbol{a}$ 和 $\dot{\boldsymbol{\omega}}$ 的表达如下:

$$
\begin{cases}
a_x = \dfrac{1}{3}(2A_6 - A_2 - A_4) - \dfrac{\sqrt{3}}{3R}h(A_1 - A_3) \\[2ex]
a_y = \dfrac{\sqrt{3}}{3}(A_2 - A_1) + \dfrac{h}{3R}(2A_5 - A_1 - A_3) \\[2ex]
a_z = -\dfrac{1}{3}(A_1 + A_3 + A_5) \\[2ex]
\dot{\omega}_x = \dfrac{1}{3R}(2A_5 - A_1 - A_3) \\[2ex]
\dot{\omega}_y = \dfrac{\sqrt{3}}{3R}(A_1 - A_3) \\[2ex]
\dot{\omega}_z = \dfrac{1}{3R}(A_2 + A_4 + A_6)
\end{cases}
\tag{8-29}
$$

8.2.4　微重力隔振系统动力学建模

建立隔振系统动力学模型是为了给出系统在外部激励作用下的响应模型，能够尽量真实地描述系统行为，为隔振系统控制器设计和验证提供依据。隔振系统是一个具有三个方向平动自由度和三个方向转动自由度的六自由度多输入多输出系统，模型复杂，平台的控制难度较高。动力学建模是建立结构或系统在外部动态作用下的动力学响应特性，需要尽量真实地描述整个系统在不同激励下的动力学行为。针对微重力隔振系统的动力学建模方法主要有拉格朗日法、牛顿法和凯恩法等。用拉格朗日法建立的模型比较复杂，不太符合主动控制的需要，在空间微重力主动隔振系统中一般采用牛顿法或凯恩法建模。本节采用牛顿法建立微重力主动隔振系统的动力学模型。

定义惯性坐标系 N，是相对惯性空间静止或匀速运动的坐标系，原点在地心上，惯性坐标系的三个直角单位行向量为 $\boldsymbol{\Gamma} = [\boldsymbol{I} \quad \boldsymbol{J} \quad \boldsymbol{K}]$。定义浮子固连坐标系 F，原点在浮子及实验载荷整体的质心上，浮子固连坐标系的直角单位向量为 $\boldsymbol{\Lambda} = [\boldsymbol{i} \quad \boldsymbol{j} \quad \boldsymbol{k}]$。

主动隔振系统的浮子和定子可视为两个刚体，设惯性坐标系原点到定子固连坐标系原点的位置矢量为 $\boldsymbol{R}_0 = [X_0 \quad Y_0 \quad Z_0]$；定子固连坐标系原点指向浮子固连坐标系原点的初始位置矢量为 $\boldsymbol{R}_b = [X_b \quad Y_b \quad Z_b]$；浮子质心在浮子固连坐标系中的位置矢量为 $\boldsymbol{r}_c = [x_c \quad y_c \quad z_c]$；浮子固连坐标系原点的相对位移矢量为 $\boldsymbol{r} = [x \quad y \quad z]$，其中的 x、y、z 表示浮子运动的平动自由度；m 为浮子及施加在浮子上的全部质量（包括实验载荷）；$\boldsymbol{\theta} = [\theta_x \quad \theta_y \quad \theta_z]$ 为浮子固连坐标系原点的相对转动矢量，其中的 θ_x、θ_y、θ_z 表示浮子坐标系的三个转动自由度。各矢量之间的关系如图 8-18 所示。

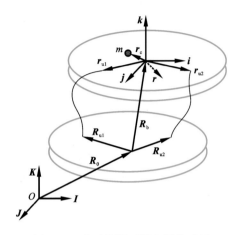

图 8-18 主动隔振系统矢量关系图

根据前文的假设,浮子做小角度和小位移运动,定子相对于惯性坐标系的角速度和角加速度很小,定子上的各点可近似看作有同样的速度和加速度,定子只传递平动给浮子。定义旋转矩阵 $\boldsymbol{C}$ 来描述浮子固连坐标系到惯性坐标系的变换,设浮子固连坐标系相对定子固连坐标系转动的欧拉角为 θ_x、θ_y、θ_z,根据欧拉公式,有

$$\boldsymbol{C}=\begin{bmatrix} \cos\theta_y\cos\theta_z & \sin\theta_x\sin\theta_y\cos\theta_z+\cos\theta_x\sin\theta_z & -\cos\theta_x\sin\theta_y\cos\theta_z+\sin\theta_x\sin\theta_z \\ -\cos\theta_y\sin\theta_z & -\sin\theta_x\sin\theta_y\sin\theta_z+\cos\theta_x\cos\theta_z & \cos\theta_x\sin\theta_y\sin\theta_z+\sin\theta_x\cos\theta_z \\ \sin\theta_y & -\sin\theta_x\cos\theta_y & \cos\theta_x\cos\theta_y \end{bmatrix}$$

$$(8\text{-}30)$$

则浮子固连坐标系与惯性坐标系的变换关系为

$$\boldsymbol{\Lambda}^{\mathrm{T}}=\boldsymbol{C}^{\mathrm{T}}\boldsymbol{\Gamma}^{\mathrm{T}} \tag{8-31}$$

由于系统是微动机构,因此旋转矩阵 $\boldsymbol{C}$ 可近似简化为

$$\boldsymbol{C}\approx\begin{bmatrix} 1 & \theta_z & -\theta_y \\ -\theta_z & 1 & \theta_x \\ \theta_y & -\theta_x & 1 \end{bmatrix} \tag{8-32}$$

则可定义旋转偏置矩阵 $\tilde{\boldsymbol{\theta}}$ 为

$$\tilde{\boldsymbol{\theta}}=\begin{bmatrix} 0 & -\theta_z & \theta_y \\ \theta_z & 0 & -\theta_x \\ -\theta_y & \theta_x & 0 \end{bmatrix} \tag{8-33}$$

可以得到转换关系：

$$\boldsymbol{C} = \boldsymbol{I}_{3\times3} + \tilde{\boldsymbol{\theta}}, \quad \boldsymbol{C}^{\mathrm{T}} = \boldsymbol{I}_{3\times3} - \tilde{\boldsymbol{\theta}} \tag{8-34}$$

浮子质心在惯性坐标系 N 下的位置矢量 $\boldsymbol{r}_{\mathrm{cm}}$ 为

$$\boldsymbol{r}_{\mathrm{cm}} = \boldsymbol{R}_0 + \boldsymbol{R}_{\mathrm{b}} + \boldsymbol{r} + \boldsymbol{r}_{\mathrm{c}} = \begin{bmatrix} X_0 & Y_0 & Z_0 \end{bmatrix} \boldsymbol{\varGamma}^{\mathrm{T}} + \begin{bmatrix} X_{\mathrm{b}} & Y_{\mathrm{b}} & Z_{\mathrm{b}} \end{bmatrix} \boldsymbol{\varGamma}^{\mathrm{T}}$$
$$+ \begin{bmatrix} x & y & z \end{bmatrix} \boldsymbol{\varGamma}^{\mathrm{T}} + \begin{bmatrix} x_{\mathrm{c}} & y_{\mathrm{c}} & z_{\mathrm{c}} \end{bmatrix} \boldsymbol{\varLambda}^{\mathrm{T}} \tag{8-35}$$

对式(8-35)求两次导数可得

$$\ddot{\boldsymbol{r}}_{\mathrm{cm}} = \begin{bmatrix} \ddot{X}_0 & \ddot{Y}_0 & \ddot{Z}_0 \end{bmatrix} \boldsymbol{\varGamma}^{\mathrm{T}} + \begin{bmatrix} \ddot{X} & \ddot{Y} & \ddot{Z} \end{bmatrix} \boldsymbol{\varGamma}^{\mathrm{T}} + \boldsymbol{\varepsilon} \boldsymbol{\varLambda}^{\mathrm{T}}$$
$$+ \begin{bmatrix} x_{\mathrm{c}} & y_{\mathrm{c}} & z_{\mathrm{c}} \end{bmatrix} \boldsymbol{\varLambda}^{\mathrm{T}} + \boldsymbol{\omega} \boldsymbol{\varLambda}^{\mathrm{T}} \times \boldsymbol{\omega} \boldsymbol{\varLambda}^{\mathrm{T}} \times \begin{bmatrix} x_{\mathrm{c}} & y_{\mathrm{c}} & z_{\mathrm{c}} \end{bmatrix} \boldsymbol{\varLambda}^{\mathrm{T}} \tag{8-36}$$

式中：$\boldsymbol{\omega} = \begin{bmatrix} \dot{\theta}_x & \dot{\theta}_y & \dot{\theta}_z \end{bmatrix}$ 为浮子固连坐标系角速度矢量；$\boldsymbol{\varepsilon} = \begin{bmatrix} \ddot{\theta}_x & \ddot{\theta}_y & \ddot{\theta}_z \end{bmatrix}$ 为浮子固连坐标系角加速度矢量。由于系统运动是小角度和小位移运动，且 $\boldsymbol{\varLambda}^{\mathrm{T}} = (\boldsymbol{I}_{3\times3} - \tilde{\boldsymbol{\theta}}) \boldsymbol{\varGamma}^{\mathrm{T}}$ 及 $\boldsymbol{a} \times \boldsymbol{b} = \boldsymbol{a} \cdot \tilde{\boldsymbol{b}}$，忽略高阶无穷小项，对式(8-36)进行整理可得

$$\ddot{\boldsymbol{r}}_{\mathrm{cm}} = \ddot{\boldsymbol{R}}_0 \boldsymbol{\varGamma}^{\mathrm{T}} + \ddot{\boldsymbol{r}} \boldsymbol{\varGamma}^{\mathrm{T}} + \boldsymbol{\varepsilon} \tilde{\boldsymbol{r}}_{\mathrm{c}} \boldsymbol{\varGamma}^{\mathrm{T}} \tag{8-37}$$

式中：

$$\tilde{\boldsymbol{r}}_{\mathrm{c}} = \begin{bmatrix} 0 & -z_{\mathrm{c}} & y_{\mathrm{c}} \\ z_{\mathrm{c}} & 0 & -x_{\mathrm{c}} \\ -y_{\mathrm{c}} & x_{\mathrm{c}} & 0 \end{bmatrix} \tag{8-38}$$

设 $\boldsymbol{J}$ 是刚体绕定点转动时的动量矩，$\boldsymbol{I}_{\mathrm{cm}}$ 为浮子质心的转动惯量，则

$$\boldsymbol{J} = \boldsymbol{\omega} \boldsymbol{I}_{\mathrm{cm}}^{\mathrm{T}} \tag{8-39}$$

$$\frac{\mathrm{d}\boldsymbol{J}}{\mathrm{d}t} = \dot{\boldsymbol{J}} + \boldsymbol{\omega} \times \boldsymbol{J} = \boldsymbol{\varepsilon} \boldsymbol{I}_{\mathrm{cm}}^{\mathrm{T}} \boldsymbol{\varLambda}^{\mathrm{T}} + \boldsymbol{\omega} \boldsymbol{\varLambda}^{\mathrm{T}} \times \boldsymbol{\omega} \boldsymbol{I}_{\mathrm{cm}}^{\mathrm{T}} \boldsymbol{\varLambda}^{\mathrm{T}}$$
$$= (\boldsymbol{\varepsilon} \boldsymbol{I}_{\mathrm{cm}}^{\mathrm{T}} - \boldsymbol{\omega} \boldsymbol{I}_{\mathrm{cm}}^{\mathrm{T}} \tilde{\boldsymbol{\omega}})(\boldsymbol{I}_{3\times3} - \tilde{\boldsymbol{\theta}}) \boldsymbol{\varGamma}^{\mathrm{T}} \approx \boldsymbol{\varepsilon} \boldsymbol{I}_{\mathrm{cm}}^{\mathrm{T}} \boldsymbol{\varGamma}^{\mathrm{T}} \tag{8-40}$$

式中：

$$\boldsymbol{I}_{3\times3} = \begin{bmatrix} I_{xx} & -I_{xy} & -I_{xz} \\ -I_{yx} & I_{yy} & -I_{yz} \\ -I_{zx} & -I_{zy} & I_{zz} \end{bmatrix}, \quad \boldsymbol{\omega} = \begin{bmatrix} 0 & -\dot{\theta}_z & \dot{\theta}_y \\ \dot{\theta}_z & 0 & -\dot{\theta}_x \\ -\dot{\theta}_y & \dot{\theta}_x & 0 \end{bmatrix} \tag{8-41}$$

根据牛顿定律及动量矩定理可得 $\boldsymbol{F} = m\boldsymbol{a} = m\ddot{\boldsymbol{r}}_{\mathrm{cm}}, \dfrac{\mathrm{d}\boldsymbol{J}}{\mathrm{d}t} = \boldsymbol{M}$，由式(8-36)和式(8-40)可整理得到系统的动力学方程：

$$\begin{bmatrix} \boldsymbol{F}^{\mathrm{T}} \\ \boldsymbol{M}^{\mathrm{T}} \end{bmatrix}_{6\times1} = \begin{bmatrix} m\boldsymbol{I}_{3\times3} \\ \boldsymbol{0}_{3\times3} \end{bmatrix} \ddot{\boldsymbol{R}}_0^{\mathrm{T}} + \begin{bmatrix} m\boldsymbol{I}_{3\times3} & -m\tilde{\boldsymbol{r}}_{\mathrm{c}} \\ \boldsymbol{0}_{3\times3} & \boldsymbol{I}_{\mathrm{cm}} \end{bmatrix} \ddot{\boldsymbol{X}} \tag{8-42}$$

式中：$\boldsymbol{X} = \begin{bmatrix} \boldsymbol{r} & \boldsymbol{\theta} \end{bmatrix}^{\mathrm{T}} = \begin{bmatrix} x & y & z & \theta_x & \theta_y & \theta_z \end{bmatrix}^{\mathrm{T}}$；$\boldsymbol{F}$ 为浮子受到的外力，包括控制力即作动器产生的激振力、脐带线弹簧力、阻尼力和外干扰力；$\boldsymbol{M}$ 为浮子受到的外力矩，包括控制力矩即作动器产生的激振力矩、脐带线弹簧力矩、阻尼力矩和

外干扰力矩。

1. 计算总外力

浮子质心所受到的总外力 $\boldsymbol{F}$ 包括三个作动器提供的激振力 $\boldsymbol{F}_{a_m}$（$m=1,2,3$）；脐带线对浮子的弹簧作用力 $\boldsymbol{F}_{u_i}$ 和阻尼力 $\boldsymbol{F}_{du_i}$（$i=1,2$），以及外界直接干扰力 $\boldsymbol{F}_d$。

本方案中洛伦兹力作动器的线圈组件有两个相互正交的线圈，分别在水平和竖直方向提供作动力。对作动器的激振力进行计算，设作动器固连坐标系单位向量为 $\boldsymbol{\Lambda}_m$，原点为激励点，$\boldsymbol{C}_m$ 为作动器固连坐标系 Λ_m 和浮子固连坐标系 F 之间的坐标转换矩阵，则有

$$\boldsymbol{\Lambda}_m^{\mathrm{T}} = \boldsymbol{C}_m^{\mathrm{T}}\boldsymbol{\Lambda}^{\mathrm{T}} = \boldsymbol{C}_m^{\mathrm{T}}\boldsymbol{C}^{\mathrm{T}}\boldsymbol{\Gamma}^{\mathrm{T}} \tag{8-43}$$

由于每个作动器有两个自由度，设在自身固连坐标系下的力矢量为 $\boldsymbol{F}_{a_m}$（$m=1,2,3$），每个作动器在作动器固连坐标系下的输出力的坐标矢量为 $\boldsymbol{U}_1$、$\boldsymbol{U}_2$、$\boldsymbol{U}_3$，则激振力可表示为

$$\begin{cases} \boldsymbol{F}_{a_1} = \boldsymbol{U}_1\boldsymbol{\Lambda}_m^{\mathrm{T}} = \begin{bmatrix} -F_{a_x} & 0 & F_{a_z} \end{bmatrix}\boldsymbol{\Lambda}_m^{\mathrm{T}} \\[2mm] \boldsymbol{F}_{a_2} = \boldsymbol{U}_2\boldsymbol{\Lambda}_m^{\mathrm{T}} = \begin{bmatrix} \dfrac{1}{2}F_{a_x} & -\dfrac{\sqrt{3}}{2}F_{a_y} & F_{a_z} \end{bmatrix}\boldsymbol{\Lambda}_m^{\mathrm{T}} \\[2mm] \boldsymbol{F}_{a_3} = \boldsymbol{U}_3\boldsymbol{\Lambda}_m^{\mathrm{T}} = \begin{bmatrix} \dfrac{1}{2}F_{a_x} & \dfrac{\sqrt{3}}{2}F_{a_y} & F_{a_z} \end{bmatrix}\boldsymbol{\Lambda}_m^{\mathrm{T}} \end{cases} \tag{8-44}$$

经过坐标转换得

$$\boldsymbol{F}_{a_m} = \boldsymbol{U}_m\boldsymbol{C}_m^{\mathrm{T}}(\boldsymbol{I}_{3\times3} - \tilde{\boldsymbol{\theta}})\boldsymbol{\Gamma}^{\mathrm{T}}, \quad m=1,2,3 \tag{8-45}$$

表示成矩阵形式为

$$\begin{bmatrix} \boldsymbol{F}_{xa_m} \\ \boldsymbol{F}_{ya_m} \\ \boldsymbol{F}_{za_m} \end{bmatrix} = (\boldsymbol{I}_{3\times3} + \tilde{\boldsymbol{\theta}})\boldsymbol{C}_m\boldsymbol{U}_m\boldsymbol{F}_a \tag{8-46}$$

对脐带线弹簧力进行计算，设两处脐带线在定子上的连接点在定子固连坐标系中的位置矢量为 $\boldsymbol{R}_{u_i}$，脐带线在浮子上的连接点在浮子固连坐标系中的位置矢量为 $\boldsymbol{r}_{u_i}$，脐带线的初始位置矢量为 $\boldsymbol{S}_i$（$i=1,2$）。脐带线的弹簧力取决于弹簧的弹性系数及伸缩量，其变形矢量为

$$\begin{aligned} \boldsymbol{d}_{u_i} &= (\boldsymbol{R}_b + \boldsymbol{r} + \boldsymbol{r}_{u_i} - \boldsymbol{R}_{u_i}) - \boldsymbol{S}_i \\ &= \begin{bmatrix} X_b & Y_b & Z_b \end{bmatrix}\boldsymbol{\Gamma}^{\mathrm{T}} + \begin{bmatrix} x & y & z \end{bmatrix}\boldsymbol{\Gamma}^{\mathrm{T}} + \begin{bmatrix} x_{u_i} & y_{u_i} & z_{u_i} \end{bmatrix}\boldsymbol{\Lambda}^{\mathrm{T}} - \begin{bmatrix} X_{u_i} & Y_{u_i} \\ Z_{u_i} \end{bmatrix}\boldsymbol{\Gamma}^{\mathrm{T}} - \begin{bmatrix} X_{S_i} & Y_{S_i} & Z_{S_i} \end{bmatrix}\boldsymbol{\Gamma}^{\mathrm{T}} \end{aligned}$$

$$= \begin{bmatrix} X_{\mathrm{b}} + x_{\mathrm{u}_i} - X_{\mathrm{u}_i} - X_{S_i} \\ Y_{\mathrm{b}} + y_{\mathrm{u}_i} - Y_{\mathrm{u}_i} - Y_{S_i} \\ Z_{\mathrm{b}} + z_{\mathrm{u}_i} - Z_{\mathrm{u}_i} - Z_{S_i} \end{bmatrix} + \begin{bmatrix} x & y & z \end{bmatrix} \boldsymbol{\Gamma}^{\mathrm{T}} + \begin{bmatrix} \theta_x & \theta_y & \theta_z \end{bmatrix} \tilde{\boldsymbol{r}}_{\mathrm{u}_i} \boldsymbol{\Gamma}^{\mathrm{T}}$$

$$= \begin{bmatrix} \boldsymbol{r} & \boldsymbol{\theta} \end{bmatrix} \begin{bmatrix} \boldsymbol{I}_{3\times 3} \\ \tilde{\boldsymbol{r}}_{\mathrm{u}_i} \end{bmatrix} \boldsymbol{\Gamma}^{\mathrm{T}} = \boldsymbol{X}^{\mathrm{T}} \begin{bmatrix} \boldsymbol{I}_{3\times 3} \\ \tilde{\boldsymbol{r}}_{\mathrm{u}_i} \end{bmatrix} \boldsymbol{\Gamma}^{\mathrm{T}} \tag{8-47}$$

式中：$\tilde{\boldsymbol{r}}_{\mathrm{u}_i} = \begin{bmatrix} 0 & -z_{\mathrm{u}_i} & y_{\mathrm{u}_i} \\ z_{\mathrm{u}_i} & 0 & -x_{\mathrm{u}_i} \\ -y_{\mathrm{u}_i} & x_{\mathrm{u}_i} & 0 \end{bmatrix}$，为 $\boldsymbol{r}_{\mathrm{u}_i}$ 的偏置矩阵。

设一 3 阶的刚度矩阵 $\boldsymbol{K}_{\mathrm{u}_i}$，其各元素是第 i 根脐带线在惯性坐标方向上的弹簧刚度系数，则其对浮子的弹簧力矢量为

$$\boldsymbol{F}_{\mathrm{u}_i} = \left(\boldsymbol{K}_{\mathrm{u}_i} \begin{bmatrix} x_{\mathrm{du}_i} \\ y_{\mathrm{du}_i} \\ z_{\mathrm{du}_i} \end{bmatrix} \right) \boldsymbol{\Gamma}^{\mathrm{T}} = (\boldsymbol{K}_{\mathrm{u}_i} \begin{bmatrix} \boldsymbol{I}_{3\times 3} & -\tilde{\boldsymbol{r}}_{\mathrm{u}_i} \end{bmatrix} \boldsymbol{X})^{\mathrm{T}} \boldsymbol{\Gamma}^{\mathrm{T}} = \boldsymbol{X}^{\mathrm{T}} \begin{bmatrix} \boldsymbol{I}_{3\times 3} \\ \tilde{\boldsymbol{r}}_{\mathrm{u}_i} \end{bmatrix} \boldsymbol{K}_{\mathrm{u}_i}^{\mathrm{T}} \boldsymbol{\Gamma}^{\mathrm{T}} \tag{8-48}$$

表示成矩阵形式为

$$\begin{bmatrix} \boldsymbol{F}_{x\mathrm{u}_i} \\ \boldsymbol{F}_{y\mathrm{u}_i} \\ \boldsymbol{F}_{z\mathrm{u}_i} \end{bmatrix} = \boldsymbol{K}_{\mathrm{u}_i} \begin{bmatrix} \boldsymbol{I}_{3\times 3} & -\tilde{\boldsymbol{r}}_{\mathrm{u}_i} \end{bmatrix} \boldsymbol{X} \tag{8-49}$$

而脐带线的阻尼力取决于其阻尼系数及伸缩量随时间的变化率，对式 (8-47) 求导可得

$$\dot{\boldsymbol{d}}_{\mathrm{u}_i} = \dot{\boldsymbol{X}}^{\mathrm{T}} \begin{bmatrix} \boldsymbol{I}_{3\times 3} \\ \tilde{\boldsymbol{r}}_{\mathrm{u}_i} \end{bmatrix} \boldsymbol{\Gamma}^{\mathrm{T}} \tag{8-50}$$

设脐带线在惯性坐标系下的阻尼矩阵为 $\boldsymbol{C}_{\mathrm{u}_i}$，其各元素为阻尼系数，则脐带线对浮子的阻尼力为

$$\boldsymbol{F}_{\mathrm{du}_i} = (\boldsymbol{C}_{\mathrm{u}_i} \begin{bmatrix} \boldsymbol{I}_{3\times 3} & -\tilde{\boldsymbol{r}}_{\mathrm{u}_i} \end{bmatrix} \dot{\boldsymbol{X}})^{\mathrm{T}} \boldsymbol{\Gamma}^{\mathrm{T}} = \begin{bmatrix} \dot{\boldsymbol{r}} & \dot{\boldsymbol{\theta}} \end{bmatrix} \begin{bmatrix} \boldsymbol{I}_{3\times 3} \\ \tilde{\boldsymbol{r}}_{\mathrm{u}_i} \end{bmatrix} \boldsymbol{C}_{\mathrm{u}_i}^{\mathrm{T}} \boldsymbol{\Gamma}^{\mathrm{T}} = \dot{\boldsymbol{X}}^{\mathrm{T}} \begin{bmatrix} \boldsymbol{I}_{3\times 3} \\ \tilde{\boldsymbol{r}}_{\mathrm{u}_i} \end{bmatrix} \boldsymbol{C}_{\mathrm{u}_i}^{\mathrm{T}} \boldsymbol{\Gamma}^{\mathrm{T}}$$

$$\tag{8-51}$$

表示成矩阵形式为

$$\begin{bmatrix} \boldsymbol{F}_{x\mathrm{du}_i} \\ \boldsymbol{F}_{y\mathrm{du}_i} \\ \boldsymbol{F}_{z\mathrm{du}_i} \end{bmatrix} = \boldsymbol{C}_{\mathrm{u}_i} \begin{bmatrix} \boldsymbol{I}_{3\times 3} & -\tilde{\boldsymbol{r}}_{\mathrm{u}_i} \end{bmatrix} \dot{\boldsymbol{X}} \tag{8-52}$$

对干扰力进行计算。设干扰力为 $\boldsymbol{F}_d$,浮子质心到干扰力作用点的矢量为 $\boldsymbol{r}_d$,$\begin{bmatrix} f_{xd} & f_{yd} & f_{zd} \end{bmatrix}$ 为在浮子固连坐标系下的干扰力矢量,则 $\boldsymbol{F}_d$ 可表示为

$$\boldsymbol{F}_d = \begin{bmatrix} f_{xd} & f_{yd} & f_{zd} \end{bmatrix} \boldsymbol{\Lambda}^{\mathrm{T}} = \begin{bmatrix} f_{xd} & f_{yd} & f_{zd} \end{bmatrix} (\boldsymbol{I}_{3\times3} - \tilde{\boldsymbol{\theta}}) \boldsymbol{\Gamma}^{\mathrm{T}} \tag{8-53}$$

表示成矩阵形式为

$$\begin{bmatrix} F_{xd} \\ F_{yd} \\ F_{zd} \end{bmatrix} = (\boldsymbol{I}_{3\times3} + \tilde{\boldsymbol{\theta}}) \begin{bmatrix} f_{xd} \\ f_{yd} \\ f_{zd} \end{bmatrix} \tag{8-54}$$

浮子质心所受的总外力 $\boldsymbol{F}$ 可表示为

$$\boldsymbol{F} = \sum_{m=1}^{3} \boldsymbol{F}_{a_m} - \sum_{i=1}^{2} \boldsymbol{F}_{u_i} - \sum_{i=1}^{2} \boldsymbol{F}_{du_i} + \boldsymbol{F}_d \tag{8-55}$$

定义作动器的输入力 $\boldsymbol{f}_d = \begin{bmatrix} F_{a_1} & F_{a_2} & F_{a_3} \end{bmatrix}$,以及

$$\boldsymbol{U}_{\mathrm{T}} = \begin{bmatrix} \boldsymbol{U}_1 & & \\ & \boldsymbol{U}_2 & \\ & & \boldsymbol{U}_3 \end{bmatrix}_{9\times3} \tag{8-56}$$

则式(8-55)可表示为

$$\begin{bmatrix} F_x \\ F_y \\ F_z \end{bmatrix} = (\boldsymbol{I}_{3\times3} + \tilde{\boldsymbol{\theta}}) \begin{bmatrix} \boldsymbol{U}_1 & \boldsymbol{U}_2 & \boldsymbol{U}_3 \end{bmatrix}_{3\times9} \boldsymbol{U}_{\mathrm{T}} \boldsymbol{f}_d^{\mathrm{T}} + (\boldsymbol{I}_{3\times3} + \tilde{\boldsymbol{\theta}}) \begin{bmatrix} f_{xd} \\ f_{yd} \\ f_{zd} \end{bmatrix}$$

$$- \sum_{i=1}^{2} \begin{bmatrix} \boldsymbol{K}_{u_i} \begin{bmatrix} \boldsymbol{I}_{3\times3} & -\tilde{\boldsymbol{r}}_{u_i} \end{bmatrix}^{\mathrm{T}} \end{bmatrix} \boldsymbol{X} - \sum_{i=1}^{2} \begin{bmatrix} \boldsymbol{C}_{u_i} \begin{bmatrix} \boldsymbol{I}_{3\times3} & -\tilde{\boldsymbol{r}}_{u_i} \end{bmatrix}^{\mathrm{T}} \end{bmatrix} \dot{\boldsymbol{X}} \tag{8-57}$$

2. 计算总外力矩

下面对浮子质心所受总外力矩 $\boldsymbol{M}$ 进行计算。它包括三个作动器提供的激振力产生的力矩 $\boldsymbol{M}_{a_m}(m=1,2,3)$,两处脐带线对浮子的弹簧作用力对质心产生的力矩 $\boldsymbol{M}_{u_i}$ 和阻尼力对质心产生的力矩 $\boldsymbol{M}_{du_i}(i=1,2)$,外界直接干扰力产生的力矩 $\boldsymbol{M}_d$。

设三个作动器的施力点在浮子固连坐标系中的位置矢量为 $\boldsymbol{r}_{f_m}(m=1,2,3)$,则 $\boldsymbol{M}_{a_m}$ 可表示为

$$\boldsymbol{M}_{a_m} = (\boldsymbol{r}_{f_m} - \boldsymbol{r}_c) \times \boldsymbol{F}_{a_m} = \begin{bmatrix} (x_{f_m} - x_c) & (y_{f_m} - y_c) & (z_{f_m} - z_c) \end{bmatrix} \boldsymbol{\Lambda}^{\mathrm{T}} \times \boldsymbol{F}_{a_m} \tag{8-58}$$

设 $\boldsymbol{r}_{fa_m} = \begin{bmatrix} (x_{f_m} - x_c) & (y_{f_m} - y_c) & (z_{f_m} - z_c) \end{bmatrix}$,将式(8-46)代入式(8-58)可得

$$\boldsymbol{M}_{a_m} = \boldsymbol{r}_{fa_m} (\boldsymbol{I}_{3\times3} - \tilde{\boldsymbol{\theta}}) \boldsymbol{\Gamma}^{\mathrm{T}} \times \boldsymbol{U}_m \boldsymbol{C}_m^{\mathrm{T}} (\boldsymbol{I}_{3\times3} - \tilde{\boldsymbol{\theta}}) \boldsymbol{\Gamma}^{\mathrm{T}} \tag{8-59}$$

表示成矩阵形式为

$$\begin{bmatrix} M_{xa_m} \\ M_{ya_m} \\ M_{za_m} \end{bmatrix} = \left[\tilde{\boldsymbol{r}}_{fa_m} + \tilde{\boldsymbol{r}}_{fa_m} \tilde{\boldsymbol{\theta}} - \widetilde{(\boldsymbol{r}_{fa_m} \tilde{\boldsymbol{\theta}})} \right] \boldsymbol{C}_m \boldsymbol{U}_m \boldsymbol{F}_a, \quad m = 1, 2, 3 \tag{8-60}$$

脐带线弹簧力对浮子质心的力矩为

$$\boldsymbol{M}_{u_i} = (\boldsymbol{r}_{u_i} - \boldsymbol{r}_c) \times \boldsymbol{F}_{u_i} = \boldsymbol{r}_{fu_i} \boldsymbol{\Lambda}^T \times \boldsymbol{F}_{u_i} \tag{8-61}$$

式中：$\boldsymbol{r}_{fu_i} = \left[(x_{u_i} - x_c) \quad (y_{u_i} - y_c) \quad (z_{u_i} - z_c) \right]$。将式(8-48)代入式(8-61)中得

$$\boldsymbol{M}_{u_i} = \boldsymbol{r}_{fu_i} (\boldsymbol{I}_{3\times 3} - \tilde{\boldsymbol{\theta}}) \boldsymbol{\Gamma}^T \times \boldsymbol{X}^T \begin{bmatrix} \boldsymbol{I}_{3\times 3} \\ \tilde{\boldsymbol{r}}_{u_i} \end{bmatrix} \boldsymbol{K}_{u_i}^T \boldsymbol{\Gamma}^T$$

$$= \boldsymbol{X}^T \begin{bmatrix} \boldsymbol{I}_{3\times 3} \\ \tilde{\boldsymbol{r}}_{u_i} \end{bmatrix} \boldsymbol{K}_{u_i}^T \widetilde{(\boldsymbol{r}_{fa_m} \tilde{\boldsymbol{\theta}})} \boldsymbol{\Gamma}^T - \boldsymbol{X}^T \begin{bmatrix} \boldsymbol{I}_{3\times 3} \\ \tilde{\boldsymbol{r}}_{u_i} \end{bmatrix} \boldsymbol{K}_{u_i}^T \tilde{\boldsymbol{r}}_{fu_i} \boldsymbol{\Gamma}^T$$

$$\approx -\boldsymbol{X}^T \begin{bmatrix} \boldsymbol{I}_{3\times 3} \\ \tilde{\boldsymbol{r}}_{u_i} \end{bmatrix} \boldsymbol{K}_{u_i}^T \tilde{\boldsymbol{r}}_{fu_i} \boldsymbol{\Gamma}^T \tag{8-62}$$

表示成矩阵形式为

$$\begin{bmatrix} M_{xu_i} \\ M_{yu_i} \\ M_{zu_i} \end{bmatrix} = \tilde{\boldsymbol{r}}_{fu_i} \boldsymbol{K}_{u_i} \begin{bmatrix} \boldsymbol{I}_{3\times 3} & -\tilde{\boldsymbol{r}}_{u_i} \end{bmatrix} \boldsymbol{X} \tag{8-63}$$

脐带线阻尼力对浮子质心的力矩为

$$\boldsymbol{M}_{du_i} = \boldsymbol{r}_{fu_i} \boldsymbol{\Lambda}^T \times \boldsymbol{F}_{du_i} \tag{8-64}$$

将式(8-51)代入式(8-64)可得

$$\boldsymbol{M}_{du_i} = \boldsymbol{r}_{fu_i} (\boldsymbol{I}_{3\times 3} - \tilde{\boldsymbol{\theta}}) \boldsymbol{\Gamma}^T \times \dot{\boldsymbol{X}}^T \begin{bmatrix} \boldsymbol{I}_{3\times 3} \\ \tilde{\boldsymbol{r}}_{u_i} \end{bmatrix} \boldsymbol{C}_{u_i}^T \boldsymbol{\Gamma}^T = -\dot{\boldsymbol{X}}^T \begin{bmatrix} \boldsymbol{I}_{3\times 3} \\ \tilde{\boldsymbol{r}}_{u_i} \end{bmatrix} \boldsymbol{C}_{u_i}^T \tilde{\boldsymbol{r}}_{fu_i} \boldsymbol{\Gamma}^T \tag{8-65}$$

表示成矩阵形式为

$$\begin{bmatrix} M_{xdu_i} \\ M_{ydu_i} \\ M_{zdu_i} \end{bmatrix} = \tilde{\boldsymbol{r}}_{fu_i} \boldsymbol{C}_{u_i} \begin{bmatrix} \boldsymbol{I}_{3\times 3} & -\tilde{\boldsymbol{r}}_{u_i} \end{bmatrix} \dot{\boldsymbol{X}} \tag{8-66}$$

对干扰力矩进行计算,设外界干扰力施加位置在浮子固连坐标系中的位置矢量为 $\boldsymbol{r}_d$,外界干扰力对浮子质心位置产生的力矩为

$$\boldsymbol{M}_d = (\boldsymbol{r}_d - \boldsymbol{r}_c) \times \boldsymbol{F}_d = \boldsymbol{r}_{F_d} \boldsymbol{\Lambda}^T \times \boldsymbol{F}_d \tag{8-67}$$

式中：$r_{F_d} = [(x_d - x_c) \quad (y_d - y_c) \quad (z_d - z_c)]$。将式(8-53)代入式(8-67)可得

$$\boldsymbol{M}_d = \boldsymbol{r}_{F_d}(\boldsymbol{I}_{3\times 3} - \tilde{\boldsymbol{\theta}})\boldsymbol{\Gamma}^T \times [f_{xd} \quad f_{yd} \quad f_{zd}](\boldsymbol{I}_{3\times 3} - \tilde{\boldsymbol{\theta}})\boldsymbol{\Gamma}^T$$

$$\approx [f_{xd} \quad f_{yd} \quad f_{zd}](\tilde{\boldsymbol{\theta}}\tilde{\boldsymbol{r}}_{F_d} + \widetilde{(\boldsymbol{r}_{F_d}\tilde{\boldsymbol{\theta}})} - \tilde{\boldsymbol{r}}_{F_d})\boldsymbol{\Gamma}^T \tag{8-68}$$

表示成矩阵形式为

$$\begin{bmatrix} M_{xd} \\ M_{yd} \\ M_{zd} \end{bmatrix} = [\tilde{\boldsymbol{r}}_{F_d} + \tilde{\boldsymbol{r}}_{F_d}\tilde{\boldsymbol{\theta}} - \widetilde{(\boldsymbol{r}_{F_d}\tilde{\boldsymbol{\theta}})}] \begin{bmatrix} f_{xd} \\ f_{yd} \\ f_{zd} \end{bmatrix} \tag{8-69}$$

浮子质心所受总外力矩 $\boldsymbol{M}$ 可表示为

$$\boldsymbol{M}^T = \sum_{m=1}^{3} \boldsymbol{M}_{a_m}^T - \sum_{i=1}^{2} \boldsymbol{M}_{u_i}^T - \sum_{i=1}^{2} \boldsymbol{M}_{du_i}^T + \boldsymbol{M}_d^T$$

$$= \sum_{m=1}^{3} [\tilde{\boldsymbol{r}}_{fa_m} + \tilde{\boldsymbol{r}}_{fa_m}\tilde{\boldsymbol{\theta}} - \widetilde{(\boldsymbol{r}_{fa_m}\tilde{\boldsymbol{\theta}})}]\boldsymbol{C}_m \boldsymbol{U}_m \boldsymbol{F}_a - \sum_{i=1}^{2} \tilde{\boldsymbol{r}}_{fu_i}\boldsymbol{K}_{u_i}[\boldsymbol{I}_{3\times 3} \quad -\tilde{\boldsymbol{r}}_{u_i}]^T \boldsymbol{X}$$

$$- \sum_{i=1}^{2} \tilde{\boldsymbol{r}}_{fu_i}\boldsymbol{C}_{u_i}[\boldsymbol{I}_{3\times 3} \quad -\tilde{\boldsymbol{r}}_{u_i}]^T \dot{\boldsymbol{X}} + [\tilde{\boldsymbol{r}}_{F_d} + \tilde{\boldsymbol{r}}_{F_d}\tilde{\boldsymbol{\theta}} - \widetilde{(\boldsymbol{r}_{F_d}\tilde{\boldsymbol{\theta}})}]\boldsymbol{f}_d^T \tag{8-70}$$

将力与力矩的表达式写成含状态变量的矩阵形式并代入式(8-42)，得平台六自由度动力学方程为

$$\begin{bmatrix} m\boldsymbol{I}_{3\times 3} & -m\tilde{\boldsymbol{r}}_c \\ \boldsymbol{0}_{3\times 3} & \boldsymbol{I}_{cm} \end{bmatrix}\ddot{\boldsymbol{X}} + \sum_{i=1}^{2} \begin{bmatrix} \boldsymbol{C}_{u_i}[\boldsymbol{I}_{3\times 3} & -\tilde{\boldsymbol{r}}_{u_i}] \\ \tilde{\boldsymbol{r}}_{fu_i}\boldsymbol{C}_{u_i}[\boldsymbol{I}_{3\times 3} & -\tilde{\boldsymbol{r}}_{u_i}] \end{bmatrix}\dot{\boldsymbol{X}}$$

$$+ \sum_{i=1}^{2} \begin{bmatrix} \boldsymbol{K}_{u_i}[\boldsymbol{I}_{3\times 3} & -\tilde{\boldsymbol{r}}_{u_i}] \\ \tilde{\boldsymbol{r}}_{fu_i}\boldsymbol{K}_{u_i}[\boldsymbol{I}_{3\times 3} & -\tilde{\boldsymbol{r}}_{u_i}] \end{bmatrix}\boldsymbol{X}_{6\times 1}$$

$$= -\begin{bmatrix} m\boldsymbol{I}_{3\times 3} \\ \boldsymbol{0}_{3\times 3} \end{bmatrix}\ddot{\boldsymbol{R}}_0^T + \begin{bmatrix} \boldsymbol{I}_{3\times 3} + \tilde{\boldsymbol{\theta}} \\ \tilde{\boldsymbol{r}}_{F_d} + \tilde{\boldsymbol{r}}_{F_d}\tilde{\boldsymbol{\theta}} - \widetilde{(\boldsymbol{r}_{F_d}\tilde{\boldsymbol{\theta}})} \end{bmatrix}\boldsymbol{f}_d$$

$$+ \begin{bmatrix} (\boldsymbol{I}_{3\times 3} + \tilde{\boldsymbol{\theta}})[\boldsymbol{U}_1 \quad \boldsymbol{U}_2 \quad \boldsymbol{U}_3] \\ [\boldsymbol{R}_{Fa_1} \quad \boldsymbol{R}_{Fa_2} \quad \boldsymbol{R}_{Fa_3}] \end{bmatrix}_{6\times 9} (\boldsymbol{U}_T)_{9\times 3}(\boldsymbol{f}_d^T)_{3\times 1} \tag{8-71}$$

8.3 磁悬浮微重力隔振控制系统设计

目前，隔振控制技术主要分为：被动隔振技术（passive vibration isolation technology）、主动隔振技术（active vibration isolation technology）和混合隔振技术（hybrid vibration isolation technology）。主动隔振技术具有较好的设计灵

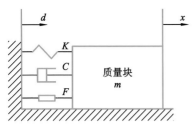

图 8-19　单自由度主动隔振系统

活性和环境适应性,对超低频的振动有很好的抑制作用,更适用于磁悬浮微重力隔振系统。如图 8-19 所示,建立单自由度主动隔振系统,取水平向右为正方向。

当质量块向右移动后,根据牛顿第二定律建立单自由度主动隔振系统的动力学方程:

$$m\ddot{x} = K(d-x) + C(\dot{d}-\dot{x}) + F \quad (8-72)$$

式中:F 为作动器作用在质量块上的控制力。

可以选取不同的控制律来进行控制器的设计。

PID 控制器设计简单,结构灵活,鲁棒性较强。在早期的 MIM-1,后来的 ARIS、MIM-2 及 g-LIMIT 系统中,都采用经典控制理论设计的 PID 控制器作为控制方法的第一选择。自适应控制和 H2/H∞控制对对象模型和参数不确定具有很好的鲁棒性,H∞鲁棒控制目前在 ARIS 整柜级隔振系统中有应用,但是系统设计复杂,参数不易调整。考虑到实际情况,设计人员可以先从 PID 控制算法设计入手进行控制系统设计。

对于微重力隔振系统来说,为了保证实验载荷的微重力加速度水平,主动隔振系统需要较小的刚度隔离基台外扰动,同时需要较大的刚度抑制实验载荷产生的惯性扰动。在这种情况下,单回路 PID 控制系统不可能具有很高的控制质量,尤其是在实验载荷的微重力水平要求很高时,单回路 PID 控制将难以满足要求。根据微重力隔振系统采用的绝对加速度和相对位置双反馈回路的控制方案,主动隔振控制系统可采用串级 PID 控制,其原理框图如图 8-20 所示。

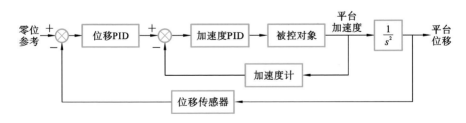

图 8-20　串级 PID 控制原理框图

在图 8-20 中,系统的内环(加速度环)为系统的副回路,系统的外环(位置环)为系统的主回路。一方面,当被控对象产生加速度扰动时,加速度控制器根据偏差信号产生控制力抵消惯性运动;另一方面,由于被控对象的加速度运动会使其产生漂移,因此主控制器通过主回路及时调节副控制器的加速度参考值,最终使平台回复到中心位置附近。下面以图 8-19 所示的单自由度隔振系统为例,设计串级 PID 控制器。

由式(8-72)可得控制力对质量块的位移传递函数为

$$\frac{X(s)}{F(s)} = \frac{1}{ms^2 + Cs + K} = \frac{\frac{1}{m}}{s^2 + 2\zeta\omega_n s + \omega_n^2} \tag{8-73}$$

式中:$2\zeta\omega_n = \dfrac{C}{m}$;$\omega_n = \sqrt{\dfrac{K}{m}}$。在式(8-72)中,质量块的加速度为 $\ddot{x} = a$,经拉氏变换后得到 $a(s) = s^2 \cdot X(s)$。那么,由式(8-73)可得被控对象的控制力对质量块加速度的传递函数为

$$G(s) = \frac{a(s)}{F(s)} = \frac{\frac{1}{m} \cdot s^2}{s^2 + 2\zeta\omega_n s + \omega_n^2} \tag{8-74}$$

在系统的回路中,为了避免微分控制产生的噪声对控制回路的影响,加速度 PID 控制器选择 PI 控制。主回路的控制器主要调节副控制器设定,使质量块回复到中心位置附近即可,因此位移 PID 控制器选择 PD 控制。那么,位移PD 控制器和加速度 PI 控制器模型为

$$\begin{cases} G_{c1} = k_{11} + k_{13}s \\ G_{c2} = k_{21} + k_{22}\dfrac{1}{s} \end{cases} \tag{8-75}$$

式中:k_{11} 和 k_{13} 分别为位移 PD 控制器的比例系数和微分系数;k_{21} 和 k_{22} 分别为加速度 PI 控制器的比例系数和积分系数。

下面讨论加速度 PI 控制器。

含有加速度 PI 控制器 G_{c2} 的副回路的闭环传递函数为

$$G_{cl2} = \frac{G_{c2} \cdot G}{1 + G_{c2} \cdot G} = \frac{k_{21}s^2 + k_{22}s}{(m + k_{21})s^2 + (C + k_{22})s + K} = \frac{\frac{k_{21}}{m + k_{21}}s^2 + \frac{k_{22}}{m + k_{21}}s}{s^2 + 2\zeta'\omega_n' \cdot s + \omega_n'^2} \tag{8-76}$$

式中:$2\zeta'\omega_n' = \dfrac{C + k_{22}}{m + k_{21}}$;$\omega_n' = \sqrt{\dfrac{K}{m + k_{21}}}$。由式(8-76)可以发现:通过合理地选择PID 的控制参数,系统可以获得满足设计要求的无阻尼固有频率和阻尼比。通过劳斯判据对式(8-76)的特征方程进行检验,得到参数 k_{21} 和 k_{22} 的取值范围为

$$\begin{cases} k_{21} > -m \\ k_{22} > -C \end{cases} \tag{8-77}$$

另外,从考虑减小加速度控制通道端的调整时间($t_s = \dfrac{-\ln\Delta}{\zeta\omega_n}$)的角度来设置参数 k_{21} 和 k_{22}。为了使含有 G_{c2} 的副回路的闭环系统(式(8-76))的调整时间小于被控对象(式(8-74))的调整时间,k_{21} 和 k_{22} 的取值还需要使 $\zeta'\omega'_n > \zeta\omega_n$ 成立。那么,分别由 $2\zeta\omega_n = \dfrac{C}{m}$ 和 $2\zeta'\omega'_n = \dfrac{C+k_{22}}{m+k_{21}}$ 得到 k_{21} 和 k_{22} 的另一个约束条件为

$\dfrac{C+k_{22}}{m+k_{21}} > \dfrac{C}{m}$,化简得

$$\frac{k_{22}}{k_{21}} > \frac{C}{m} \tag{8-78}$$

下面,分别讨论控制参数 k_{21} 和 k_{22} 对副回路闭环传递函数的影响。其中,模型的参数分别为 $m = 0.5 \text{ kg}, K = 6.0 \text{ N/m}, C = 0.5 \text{ N/(m/s)}$。当 $k_{22} = 0, k_{21}$ 取不同值时,副回路闭环传递函数的 Bode 图和阶跃响应如图 8-21 所示;当 $k_{21} = 0, k_{22}$ 取不同值时,副回路闭环传递函数的 Bode 图和阶跃响应如图 8-22 所示。

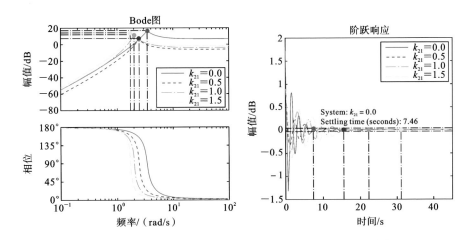

图 8-21　k_{21} 取不同值时的副回路闭环传递函数的 Bode 图和阶跃响应($k_{22} = 0$)

由图 8-21 可知:副回路闭环传递函数相当于一个高通滤波器;增大 k_{21} 会减小系统的转折频率,也减小转折频率后的幅频值;系统的调整时间会随着 k_{21} 的增大而变长。由图 8-22 可知:k_{22} 的变化不改变系统的转折频率大小,但会减小幅频响应幅值和低频的上升斜率,也会使系统的高频控制信号的幅值有衰减;由于 $k_{21} = 0$,系统少了一个零点,主动隔振系统的相频曲线初始只有 $90°$ 的相位超前;系统的调整时间会随着 k_{22} 的增大而变短。

从提高系统响应速度、缩短系统调整时间的角度出发,为降低脐带线刚度

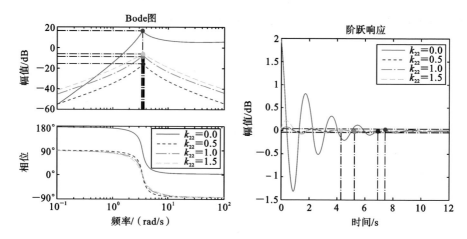

图 8-22 k_{22} 取不同值时的副回路闭环传递函数的 Bode 图和阶跃响应($k_{21}=0$)

的非线性特性,加速度 PI 控制器选取的控制参数为 $k_{21}=1,k_{22}=5$。其副回路闭环传递函数的 Bode 图和阶跃响应如图 8-23 所示。

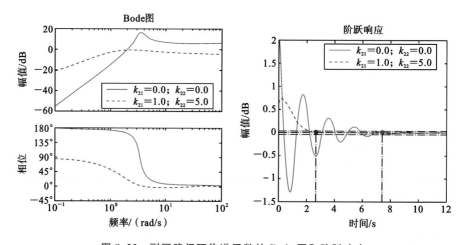

图 8-23 副回路闭环传递函数的 Bode 图和阶跃响应

由图 8-23 可知:对于被控对象(式(8-74)),串级 PID 控制的副回路闭环系统的转折频率和低频段的幅频斜率都变小了;低频段的幅频响应幅值变大,而高频段的幅值变小可以通过增加主控制器的增益进行补偿;副回路闭环系统的调整时间可以通过设置合理的控制参数 k_{21} 和 k_{22} 而明显缩短。

对于主回路的位移 PD 控制器,其主要作用是动态调整加速度控制器的加速度参考值,最终使质量块回复到中心位置即可。因此,位移 PD 控制器的选型及参数调试可以在调试过程中最终确定,在此不作具体分析。

8.4 本章小结

磁悬浮微重力隔振平台是一种将科学实验载荷从载人空间站上存在的各种振动中隔离出来的装置,它不仅需要隔离外部扰动,还需要抑制实验载荷产生的惯性扰动,以保证实验载荷良好的微重力水平。鉴于微重力隔振平台低频隔振导致的大行程要求,本章介绍了基于洛伦兹力原理的磁悬浮微重力隔振系统,并利用牛顿-欧拉方程建立了磁悬浮微重力隔振平台的系统动力学模型,最后以单自由度隔振系统动力学模型为研究对象设计了串级 PID 控制器,为磁悬浮微重力隔振平台的发展提供理论基础与参考依据。

本章参考文献

[1] 薛大同,雷军刚,程玉峰,等."神舟"号飞船的微重力测量[J]. 物理,2004,33(5):351-358.

[2] JULES K,MCPHERSON K,HROVAT K,et al. Initial characterization of the microgravity environment of the international space station:increments 2 through 4[J]. Acta Astronautica,2004,55(10):855-887.

[3] JULES K. Working in a reduced gravity environment:A primer[EB/OL]. [2020-06-15]. https://pims. grc. nasa. gov/MMAP/PIMS_ORIG/MEIT/MEIT_pdfs/meit2004/section_10. pdf.

[4] 杨彪,胡添元. 空间站微重力环境研究与分析[J]. 载人航天,2014(2):178-183.

[5] JACKSON M,KIM Y,WHORTON M. Design and analysis of the g-LIMIT baseline vibration isolation control system[C]//AIAA Guidance,Navigation,and Control Conference and Exhibit. 2002.

[6] VINTHER D,ALMINDE L,BISGAARD M,et al. Micro-gravity isolation using only electromagnetic actuators[C]//The 16th IFAC Symposium on Automatic Control in Aerospace. 2004.

[7] LABIB M,PIONTEK D,VALSECCHI N,et al. The fluid science labo-

ratory's microgravity vibration isolation subsystem overview and commissioning update［C］//Advanced Technologies for Space Operations. Huntsville, Alabama：AIAA, 2010.

[8] WHORTON M S. Microgravity vibration isolation for the International Space Station[C]//Space Technology and Applications International Forum pt. 1. 2000.

[9] GRODSINSKY C M, WHORTON M S. Survey of active vibration isolation systems for microgravity applications[J]. Journal of Spacecraft and Rockets, 2000, 37(5)：586-596.

[10] LABIB M, PIONTEK D, VALSECCHI N, et al. The fluid science laboratory's microgravity vibration isolation subsystem overview and commissioning update[C]//Advanced Technologies for Space Operations. 2010.

[11] GRODSINSKY C M, WHORTON M S. Survey of active vibration isolation systems for microgravity applications[J]. Journal of Spacecraft and Rockets, 2000, 37(5)：586-596.

[12] WHORTON M S. Robust control for microgravity vibration isolation system[J]. Journal of Spacecraft and Rockets, 2012, 42(1)：152-160.

[13] HERRING R A, GREGORY P R. CSA's ISS MIM base unit for the EXPRESS rack[C]//AIP Conference Proceedings. 2000.

[14] WU Q Q, LIU R Q, YUE H H, et al. Design and optimization of magnetic levitation actuators for active vibration isolation system[J]. Advanced Materials Research, 2013, 774:168-171.

[15] WU Q Q, YUE H H, LIU R Q, et al. Parametric design and multiobjective optimization of maglev actuators for active vibration isolation system[J]. Advances in Mechanical Engineering, 2014(Pt. 5)：215-228.

[16] WU Q Q, YUE H H, LIU R Q, et al. Measurement model and precision analysis of accelerometers for maglev vibration isolation platforms [J]. Sensors, 2015, 15(8)：20053-20068.

[17] 武倩倩,陈尚,陈永强,等. 磁悬浮隔振系统非线性动力学建模与仿真[J]. 振动与冲击, 2015, 34(20)：161-166.

[18] 武倩倩. 六自由度磁悬浮隔振系统及其力学特性研究[D]. 哈尔冰:哈尔滨工业大学, 2016.

［19］GONG Z P，LIANG D，GAO H B，et al. Design and control of a novel six-DOF maglev platform for positioning and vibration isolation［C］// International Conference on Advanced Robotics and Mechatronics. 2018.

［20］董文博，吕世猛，高玉娥，等. 一种无脐带线的微重力主动减振装置及方法：中国，CN201410034050.1［P］. 2016-11-30.

［21］康博奇，李宗峰，任维佳，等. U 型磁轭激励器的设计与参数优化［C］// 中国空间科学学会 2013 年空间光学与机电技术研讨会会议论文集.2013.

［22］刘伟，董文博，李宗峰，等. 主动隔振系统激励器电流分配优化设计［J］. 载人航天，2015，21(5)：522-529.

［23］李宗峰. 空间高微重力主动隔振系统研究［D］. 北京：中国科学院研究生院，2010.

［24］王佳. 高微重力平台主动振动隔离系统控制器设计与仿真试验［D］. 北京：中国科学院研究生院，2011.

［25］李宗峰. 空间微重力环境下主动隔振系统的三维位置测量［J］. 宇航学报，2010，31(6)：1625-1630.

［26］陈昌皓. 磁悬浮微重力隔振系统动力学特性及其控制系统研究［D］.武汉：武汉理工大学,2019.

［27］ZHUANG M X，ATHERTON D P. Optimum cascade PID controller design for SISO systems［C］// International Conference on Control. 1994.